网络空间安全技术丛书

SASE
原理、架构与实践

李凯 刘国平 胡怀茂 彭晓军 著

AN IN-DEPTH
UNDERSTANDING
OF SASE

Architecture, Key Technologies
and Solutions

机械工业出版社
CHINA MACHINE PRESS

图书在版编目（CIP）数据

SASE 原理、架构与实践 / 李凯等著 . -- 北京：机械工业出版社，2024. 7. --（网络空间安全技术丛书）.

ISBN 978-7-111-76068-9

Ⅰ. TP393.08

中国国家版本馆 CIP 数据核字第 202484RN47 号

机械工业出版社（北京市百万庄大街 22 号　邮政编码 100037）

策划编辑：孙海亮　　　　　　责任编辑：孙海亮　　王华庆

责任校对：龚思文　刘雅娜　　责任印制：张　博

北京建宏印刷有限公司印刷

2024 年 8 月第 1 版第 1 次印刷

186mm×240mm · 18.75 印张 · 1 插页 · 384 千字

标准书号：ISBN 978-7-111-76068-9

定价：99.00 元

电话服务　　　　　　　　　　网络服务

客服电话：010-88361066　　机 工 官 网：www.cmpbook.com

　　　　　010-88379833　　机 工 官 博：weibo.com/cmp1952

　　　　　010-68326294　　金 书 网：www.golden-book.com

封底无防伪标均为盗版　　机工教育服务网：www.cmpedu.com

传统的边界防御已经无法应对日益复杂的网络威胁，也已经无法满足多样化的网络访问需求，而 SASE 的出现将网络安全服务和访问服务融合为一体，为企业提供了更为全面、灵活和高效的安全解决方案。我们知道，发展新质生产力是推动高质量发展的内在要求和重要着力点。而新质生产力的高质量发展离不开高水平的网络安全，只有网络安全产业整体升级，才能支撑新质生产力行稳致远。

绿盟科技在 2010 年开启云安全的技术研究和产品孵化工作，2022 年发布的 T-ONE 智安云是面向未来云安全的创新架构实践。SASE 作为一种安全服务，通过将安全能力 SaaS 化的方式为合作伙伴以及客户提供全新的安全服务效能和体验。随着云安全态势的日益严峻以及云安全技术的不断发展，SASE 服务也需要不断发展和演进以应对这些安全挑战。此外，随着安全大模型技术不断发展和应用深化，相信 SASE 的未来也会变得更加智能和高效。

本书从全球网络安全发展趋势出发，阐述了 SASE 的核心理论体系、行业标准、主流安全服务商的产品和解决方案；介绍了 SASE 架构的整体设计流程，涵盖业务、应用、数据和技术架构等方面；同时从 SASE 服务价值体现的视角，聚焦安全运营体系建设过程，指导读者进行服务规划、部署、实施及运营团队建设等。

本书作者拥有丰富的网络安全从业经验，长期从事重大项目方案架构设计、核心产品研发工作，支撑一线网络安全真实攻防对抗，并聚焦云计算安全领域的前沿技术研究和创新方案孵化。

本书是作者在 SASE 领域实际工作成果和经验的总结，以绿盟科技 SASE 服务建设的全生命周期视角，全面介绍了 SASE 领域的最新理论研究、方案架构、产品设计和服务实践等内容。本书深入浅出，内容翔实且注重实践，对从事网络安全及云计算安全的企事业单位的管理者、技术人员、安全运营服务商、相关研究人员都具有很高的参考价值。我相信，本书对于推动 SASE 技术研究、标杆实践和产业推广具有重要意义。

绿盟科技集团 CTO　叶晓虎

前言 *Preface*

为什么要写这本书

在当今数字时代，网络安全问题已经成为各行业关注的焦点。面对不断演进的威胁，传统的网络安全体系显现出了明显的局限性。为此，SASE（Secure Access Service Edge，安全访问服务边缘）应运而生，成为网络安全领域的新潮流。为了让更多的网络安全从业者和研究者深入理解 SASE，我们萌生了编写本书的想法。本书不仅是一本介绍 SASE 理论体系的书籍，也是作者近年来在 SASE 领域的架构探索和落地实践的经验总结。

（1）SASE 引领未来的网络安全革新

我们选择撰写这本书，是因为 SASE 宛如新的曙光，照亮了我们在网络安全领域前行的道路。传统的安全体系难以应对云化、移动化、分布式办公等新型网络环境的挑战，而 SASE 融合了安全服务和网络服务的理念，为我们提供了一种创新性的解决方案。

过去几年里，我们见证了 SASE 在全球范围内的迅速崛起。然而，国内对这项新兴技术的了解和应用仍相对滞后。因此，编写这本书的目的在于跨越这一知识鸿沟，为国内的学者、从业者以及对网络安全感兴趣的读者提供一份翔实而深入的 SASE 学习和实践指南。

（2）助力读者在网络安全的征途上驶入快车道

我们撰写这本书还有一个初衷，即让更多的网络安全从业者知晓和掌握 SASE，使这项颠覆性的技术不再是少数人的专利，而成为广大从业者的普惠技术。我们深知网络安全的未来离不开每一位致力于此领域的人，而 SASE 的引入则为我们打开了通向更加安全和高效的网络应用的大门。

在撰写这本书的过程中，我们努力通过深入浅出的方式，将复杂的技术原理以通俗易懂的语言呈现给读者。希望通过本书，读者能更好地理解 SASE，掌握其实际应用方法，从而在网络安全的征途上驶入快车道。相信通过共同努力，我们能为国内网络安全领域的发展贡献一份微薄而坚实的力量。

愿这本书成为读者探索网络安全未知领域的指南，引领读者在 SASE 的奇妙世界中发现新的安全方向，与读者共同见证网络安全的下一个巅峰。

读者对象

以下是适合阅读本书的读者对象。

- ❑ **网络安全从业者**：涵盖初入行的新手和经验丰富的专业人士，他们能够通过本书深入掌握 SASE 的技术原理、应用场景以及实践经验，从而更好地应对当今复杂多变的网络威胁。
- ❑ **企业决策者**：针对企业管理层、CTO（首席技术官）、CIO（首席信息官）等决策者，本书提供了关于 SASE 的商业优势和实施策略的详尽介绍，有助于他们做出明智的技术投资决策。
- ❑ **IT 服务提供商**：IT 服务提供商能够通过本书洞察 SASE 的商业机会和服务方向，有助于更好地为客户提供创新的网络安全解决方案。
- ❑ **技术爱好者和学生**：对网络和安全技术感兴趣的技术爱好者、学生或想在相关领域深入探索的人，都能通过本书获得对 SASE 的全面认识。

总体而言，本书以通用、系统化的方式呈现 SASE 的各个方面，为不同领域的读者提供了翔实的知识，以便读者能够从中找到对自己有价值的信息，提高对 SASE 的认知水平，并提升在网络安全领域的实际应用能力。

本书特色

本书通过深入浅出的方式，全面探讨了 SASE 的核心理念和实际应用，不仅深入剖析了 SASE 的技术原理和技术架构，更将其融入具体行业场景，为读者提供了全方位、系统性的学习体验。

- ❑ **全球视野，行业洞见**：本书从全球视野出发，呈现 SASE 的发展历程和行业趋势，通过对全球范围内 SASE 实际应用案例的深度解析，使读者领略 SASE 在不同国家、不同行业中的广泛应用，并洞悉其在未来网络安全领域的巨大潜力。
- ❑ **通俗易懂，深入浅出**：本书采用通俗易懂的语言，将复杂的技术原理转化为生动的真实场景和实际方案，使初学者和专业人士都能轻松地理解 SASE 的核心理念和关键要素。
- ❑ **实践指南，案例丰富**：通过丰富的项目案例和实践指南，引导读者了解从商业建模、架构设计到实际应用的 SASE 体系建设的全过程。这些案例覆盖了多个行业，为读者提供了在不同环境中应用 SASE 的参考经验。

❑ **技术深入，前沿洞察**：除了介绍 SASE 的基础知识，本书还深入挖掘其技术深度，提供了对 SASE 未来发展方向的前瞻性洞察。读者将能够了解 SASE 技术的最新趋势，对未来网络安全领域的发展保持敏锐的洞察力。

本书致力于为读者提供全面、实用的知识，助力读者在网络安全领域取得更大的成功。

如何阅读本书

本书分为四篇，即入门篇、进阶篇、实践篇和展望篇，涵盖了 SASE 的行业情况、技术原理、技术架构以及实践方案。阅读本书时，可以参考以下建议来获得最佳体验。

（1）入门篇

❑ 通过阅读第 1 章可以了解网络安全的定义、发展历程以及行业环境，掌握网络安全的分类和行业趋势。

❑ 通过阅读第 2 章可以学习 SASE 的标准和规范，理解网络即服务和安全即服务的关键技术。

❑ 通过阅读第 3 章可以了解 SASE 主流服务商的方案和产品。

❑ 通过阅读第 4 章可以深入理解 SASE 的业务场景，包括零信任内网访问、统一公网安全访问、企业等保测评服务等，掌握 SASE 方案的核心组件和解决方案。

（2）进阶篇

❑ 通过阅读第 5 章可以深入理解 SASE 架构设计的目标，包括功能性和非功能性设计目标；掌握 SASE 架构设计的核心原则，如零信任、多租户隔离、安全性等原则。

❑ 通过阅读第 6 章可以学习企业架构中的业务架构的概念和设计框架，掌握 SASE 业务架构的规划和设计方法。

❑ 通过阅读第 7 章可以了解 SASE 应用架构设计框架和应用核心设计，学习 SASE 应用架构设计的方法，包括领域模型设计、应用服务设计、应用功能识别和应用功能集成。

❑ 通过阅读第 8 章可以掌握数据架构的设计框架和规划，包括数据资产目录和数据分层组织；学习 SASE 数据架构的设计方法。

❑ 通过阅读第 9 章可以了解技术架构设计框架和规划、技术架构构建实践，包括基础设施、网络架构、安全架构等；掌握 SASE 技术架构的设计原则和核心组件。

（3）实践篇

❑ 通过阅读第 10 章可以学习 SASE 服务规划设计，包括业务建设规划、基础设施建设规划和服务部署规划；了解 SASE 业务建设和基础设施建设的具体步骤与实施计划。

❑ 通过阅读第 11 章可以掌握 SASE 运营服务体系构建方法，包括核心目标、建设内容、模式实践和持续提升等。

（4）展望篇

❑ 通过阅读第 12 章可以了解 SASE 多云安全场景拓展、SASE 增值服务演进发展、SASE 服务向无服务架构演进等；了解 SASE 架构与 SRv6、人工智能等新技术的融合。

建议读者按照从前到后的顺序逐章阅读，以建立起对 SASE 的整体认识，有了整体认识以后，可根据个人兴趣和需求，选择特定内容进行深入学习。在实践篇中，需要特别关注 SASE 服务规划实施和 SASE 运营服务构建，这两部分有助于读者更好地将理论知识应用于实际场景。

勘误和支持

由于时间仓促和作者能力所限，书中难免会出现一些错误或者不准确的地方，恳请读者批评指正。期待得到读者的真挚反馈！

致谢

在本书付梓之际，我们想要对所有在创作过程中做出贡献的人员表达最深切的感激之情。著书这个任务不仅是艰巨的，更是一个充满成就感的旅程，它汇聚了众多人的辛勤付出和无私奉献。特别感谢那些在写作、编辑、研究和设计等各个环节给予我们宝贵支持的同事和朋友。没有他们的支持和鼓励，这本书不可能顺利出版。我们衷心感谢每一位为这本书的诞生付出努力的人。

首先，感谢公司领导和同事对本书直接或间接的贡献和指导。因为有了叶晓虎、陈景妹、何坤等领导对绿盟科技云化战略的整体布局和投入牵引，才使我们能够深入研发 SASE 领域的技术、架构和解决方案；因为有了钟施仪、李斌、张良玉等产品经理对客户需求的深度挖掘和对项目建设的精心规划，才让我们能够将研发的技术成果转化成 SASE 领域的行业标杆和最佳实践；因为有了潘亚玲、陈寒冰等研发骨干的产品开发和服务运营，才让我们能够持续地感知 SASE 的服务效果和改进方向。

其次,感谢本书四位作者的家属(游学利、瞿雪梅、彭莉、肖玉惠)的理解和包容。正是因为她们营造了温馨和谐的家庭氛围和对家庭事务的主动分担,才让我们能够更加充分地利用闲暇时光,全身心地投入到本书的创作和打磨之中。

感谢《测试架构师修炼之道:从测试工程师到测试架构师》的作者刘琛梅,是她给予我们创作的勇气并向我们无私地分享创作经验。

我们"九十九"方案组的所有成员为了共同的创作目标,彼此包容、相互协同,最终完成本书。祝愿方案组所有成员平安健康、友谊长存,在不久的将来创作出更多佳作来记录我们不悔的技术历程。

"九十九"方案组成员(从左至右依次为彭晓军、刘国平、李凯、胡怀茂)

Contents 目　录

展望篇

第 12 章 SASE 的发展与演进 ……268

入门篇

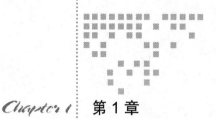

网络安全发展趋势

　　随着网络安全问题的日益多样化，国家网络安全技术的竞争日益激烈。新技术如人工智能、区块链、5G、量子通信、工业互联网、大数据、云计算和物联网等迅速发展，为网络安全的攻防手段和管理带来了新的挑战和机遇。

　　网络安全产业结构随着信息化进程的推进逐渐完善，涵盖了数据传输安全、网络信息安全、数据安全、应用安全、计算安全、安全管理中心以及云计算场景安全等多个领域。从安全芯片、网络与边界安全产品，到数据安全产品、应用安全产品，再到安全服务，信息安全产业链逐渐丰富。然而，新兴技术如云计算、大数据、物联网等的发展，使得传统的边界安全防护逐渐失去效果。

　　在这个数字时代，网络安全正朝着更综合、更创新的方向发展。本章将从以下几个方面进行探讨：首先，对网络安全的定义、发展历程、行业现状以及安全场景的变化进行探讨；其次，从云计算的特点、服务部署模型、云安全发展的阶段、所面临的问题与挑战，以及云安全产品的分类等方面进行分析；最后，对安全服务的定义、当前状况、行业发展趋势等进行阐述。

1.1　网络安全

　　信息安全产业是支撑和保障国家信息化建设的重要基础，肩负着为国家信息系统基础设施提供安全产品及安全服务的战略任务。随着我国信息化建设的发展，以及云计算、大数据、物联网、移动互联网、人工智能等新技术的发展和应用，网络安全的内涵和外延也在不断地发展和变化。

在国家数字化转型驱动下，智慧医疗、工业互联网、车联网、物联网等新应用和新场景不断涌现，这些传统行业的数字业务的安全性将直接涉及人民的生命财产安全和国家安全，安全左移已成为传统产业数字化转型的重要前提和共识。从各个企业的数字化层面来讲，在数字化转型过程中，人们对安全的关注度不断增强，安全的地位不断提高，越来越多的企业将安全作为"重要战略工程"，加快组建专业的安全团队，构建全面的安全体系成为企业数字化转型过程中的重要工作。从业务数字化层面来讲，在业务构建初期考虑更多的安全因素，以满足合规性要求，规避安全风险，降低解决安全问题的成本。安全将与数字业务的研发设计、应用管理、运行维护共生，齐驱并进。

1.1.1　网络安全的定义

网络安全，本质上是网络上信息的保护，涵盖了网络系统的硬件、软件和数据的安全性。在国际范围内，ISO（International Organization for Standardization，国际标准化组织）将网络信息安全定义为通过技术和管理的手段，为数据处理系统建立安全保护措施。狭义上，信息安全保护网络系统的硬件、软件和数据，确保其不受到意外或恶意破坏、篡改、泄露的威胁，保障系统连续运行和网络服务不中断；广义上，信息安全还涵盖了保护资源免受各种威胁和干扰，确保信息的机密性、完整性和可用性。随着互联网和云计算的发展，信息安全正逐步进入网络空间安全时代。

在国内，GB/T 22239—2019《信息安全技术　网络安全等级保护基本要求》对网络安全进行了定义，要求采取必要措施，防范网络攻击、侵入、干扰、破坏、非法使用和意外事故，以确保网络稳定运行，保障网络数据的完整性、保密性和可用性。《中华人民共和国网络安全法》也采用了类似的概念。

总体而言，网络安全的核心是保护组织的应用、数据、程序、网络和系统免受攻击和未授权访问的威胁。然而，随着攻击技术的不断演进，如 APT（Advanced Persistent Threat，高级持续性威胁）攻击和社会工程的利用，网络安全面临着不断增加的威胁和挑战。

1.1.2　网络安全的发展

"以史为鉴，可以知兴替"，纵观我国网络安全的发展历程，可以看出国家和企业对于网络安全的内涵及外延的认识不断变化，进一步明确了行业以后的发展方向。总体上，网络安全萌芽至今可以分为四个阶段：启蒙阶段、开始阶段、正规阶段、快速发展阶段。

1. 启蒙阶段

20 世纪 70 年代，美国出现了第一批黑客，其中约翰·德拉浦（John Draper）是代表人物，他针对当时的电话运营商 AT&T（美国电话电报公司）发动攻击。德拉浦使用一只玩具哨子制造特定频率的音调，欺骗 AT&T 系统，从而非法获取免费长途电话权限。到了 1982 年，一名年仅 15 岁的学生创造了史上首个计算机病毒 Elk Cloner，其攻击对象是二代苹果电脑。同时，研究人员鲍勃·托马斯（Bob Thomas）开发了名为 Creeper 的计算机程序，该程序能在阿帕网中移动，留下痕迹导航。而电子邮件发明者雷·汤姆林森（Ray Tomlinson）编写了"收割者"程序，用于跟踪并清除 Creeper。Reaper 是首个反病毒软件和自我复制程序，成为史上首个计算机蠕虫。

在我国，20 世纪 80 年代末之前可称为网络安全启蒙阶段。1989 年 6 月，中国计算机学会成立了计算机安全专业委员会，标志着国内专业安全机构的开端。该委员会积极参与制定国家网络信息安全政策法规和标准规范，促进相关领域的国家战略和制度实施。它推动学术交流、技术研究、人才培训，促进我国网络信息安全技术和产业的发展。然而，在此阶段，国内缺乏相关法律法规，计算机系统安全的规章制度不完善，安全标准稀缺，统一管理尚不明晰，大多数应用部门尚未意识到计算机安全的重要性，只有少数部门或个别人开始探索实际应用中的计算机安全问题。20 世纪 80 年代末开始涌现出防病毒和计算机犯罪的尝试，但规模较小，尚处于初级阶段。

2. 开始阶段

在 21 世纪头 10 年，松散的网络犯罪团体通过盗取和倒卖银行卡数据获得了巨额财富。这些数据被转售给犯罪团伙，后者将其用于非法活动。这一时期被称为网络犯罪的"银行卡时代"。起初，网络犯罪团伙主要针对拥有大量金融数据的电商、零售和支付公司等企业。随后，他们将目标扩展到其他实业制造公司。商业防病毒始于 1987 年，当年，安德烈亚斯·吕宁和凯·菲格为 Atari ST 发布了他们的第一个防病毒产品。同年，三名捷克斯洛伐克人创建了 NOD 防病毒软件的第一个版本，约翰·迈克菲则创立了迈克菲公司并发布了 VirusScan。

在我国，20 世纪 80 年代末至 20 世纪 90 年代末信息安全开始发展。随着我国计算机应用的迅速增长，各行各业的安全需求逐渐显现。内部信息泄露和系统宕机等问题引起了企业的重视。20 世纪 90 年代初，世界信息技术革命使许多国家将信息化作为国策之一。我国也认识到信息化的重要性，信息化迅速发展，计算机安全也开始受到重视。这一阶段的标志是有关计算机安全的法规开始出台，如 1994 年实施的《中华人民共和国计算机信息系统安全保护条例》。此外，企事业单位开始将信息安全视为系统建设的重要组成部分，并成立了专门的安全部门。大量基于计算机和网络的信息系统在相关行业得以建立和运行，如金融和税务业。学校和研究机构也开始将信息安全纳入课程，开展相关研究课题，推动了安全人才的培养。这些变化推动了我国安全产业的发展。

3. 正规阶段

随着互联网逐渐向公众开放，越来越多的个人信息涌入了网络世界。然而，这也为有组织的犯罪实体提供了一个潜在的金矿，他们开始通过网络窃取数据，将其作为收入来源。20 世纪 90 年代中期，网络安全威胁呈指数级增长，亟须大规模生产防火墙和防病毒程序，以保护广大公众。

在我国，从 20 世纪 90 年代末至 2013 年，信息安全产业处于正规发展的阶段。从 1998 年前后到 2013 年，我国信息安全领域取得了长足的发展，逐步朝着良性轨道迈进。其中一个重要标志是国家对信息安全工作的高度重视，陆续出台了一系列重要政策和措施。1999 年，国家成立了计算机网络与信息安全管理协调小组。2001 年，国务院信息化工作办公室设立了专项小组。这些都标志着国家对网络与信息安全的重视和规划。同时，国家在信息安全法律、规章、原则、方针等方面也逐步建立起相应的制度体系，发布了一系列关键性文件。

与此同时，我国的安全产业和市场也迅速发展。1998 年，我国信息安全市场规模仅为约 4.5 亿元人民币，但在随后的十年中，这一数字以惊人的速度增长，直至 2012 年市场规模接近 300 亿元人民币。其中，我国自主研发和生产的安全设备得到了较快发展，安全产品也逐渐变得更加全面和多样化。

这一时期不仅标志着我国信息安全产业蓬勃发展，也彰显了国家对于信息安全的高度重视和持续投入。

4. 快速发展阶段

随着时间的推移，网络威胁不断变得多样化。犯罪组织开始投入大量资金用于专业化的网络攻击，政府也开始采取更加严厉的措施打击黑客攻击等犯罪行为。与互联网的发展同步进行的是信息安全的不断进化，但遗憾的是，病毒也在同步演化。

在我国，从 2014 年至今，信息安全领域进入了一个快速发展的阶段。2014 年是我国接入国际互联网 20 年，这 20 年间，我国互联网借势飞速发展，取得了显著成就。国家对网络安全的重视程度日益上升。2014 年 2 月 27 日，中央网络安全和信息化领导小组（现已更名为中国共产党中央网络安全和信息化委员会）正式成立，习近平总书记任组长。小组的使命是研究制定网络安全和信息化发展战略、宏观规划和重大政策，推动国家网络安全和信息化法治建设，不断增强安全保障能力。2014 年 11 月 19 日，我国举办了规模最大、层次最高的互联网盛会——第一届世界互联网大会，吸引了全球互联网专业人士的关注。2015

年 7 月 6 日，《中华人民共和国网络安全法》草案公布并向社会征求意见，为网络空间的治理提供了法律依据。同年 12 月 16 日，第二届世界互联网大会举办，习近平总书记在大会上发表主旨演讲，强调国家和企业将共同保护网络空间安全。我国网络安全和信息安全产业尽管面临一些问题，但整体发展势头强劲，正迈入发展的快车道。

这一时期的发展展现出了我国在网络安全领域的积极探索和努力。国家层面的重视及相应政策的出台，都在不断加强我国网络空间的安全防护体系。尽管挑战依然存在，但我们有理由相信，在不断进化的网络世界中，我国的信息安全产业将迎来更广阔的发展空间。

1.1.3　网络安全行业分类

技术价值的最终体现是在市场中为客户创造实际价值。就网络安全而言，根据市场的需求和价值，可以将其分为三大类：安全（硬件）设备、安全软件和安全服务。

在我国，一系列重要法律法规（如《中华人民共和国网络安全法》《中华人民共和国密码法》《中华人民共和国数据安全法》）的出台和实施，为整个网络安全市场的繁荣发展奠定了坚实的政策基础。同时，频繁出现的网络攻击事件不断加剧网络安全威胁，这些因素共同推动着我国网络安全市场的高速成长。

在这个背景下，我国的网络安全市场处于高速发展的阶段。政策和市场需求的相互促进，使得安全技术和产品得以蓬勃发展。这种势头源于人们对安全日益增长的需求，以及政府和企业在网络安全领域持续加大的投入。网络安全已经不仅仅是一种技术问题，而是一种涵盖政策、法规、技术和服务的综合性战略。因此，我们可以预见，我国网络安全市场的未来将充满更多的机遇和挑战，同时必将使整个行业具有更广阔的发展前景。

我国 IT（信息技术）安全市场 2020—2025 年支出预测如图 1-1 所示[○]。

根据 IDC（Internet Data Center，互联网数据中心）的报告，2021 年我国网络安全市场呈现出令人瞩目的投资活力，总规模达到 97.8 亿美元，预计在 2025 年将进一步扩大至 187.9 亿美元。这几年间的复合年均增长率约为 17.9%，这一快速的增长速度在全球范围内独领风骚。具体而言，2021 年，我国网络安全领域的投资呈现出多元化特点。安全硬件市场依然是投资的主要领域，其在整体网络安全支出中的占比约为 47.8%。这表明了企业和机构对于硬件设备的需求依然强劲，它们将硬件作为构建网络安全防线的重要一环。

另外，安全软件市场也呈现出强劲的增长势头。预计未来五年的复合年均增长率将达

○　本书所有数据均为本书完稿时的数据，读者阅读本书时的最新数据请查阅相关官方渠道，后面不再标注或提醒。——编辑注

到 21.2%，显示出企业在加强软件方面的投资意愿。这也表明了在日益复杂的网络威胁下，人们对于具有更高智能化和自动化能力的软件解决方案的需求。

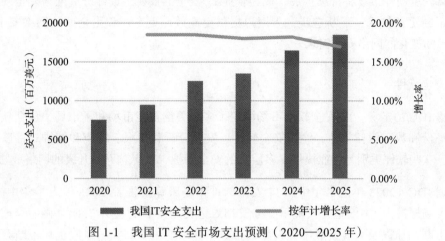

图 1-1　我国 IT 安全市场支出预测（2020—2025 年）

综合来看，我国网络安全市场在不断提升的网络风险背景下，呈现出高速增长的态势。企业和机构的投资意愿持续增强，不仅是为了保护自身的信息资产，更是为了应对不断演变的网络威胁。这一趋势为整个行业的发展注入了活力，也为技术创新和解决方案的提升提供了广阔的空间。

1. 安全设备

根据 IDC 对网络安全设备的分类，网络安全硬件设备市场涵盖了多个关键领域，其中包括统一威胁探针（UTS）、安全内容管理（SCM）、入侵检测与防御（IDP）、虚拟专用网络（VPN）、下一代防火墙（NGFW）、Web 应用防火墙（WAF）等。这些硬件设备为企业提供了多层次的安全保护，以抵御日益复杂的网络威胁。

根据 IDC《2023 年第三季度中国 IT 安全硬件市场跟踪报告》，2023 年第三季度中国 IT 安全硬件市场整体收入约为 58.5 亿元人民币（约合 8.1 亿美元），同比增长 2.5%。截至 2023 年第三季度末，中国 IT 安全硬件市场规模达到 133.6 亿元人民币（约合 18.9 亿美元），同比增长 1.4%。

随着大数据、云计算、物联网等技术的兴起，网络安全威胁日益变得复杂多样，企业面临着更多挑战。为应对这些挑战，企业需依赖各类网络安全硬件产品，以实现高效、全面且可靠的安全保护。这种需求的增长也是网络安全硬件市场规模持续增长的原因之一。

细分市场数据显示，各种硬件产品（如 UTS、SCM、IDP、VPN、NGFW、WAF 等）都在不同程度上实现了增长。随着网络攻击手段的不断演进，面向深度防御的产品（如

NGFW 和 WAF）受到越来越多的关注。

网络安全硬件市场将持续扩展，成为企业 IT 安全的重要组成部分。网络安全硬件供应商需要不断更新技术、不断进步，为用户提供更高效、更专业和更全面的网络安全保障，以满足不断变化的网络安全需求。

2. 安全软件

根据 IDC 的定义，IT 安全软件市场涵盖了多个关键功能市场和子市场，包括软件安全网关、身份和数字信任软件、终端安全软件、安全分析和情报、响应和编排软件以及其他子市场。这些软件类别为企业提供了多层次的安全保护，以应对不断升级的网络威胁。

根据 IDC《2023 年上半年中国 IT 安全软件市场跟踪报告》，2023 年上半年中国 IT 安全软件市场规模为 107.8 亿元人民币（约合 15.6 亿美元），同比上升 7.8%。随着全球信息化进程的不断加速以及大规模数字化转型的推进，网络安全所面临的风险也在不断升级，因此企业对于安全软件的需求变得更加迫切。

在我国，身份和数字信任软件、终端安全软件以及响应和编排软件等仍然是表现最佳的安全软件类别。同时，软件安全网关以及安全分析和情报也保持了迅猛的发展势头。

总体而言，IT 安全软件市场仍然具有巨大的潜力，市场需求不断增长。在这个快速发展的市场中，行业供应商应当不断地提升技术水平和服务水平，为用户提供更为优质的安全软件产品。

3. 安全服务

2017 年，《中华人民共和国网络安全法》的实施标志着我国网络安全市场进入了全面发展的阶段，这为网络安全产品与服务创造了更加有利的市场环境。在政策和需求的双重推动下，2019 年网络安全服务市场开始迅速增长。在传统的测试类服务、检测监测类服务、合规类服务的基础上，新兴的云服务、托管服务等开始崭露头角，这为网络安全服务市场注入了新的活力。在传统服务不断扩大的同时，新兴服务也迅速发展，共同形成了市场的发展红利期。

网络安全服务的范围涵盖了多个方面，包括安全方案与集成、安全运维、风险评估、渗透测试、应急响应、红蓝对抗、攻防实训 / 靶场、培训认证、安全意识教育、安全众测等十大类。这些服务形式多样，旨在帮助企业全面提升网络安全能力，从而更好地应对各类风险和威胁。

根据 IDC《2023 年上半年中国 IT 安全服务市场跟踪报告》，2023 年上半年中国 IT 安全服务市场厂商整体收入约为 84.0 亿元人民币（约合 12.1 亿美元），同比上升 5.7%，安全服务市场呈现出明显的增长趋势。不仅大型企业，小型企业也逐渐认识到了安全防护的重要性，这进一步刺激了市场的增长。此外，人工智能、物联网、数据隐私安全等热门领域的崛起，也成了我国 IT 安全服务市场增长的主要驱动因素。

可以看出，我国 IT 安全服务市场的前景广阔，市场竞争激烈。供应商需要不断地提供优质的技术服务和保障措施，以在市场中占据有利地位。

1.1.4　网络安全行业环境

随着信息化水平的不断提升，我国网络安全市场规模持续扩大。目前，我国已涌现出众多网络安全产品供应商，市场竞争日趋激烈，然而，行业内的竞争格局仍然相对分散。随着网络技术的飞速发展和网络环境的日益复杂化，网络安全技术朝着更为复杂、多元、个性化、智能的方向演进。

在数字化转型不断推进的背景下，国家对网络安全的关注程度逐步提升，陆续颁布了一系列相关政策和法规，为网络安全行业的发展提供了更为坚实的保障。在这个宏大的背景之下，网络安全市场呈现出广阔的发展前景。与此同时，市场增速也保持着较高水平，随着新技术和新情境的不断涌现，网络安全领域仍然具有巨大的发展空间并充满了挑战。

技术创新和持续突破也是网络安全行业保持健康发展的关键所在。只有不断地进行攻防技术的研究和创新，才能够为用户提供更为全面、高效、专业的网络安全服务。政策方向、法律法规、市场增速、网络规模以及技术创新等多个方面的环境因素将共同塑造网络安全行业的发展轨迹。

1. 政策方向

网络安全不仅与国家安全、社会安全、城市安全和基础设施安全紧密相关，还直接影响每个人的日常生活。近年来，"安全"已成为一个重要的关键词，不仅在国民经济和社会发展中起着重要的引导作用，也是"十四五"发展阶段的重点工作之一。《中华人民共和国国民经济和社会发展第十四个五年规划和 2035 年远景目标纲要》对建设数字中国和打造网络安全强国进行了重要部署。这份规划有十九篇，共六十五章，以下简要说明与"网络安全"相关的内容：

❑ 将陆续制定更为丰富的网络安全法律规范和网络安全标准，并在执行中加以落实。对重点领域的网络空间数据资源和信息资源进行的保护将会更加严格，实现更有力的依法治理。

❑ 在进一步完善网络防御体系基础建设的基础上，加强网络空间安全的保护。通过打通更多领域的网络安全信息，增强抵御网络安全风险的能力，提前发现和处置网络安全问题，使网络安全防护能力更具弹性和深度。新兴技术（如人工智能）将与网络安全融合，促进国内网络安全环境和产业的健康发展。

❑ 强调推进网络空间国际交流与合作，以推动网络空间命运共同体的构建，实现全球范围内的网络空间安全联合建设。

❑ 将网络安全置于与国家政权、制度安全以及意识形态安全同等重要的高度。在"十四五"规划中，明确要求维护新兴领域的安全。网络安全保障体系和能力建设直接关乎国家安全，网络空间安全成为保障国家安全的有力手段。未来，网络安全的发展将更加注重体系性特点和国家安全，强调安全建设的整体能力。

❑ 强调能源作为国家经济建设的关键支撑，将加强能源行业的网络空间安全防护工作。这包括预防网络空间对能源系统发起的恶意攻击，以确保国家生产和民生正常进行。

显而易见，网络安全的重要性在我国日益凸显，其发展与国家战略和经济社会的全面进步密切相关，将会在法律、技术和国际合作等多个层面持续推进网络安全的发展，以保障国家安全和社会稳定。

2. 法律法规

近年来，我国陆续颁布了一系列与网络安全和数据保护相关的法律法规，这些法律法规包括《中华人民共和国民法典》《中华人民共和国数据安全法》《中华人民共和国网络安全法》《信息安全等级保护管理办法》《中华人民共和国个人信息保护法》《关键信息基础设施安全保护条例》等。这些法律的出台加速了多层级协作安全保护体系的构建，涵盖了个人、企业和政府等不同层面，旨在加强网络安全和数据保护。

以下是这些法律法规的主要影响和特点。

❑ **个人信息权益保护**：法律明确了个人信息权益的保护原则，个人信息保护意识逐渐提升。个人对自己的信息有更强的控制权，法律规定了损害救济制度，为个人提供了维权途径。

❑ **企业数据安全管理**：企业在个人信息利用方面受到限制，数字安全合规管理成为企业的必备能力。法律要求企业从多个维度，包括产品形态、数据应用机制、技术安全措施等方面，落实法律法规的要求。

随着新型基础设施建设（下简称"新基建"）的不断深入，网络安全迎来了新挑战。同时，上述法律法规的颁布实施也为网络安全领域提供了新的发展机遇。这些法律法规的出台反映了我国当前网络安全技术、产品和产业生态等领域所面临的新问题、变化和机遇。

3. 市场增速

随着云计算、大数据、物联网、人工智能以及移动互联网等新技术的广泛应用，网络安全行业迎来持续扩张的市场需求。相关机构数据显示，截至 2022 年上半年，我国在云安全、物联网安全、移动安全、大数据安全、工业互联网安全领域的市场规模分别达到了 130.9 亿元、339.8 亿元、165.6 亿元、81.4 亿元、253.2 亿元。在这些领域中，物联网安全和工业互联网安全表现出最为迅猛的增长势头，复合年均增长率均超过 30%。这表明这两个细分领域的市场需求正在飞速膨胀，而云安全、移动安全以及大数据安全也在按预期保持增长。总体而言，网络安全行业的应用场景不断拓展，市场需求不断扩大，行业竞争将愈加激烈，同时也将带来更多机遇和挑战。

随着全球数字化的蓬勃发展，云计算、人工智能、大数据、5G 等技术的应用范围不断扩大，企业在运用新技术提高自身效率的同时也面临着更多由新技术诱发的网络威胁，全球网络威胁形势愈加严峻，这也促使企业不断加大其在网络安全上的投入。IDC 数据显示，2022 年全球网络安全总投资规模为 1955.1 亿美元，并有望在 2026 年增至 2979.1 亿美元，五年复合年均增长率（CAGR）约为 11.9%。这一数据展现了网络安全市场广阔的发展前景和市场需求潜力。复合年均增长率的维持对于整个行业来说是一个积极的趋势。随着新技术的不断涌现，以及数字化转型进程的加速，网络安全行业在未来仍将保持高速增长。

同时，网络安全供应商作为市场竞争的主体，应不断优化产品和服务，运用新技术和新理念来满足不断增长的市场需求。它们需要为企业提供更完善、系统化的网络安全保障，以满足这一日益扩大的市场需求。网络安全行业将继续在技术创新、市场扩张以及安全防护等方面面临挑战和机遇，以适应快速发展的数字化环境。

4. 网络规模

我国作为全球网民数量最多的国家，互联网已经在各个方面深度融入人们的生活之中。近期的一份民众信息调查报告表明，大学生和白领群体的互联网使用率已经接近 100%，并且超过 90% 的大学生和白领群体主要通过互联网获取信息。网民在互联网上的行为涵盖了新闻资讯获取、学习工作、即时通信、社交互动以及各类休闲娱乐活动。在全民网络普及的时代，随之而来的网络安全威胁也日益严峻，企业网络面临着日益严重的网络攻击和安全威胁。这些问题已经成为国家、政府和安全行业亟须解决的重大议题。

根据中国互联网络信息中心（CNNIC）在 2023 年 3 月 2 日发布的第 51 次《中国互联网络发展状况统计报告》，截至 2022 年 12 月，中国网民规模已经达到 10.67 亿人，较 2021 年 12 月增长了 3549 万人，互联网普及率达到了 75.6%。庞大的网民数量意味着互联网安全事关十几亿人的日常工作和生活。因此，将网络安全建设纳入国家议程，从国家安全的高度审视"信息安全"的重要性，从政府、企业和个人等多个角度贯彻落实网络安全相关的政策法规和安全措施，成为至关重要的任务。这将有助于践行国家信息安全大战略，保障全民生产和生活的正常、稳定运行。网络安全不仅仅是技术问题，更是影响国家安全、经济稳定和社会发展的重要因素。

5. 技术创新

在 2010—2020 年这段时间里，全球信息安全行业的专利申请人数量以及专利申请量呈现出持续增长的趋势。虽然在 2021 年受到疫情的影响，行业的专利申请量和申请人数量有所下降，但总体而言，全球信息安全技术处于成长期。当前，大部分全球信息安全专利被认定为"有效"，占据了全球信息安全专利总数的 58.82%。

我国是全球信息安全技术的主要来源国，我国的信息安全专利申请量占据了全球信息安全专利总申请量的 78%；紧随其后的是美国，美国的信息安全专利申请量占据了全球信息安全专利总申请量的 12%；德国则位居第三，其信息安全专利申请量占比为 1.6%。

截至 2022 年 1 月，全球信息安全行业技术来源地区分布情况如图 1-2 所示。

截至 2022 年 1 月，我国各省、自治区或直辖市申请信息安全专利数量前十名统计如图 1-3 所示。

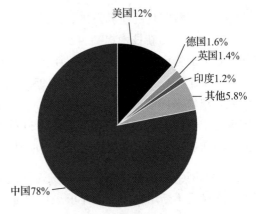

图 1-2 全球信息安全行业技术来源地区分布情况

数据来源：前瞻产业研究院

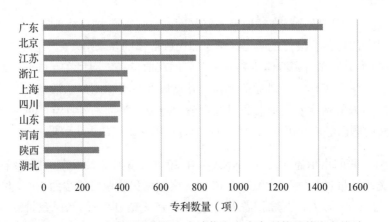

专利数量（项）

图 1-3 各省、自治区或直辖市申请信息安全专利数量前十名统计

数据来源：前瞻产业研究院

从 2011 年开始，随着互联网技术的快速更新以及政府的鼓励，云安全技术领域的专利申请量迅速增加。在这段时期，云安全技术领域的专利申请量占据了我国总专利申请量的 93.7%。特别是 2016 年后，云安全技术领域的专利申请数量进入了爆发式增长的时期。

在云安全技术领域，关键技术的布局以及应用情况显示，数据安全领域和攻击防护领域成为云安全技术的专利布局的重点和热点领域。这表明在云计算时代，数据的保护和网络的安全防御是业界和研究机构关注的重要问题。由于越来越多的数据存储和处理在云端进行，数据安全和防护技术的发展变得尤为重要，同时，防范网络攻击和威胁也成了云安全技术领域的紧迫任务。

1.1.5　网络安全场景变化

网络安全市场需求随着发展环境的变化而持续演进，这种演进包括从传统安全向新兴安全的迁移。

在不同行业和不同需求场景中，客户对安全的关注重点也不相同。例如，在运营商和金融行业，客户更注重产品的功能、性能和可靠性；而在能源、医疗、教育等行业，客户更倾向于与其业务紧密契合的网络安全产品；在公检法等领域，客户更看重产品的实际应用性以及配套的安全服务能力。因此，在不同行业中安全需求的关注点不同，客户需求的差异性很大，导致单一厂商很难满足所有行业客户的要求。

传统安全产品主要应用于网络安全领域，包括终端安全产品、网络安全产品、应用安全产品、数据安全产品、身份安全产品和安全管理产品等。这些产品解决的是网络安全领域的核心技术问题，这也是国内外公认的传统安全领域，国内网络安全企业主要专注于这些业务领域。

然而，随着 IT 架构的不断变革和升级，新的应用场景涌现，如云计算、移动互联网、工业互联网和物联网。在这些新场景下，出现了新的安全问题和挑战。例如，在云计算中，传统硬件产品逐渐升级为软件或 SaaS（Software as a Service，软件即服务）形态；在移动互联网中，客户更注重移动应用、通信内容和权限控制；在工业互联网中，工控协议的识别与控制成为新的需求；在物联网中，客户面对各种终端节点，需要更好的可视化和管理能力。

在新兴安全领域，整体 IT 架构的变化、安全对抗的升级以及场景需求的变化，促进了产品向技术解决方案的升级。典型的解决方案涵盖了多个主要技术方向：

❑ 零信任技术解决方案，包括网络接入传输的零信任、身份零信任和数据零信任等。
❑ 数据安全治理解决方案，涵盖数据库安全、数据脱敏、数据防泄露、数据加密和个人隐私保护等。
- ❑ 威胁管理解决方案，包括威胁狩猎、威胁检测与分析、威胁处置和威胁情报等。
- ❑ 安全测试解决方案，涵盖静态应用程序安全测试（SAST）、动态应用程序安全测试（DAST）和交互式应用程序安全测试（IAST）等。

在这些主流技术方向上，各个厂商可以提供针对性强、综合性较好的安全方案和相应能力，以满足不断变化的安全需求。

1.2 云计算与云安全

云计算作为"新基建"中信息基础设施的重要组成部分，其关键性受到广泛认可。它不仅是企业数字化转型的关键支撑，也是实现产业互联网落地的不可或缺的一部分。随着云计算的普及和其重要价值的凸显，人们对云计算安全性的要求也变得更高，如何全面有效地保障云上业务的安全性成为业界的重要关切。

随着云计算技术的普及和其渗透率的不断提高，相应的基础设施和应用场景的安全防护成为必不可少的工作。虽然云计算作为一种交付方式，在安全性质上与传统的 IT 安全并无太大区别，但随着其广泛应用，其安全性要求变得更为突出。我国的安全厂商在云安全产品方面的布局表明，大多数云安全产品并非完全颠覆传统安全产品，而是在传统安全基础上进行了拓展和完善。这些安全措施的目标都是解决安全问题，因此其内容在很大程度上相似，例如云防火墙、抗 DDoS（Distributed Denial of Service，分布式拒绝服务）攻击、流量和日志审计等。

然而，云计算引入了一些新的行业特点，例如多租户环境、虚拟化等，从而衍生出一些新的技术需求。在此背景下，一些新的安全技术应运而生，如数据中心的微隔离（Micro Segmentation）、云工作负载保护平台（CWPP）、云服务提供商与消费者之间的云访问安全代理（CASB）、云安全的态势管理（CSPM），以及基于虚拟化技术的云安全资源池等。

接下来深入探讨与云计算安全相关的议题。

1.2.1 云计算概述

国内对云计算的定义[○]是：云计算是一种新的运作模式，以及一套用于管理计算资源共享池的技术。它是一项颠覆性的技术，能够增强协作，提高敏捷性、可扩展性以及可用性，

○ 源于《云计算关键领域安全指南》。

同时通过优化资源分配、提高计算效率来降低成本。云计算模式描绘了一个全新的世界，其中组件能够迅速调配、置备、部署和回收，还可以快速扩展或缩减，以提供按需、类似效用计算的资源分配和消费模式。

云计算是一种商业计算模型[⊖]。它将计算任务分布在大量计算机组成的资源池上，使各种应用系统能够根据需要获取计算能力、存储空间和信息服务。

国际上，美国国家标准与技术研究院（National Institute of Standards and Technology，NIST）对云计算的定义如下："云计算是一种模式，它支持对基于网络访问的、共享使用的、可配置的计算资源（如网络、服务器、存储、应用和服务）进行无处不在的、便捷的、按需的网络访问，这些资源可以通过最少的管理工作或与服务提供商的互动来快速置备并发布。"NIST 的定义中，包括了 5 个基本特征、3 个云服务模型，以及 4 个云部署模型。

1. 云计算的 5 个基本特征

随着科技的不断进步，云计算作为一种革命性的技术模式，已经引领信息技术发生了巨大变革。云计算具备以下 5 个基本特征，这些特征共同塑造了云计算的独特优势和影响力。

- ❑ **资源池共享**：云计算的核心在于资源的共享与汇集。云服务提供商对计算资源如处理能力、存储等进行抽象，并集中存放在一个资源池中。这些资源可以根据不同的需要，灵活地分配给多个用户，通常支持多租户的策略，从而实现资源的高效利用和共享。
- ❑ **按需自动配置**：用户能够根据实际需求自动配置和管理资源，无须与服务提供商互动。这种自助模式赋予了用户更大的灵活性和控制权，使其能够根据需要快速获取资源，从而提高效率，降低管理成本。
- ❑ **网络访问**：云计算为用户提供了广泛的网络访问功能，用户能够通过网络随时获取所需资源，而无须直接接触实体设备。网络不仅仅是云服务的传输媒介，更是连接用户与资源的桥梁。
- ❑ **快速弹性**：云计算具有支持快速弹性的特性，用户可以根据实际需求从资源池中按需获取和释放资源，这通常都是自动完成的。这种特性使用户能够更加精准地匹配资源消耗需求，例如，在需求高峰期增加虚拟服务器，在需求减少时释放这些资源。
- ❑ **可测量的服务**：云计算提供的服务是可测量的，即用户只会使用分配给他们的资源，并按照使用量付费。这种模式类似于公用事业计费，用户只需支付实际使用的资源

⊖　中国云计算专家咨询委员会秘书长刘鹏教授对云计算做了长、短两种定义。

量，促使资源的使用更加高效，费用支出更合理。

云计算的这些基本特征共同形成了其卓越的灵活性、可扩展性以及成本效益。

2. 云计算的 3 个云服务模型

云计算的 3 个云服务模型描述了不同类型的基础云服务，分别是软件即服务（SaaS）、平台即服务（PaaS）和基础设施即服务（IaaS），通常被称为 SPI 模型。

- ❑ **软件即服务（SaaS）**：这是一种完整的应用软件服务，由提供商进行管理和托管。用户可以通过 Web 浏览器、移动应用或轻量级客户端应用来访问这些应用软件服务。用户无须关心底层的基础设施和管理，只需专注于使用软件应用。典型的 SaaS 应用包括在线办公套件、邮件服务、客户关系管理（CRM）等。
- ❑ **平台即服务（PaaS）**：这是一个开发或应用平台的抽象层。PaaS 提供了数据库、应用平台（例如运行 Python、PHP 等代码的环境）、文件存储和协作等服务。它还支持特定的应用处理，如机器学习、大数据处理，甚至对完整 SaaS 应用的直接 API（Application Program Interface，应用程序接口）访问。使用 PaaS 时，用户无须关注底层的服务器、网络或其他基础设施，只需关注应用程序的开发和部署。
- ❑ **基础设施即服务（IaaS）**：这提供了基本的计算资源，如计算、网络和存储。在 IaaS 模型中，用户可以创建和管理虚拟机、存储资源以及网络配置。这个模型适用于需要更多控制权和自定义性的场景，例如应用程序的开发和测试、大规模计算等。

服务模型之间有时存在一定的交叉性，一些云服务可能跨越了多个模型，而另一些则不完全符合其中的任何一个。事实上，这些模型仅仅是为了更好地描述云服务的类型，而不是一个严格的框架。这些模型的使用可以根据具体情况进行灵活调整，但是 NIST 的模型由于其简洁性和广泛应用性，已成为主要的定义标准，特别是在云安全领域。

3. 云计算的 4 个云部署模型

NIST 采用了 4 个云部署模型，这些模型描述了云计算技术如何部署和使用，适用于整个云服务模型的范围。云部署模型如下：

- ❑ **公有云**：这是指云基础设施向一般公众或大型组织提供服务，其所有权归销售云计算服务的组织。用户可以按需购买资源，无须担心基础设施的管理和维护。
- ❑ **私有云**：这种部署方式是云基础设施专为单一组织设计和运营的。私有云可以由组织内部或外部的第三方进行管理，提供更高级的隐私和控制，但同时需要更多的管理责任。
- ❑ **社区云**：在这个部署模型中，云基础设施被多个组织共享，以支持具有共同关注点

（如使命、安全要求、政策或合规性等）的特定社区。管理可以由组织内部或外部的第三方负责，社区云提供了资源共享和协作的机会。

❑ **混合云**：混合云部署模型由两个或多个云（公有云、私有云或社区云）组成，这些云以独立实体的形式存在，但通过标准化或专有的技术进行绑定。这些技术促进了数据和应用的可移植性，例如跨云的负载均衡。混合云常用于描述同时涵盖传统数据中心和云服务的场景，实现了跨云的连接和数据流动。

云部署模型帮助组织在不同的需求和优势之间做出明智的选择，以满足其业务和技术要求。无论是为了获得更大的灵活性、更好的数据控制，还是为了实现跨云的资源整合，这些模型都提供了指导和框架。

4. 云计算市场规模

我国的云计算市场建立在云计算技术之上，为计算、存储、网络和应用提供服务。随着互联网和数字技术的普及，这个市场正在蓬勃发展，为企业和个人用户提供更快速、智能、高效、安全、低成本的计算资源和服务。随着数字经济的崛起和信息化水平的提升，我国云计算市场规模不断扩大，已经成为数字化经济发展的核心支撑之一。这一市场的结构也在发生变化，市场份额越来越集中，公有云、私有云和混合云市场的份额也在变动。在市场规模不断扩大的同时，云安全已经成为云计算服务发展中不可忽视的一部分。用户对云安全的需求日益强烈，并在积极推进国际标准化、加强安全机制以及提高网络安全意识。以下是关于我国云计算市场规模的几个变化。

❑ **市场规模增长**：根据中国信息通信研究院（下简称"信通院"）发布的《云计算白皮书（2022 年）》及相关数据预测，全球云计算市场预计将持续增长，预计到 2025 年市场规模将超过 6000 亿美元，5 年复合年均增长率约为 23.56%。我国云计算市场也将保持快速发展，预计到 2025 年市场规模将突破 1 万亿元人民币，2022—2027 年的复合年均增长率将超过 36%。这一增长趋势表明，我国云计算市场正处于高速增长阶段，为数字经济的发展提供了强劲的推动力。

❑ **市场竞争和份额变化**：随着市场竞争的不断加剧，少数大型企业在市场中占据主导地位。华为、阿里巴巴、腾讯等企业持续增加投资，扩大了其在云计算市场的份额。同时，企业间的竞争加剧，导致市场格局更加明确，大企业在市场中的份额越来越大。

❑ **云部署模型变化**：在我国云计算市场中，公有云服务占据绝对优势，约占市场份额的 80%。然而，随着数据安全和隐私保护需求的增加，私有云市场也在迅速发展。此外，混合云已成为未来发展的趋势之一，其市场份额在企业数字化转型中逐渐扩大。

总之，我国云计算市场的增长潜力备受关注。在市场规模不断扩大的同时，云安全问题也逐渐受到关注。只有通过加强技术研发、实施安全机制和推进国际标准化，才能确保我国云计算市场的健康发展，为数字经济的进一步壮大提供坚实支撑。

5. 云计算的发展趋势

在全球数字经济的大背景下，数字化转型所驱动的云迁移正逐渐成为不可避免的趋势，越来越多的企业和应用程序向云计算迁移。云计算已成为企业数字化转型的必然选择，以云计算为核心，结合人工智能、大数据等技术，进行信息技术软硬件的升级改造，创新应用开发和部署工具，从而加速数据的流通、聚合、处理和价值挖掘，有效提升产业应用的生产效率。

在政策、技术和市场需求等多方面的推动下，数字化转型已成为企业不可逆的趋势。这一浪潮在 2020 年爆发，在数字化的浪潮下，企业纷纷追求可信的数字化发展道路。所有的数字化转型都应该以效果和价值为导向，综合考虑成本效益等因素，符合企业的综合情况，为业务或客户部门带来更高的满意度和业务贡献度，为组织、客户以及其他利益相关者创造价值。

- ❏ **政策层面**：国内的企业数字化转型政策不断出台，为企业提供指导意见和战略部署。各级政府部门发布了一系列文件，如《关于推进"上云用数赋智"行动 培育新经济发展实施方案》和《关于加快推进国有企业数字化转型工作的通知》。这些政策为企业的数字化发展提供了明确的方向。
- ❏ **技术层面**：新一代数字技术，如云计算、大数据、边缘计算、物联网、区块链、人工智能、5G 等，不断突破和发展，为企业的数字化转型提供了坚实的技术基础。云计算作为其中之一，成为构建新型 IT 架构的关键技术，通过容器、微服务、DevOps 等云原生技术，对传统的商业软件进行解构，构建灵活的信息系统，快速响应不同的业务需求。
- ❏ **市场需求层面**：全球经济、市场和商品的一体化发展推动了各行业业务量的增长和业务模式的创新。制造业、物流业、金融业等重点行业加速数字化转型，以创新数字化生产和商业管理模式，应对激烈的市场竞争和转瞬即逝的机遇。此外，数字化转型已经从部分需求发展为整体性需求，助推各行业向数字化迈进。

根据中国信通院的数据，数字经济的增长速度是传统经济的 3.5 倍，其投资回报率更是非数字经济的 6.7 倍。数字经济正在经历高速增长和快速创新的时期，对其他经济领域产生了越来越广泛的影响。随着智能化数字经济的到来，整个世界正加速进入一个以计算能力为基础，智能化、感知和互联的数字化时代。

1.2.2　云安全概述

在数字化时代，企业越来越多地将自身业务迁移到基于云的环境。这种迁移的动态特性，尤其是在应用程序和应用服务的部署与扩容方面，为企业提供了更灵活和充足的资源，但同时也带来了更多的挑战。

由于企业不断地将业务迁移到云上，确保数据的安全成为至关重要的问题。虽然第三方云计算提供商可以承担一部分基础架构的管理和安全责任，但数据资产的安全性和问责制仍然需要企业自身关注和考虑。大多数云提供商默认情况下都遵循最佳安全实践，并采取积极措施保护其服务器的完整性。然而，企业在保护云中运行的数据、应用和工作负载时，也需要采取相应的措施。

随着企业数字化进程的不断推进，安全威胁的技术也变得更加先进。由于企业在数据访问和移动方面可能缺乏完整的可见性，这些威胁直接对准了云基础设施的提供商。如果企业不主动采取措施来改善云安全，那么在处理客户信息（无论这些信息存储在何处）时，就可能面临重大的治理和合规风险。

无论企业规模大小，无论企业是在公有云、私有云还是混合云环境中运营，云安全都是一个关键的议题。为了确保业务的连续性，企业需要进行云安全解决方案的构建，还需要持续实施最佳实践。这意味着企业需要在技术、策略和人员培训方面保持持续的投资，以保障其在云环境中的数据和业务的安全。

1. 云安全的定义

关于云安全的定义，目前存在两种观点。一种观点是云计算安全，其主要关注点在于保护云计算自身的安全性，包括云计算应用系统安全、云计算应用服务安全、云计算用户信息安全等方面。另一种观点是安全云计算，它通过使用云的形式来提供和交付安全服务，即采用云计算技术来提升安全系统的服务性能，如基于云计算的防病毒技术、挂马检测技术等。

随着云计算的广泛应用，这两种概念将逐渐融合发展，即以云计算的方式为云计算业务提供安全保护。类似的观点也在 Gartner 的《网络安全的未来在云端》报告中有所提及，其预测未来的云安全将会变得更加简化。一方面，云化的基础设施和平台需要与传统的安全手段结合，以确保其安全性；另一方面，云计算的新技术和理念（如软件定义、虚拟化、容器、编排和微服务等）正在深刻影响着当前的安全技术发展路线。因此，未来的云安全将更加综合，将"云"这个特定的定语逐渐去除，变成等同于安全本身，涵盖各种场景，同时也必然会利用云计算技术来提升安全性能。这种趋势体现了云计算与安全之间相互促进、融合发展的态势。

2. 云安全的发展阶段

云计算已经成为当今数字化时代的核心，其发展呈现出明显的阶段性特征。在这个不断演进的背景下，云安全也在不断探索适应不同阶段需求的发展模式。

1）**概念兴起阶段**：云安全的概念逐渐引起人们的关注，主要关注点是将物理服务器虚拟化为虚拟机，将传统应用迁移到虚拟化环境中。在这一阶段，虚拟化防火墙、虚拟化 Web 应用防火墙以及抗拒绝服务等网络安全防护设备得到广泛应用。

2）**技术驱动阶段**：随着云计算市场的不断成熟，公有云服务商逐渐壮大，基础设施服务不断完善。新型基础设施如容器技术开始崭露头角，云原生技术成为云计算的支柱。企业的敏捷开发和 DevSecOps 模式推动了云原生技术的广泛应用，包括微服务、无服务器等。云服务安全和容器安全逐渐成熟。

3）**行业布局阶段**：大型云服务商如阿里巴巴、华为、百度、腾讯等开始全面布局云安全，云服务逐渐开始实际应用。在此阶段，大量云安全初创公司应运而生。公有云上部署应用逐渐成为主流，包括软件定义广域网（Software Defined-Wide Area Network，SD-WAN）等管道侧的服务和云端的 SaaS 服务。公有云平台的丰富能力为第三方应用提供了更多可能性。

4）**高速发展阶段**：云安全生态逐渐形成，初创公司与安全厂商之间的竞争和合作逐渐增加。云安全服务从硬件到软件，从云平台到数据库，从大数据到人工智能，呈端到端自研态势，以满足不同业务场景的云化需求。云安全服务已经发展成为网络安全的重要方向，即以云的方式交付安全能力，应对不断复杂化的网络攻击。

随着云计算的演进，云安全经历了从概念兴起到技术驱动、行业布局再到高速发展的过程，成为确保数字化转型的不可或缺的一部分。随着云安全的不断成熟，它将更好地支持企业应对多变的网络安全挑战。

3. 云安全的问题及挑战

随着云计算的广泛应用，云安全所面临的问题和挑战也逐渐凸显出来。这些挑战涉及安全边界消失、动态用户增多、数据风险增加、外部风险增加以及云原生安全风险陡增。

❏ **安全边界消失**：传统的边界安全模式在云计算环境下变得不再适用。虚拟化技术使得传统的物理安全边界消失，导致传统的安全产品和方案难以有效地防御各种新型的复合型安全威胁。容器引擎漏洞、虚拟机非法迁移等攻击方式变得更为复杂，攻击者可能通过恶意执行编排任务对云基础设施进行攻击。

❏ **动态用户增多**：云计算环境下，用户数量和种类不断变化，动态性和移动性增加。

这使静态的安全防护手段变得不再有效，需要动态调整安全措施。缺乏合适的身份认证、授权机制会导致非法接入和未授权访问，同时，缺乏可扩展的身份、凭证、访问控制系统可能导致恶意用户窃取、篡改或破坏核心数据。

❑ **数据风险增加**：数据作为数字经济的核心引擎，其价值日益凸显。然而，云计算导致资源和数据的所有权、管理权和使用权分离，传统的数据控制手段不再适用。面对海量数据规模，云计算企业需要更高的数据安全保护水平和更先进的数据保护手段，以应对数据不可用和泄露等风险。

❑ **外部风险增加**：云计算企业可能与第三方厂商合作，购买基础设施或网络服务。这使得这些第三方厂商的风险管理能力直接影响云计算企业的风险状况。同时，云计算企业将数据处理和分析等工作分包给第三方合作企业，可能涉及数据跨境处理和责任界定等风险。

❑ **云原生安全风险陡增**：云原生技术的兴起带来了新的安全挑战。容器、服务网格、微服务等技术正在深刻影响各个行业的 IT 基础设施和应用系统。然而，云原生安全并不仅仅解决技术问题，它同时强调在云环境中构建安全。云原生技术的广泛应用使得云原生安全风险更为复杂，包括容器漏洞、Kubernetes 集群挖矿事件等。

近段时间云原生技术在云计算市场迅速崛起，这一新趋势不仅给企业带来了灵活性和效率的提升，同时也带来了更为复杂的安全问题。以容器、服务网格、微服务等为代表的云原生技术，正在深刻地影响着各行各业的 IT 基础设施、平台和应用系统，也正逐步扩展至诸如工业互联网的 IT/OT（信息技术 / 运营技术）融合、5G 的 IT/CT（信息技术 / 通信技术）融合，以及边缘计算等新型基础设施领域。

越来越多的企业将云原生技术应用于实际业务中，相关的安全风险和威胁也逐渐浮现。容器和微服务的灵活性和快速部署的特性，虽然给开发和交付带来了便利，但也给恶意攻击者提供了更多的入侵机会。云原生技术在各种环境中的广泛应用，导致了一系列与之相关的安全事件。比如，Docker 和 Kubernetes 等服务所暴露出的问题、特斯拉曾经发生的 Kubernetes 集群挖矿事件、DockerHub 中容器镜像被植入挖矿程序的事件、微软 Azure 安全中心检测到的大规模 Kubernetes 挖矿事件，以及 Graboid 蠕虫的挖矿传播事件等，凸显了云原生技术所带来的安全挑战。

面对这些挑战，必须将云原生技术的安全性纳入设计和规划的核心。不仅需要在开发和部署过程中采取适当的安全措施，还要在系统运行阶段进行持续监测和漏洞修复。同时，与安全厂商合作，推动云原生安全解决方案的创新，这是确保云原生环境安全的关键。随着云原生技术的不断演进，确保其安全性将是云计算领域的一个需要持续关注的重要议题。

4. 云安全的安全责任共担

为建立更为精细、实际可操作并普遍适用于云计算领域的安全责任共担模型，以提升云服务客户在安全责任方面的认知与承担水平，中国信通院与云计算开源产业联盟等牵头，数十家云服务提供商合作开展了涉及云计算安全责任共担的深入研究。作为成果，它们制定了《云计算安全责任共担模型》这一行业标准，推动云计算生态中的相关组织和个体充分发挥各自职能，更有效地履行相关安全责任。云计算开源产业联盟也对云计算安全责任共担进行了相关研究和规范，于 2020 年发布了《云计算安全责任共担白皮书》（以下简称"白皮书"）。其发布的云计算安全责任共担模型如图 1-4 所示。

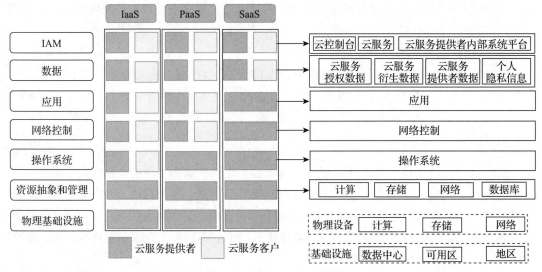

图 1-4　云计算安全责任共担模型

1）**应用场景分类**：该模型根据云计算的应用场景进行分类，包括公有云、私有云、社区云以及混合云等部署模式。不同部署模式下，云服务的特点与客户的业务需求紧密相关。对于不同的服务模式，即基础设施即服务（IaaS）、平台即服务（PaaS）和软件即服务（SaaS），进行了明确的责任划分。

2）**安全责任主体**：模型聚焦在与云服务直接相关的责任主体上，主要包括云服务提供者和云服务客户。这里的云服务提供者指的是提供各种云服务的各个厂商，而云服务客户则是使用这些云服务的企业或个人。

3）**安全责任分类**：模型将云计算安全责任划分为七大类，涵盖了整个云计算环境的关键方面。这些类别包括：

❏ 物理基础设施的安全。

- 资源抽象和管理，涵盖虚拟化安全和云服务产品的管理。
- 操作系统层面的安全。
- 网络通信的安全控制。
- 应用系统的安全管理。
- 数据的安全管理，包括客户数据、云服务提供者数据和个人隐私信息等。
- 身份识别和访问管理，覆盖对资源和数据的身份识别与访问管理。

这个模型的发布标志着云计算行业对于安全责任共担的认知和规范化的重要进步。它为云服务的提供者和使用者提供了更清晰的安全责任界定，有助于确保云计算生态中的安全性，并促进云计算领域的可持续发展。

5. 云安全的市场参与者

云安全市场正呈现出前所未有的活跃态势，在这个充满机遇与挑战的领域，主要的参与者可以分为两类：云服务提供商和专业的安全厂商。这两类参与者对构建更为安全稳定的云计算环境具有重要作用，它们的合作共担责任模型对推动云计算生态的安全发展具有重要意义。

- **云服务提供商**：如亚马逊 AWS、微软 Azure、阿里云等，它们逐渐提升了对云基础设施安全的关注。这些公有云提供商不仅为用户提供云平台的基础设施，还致力于提供原生的安全服务。例如，AWS 从身份访问控制、检测式控制、基础设置保护到数据保护等多个方面为用户提供了全方位的安全解决方案。随着用户对云服务商安全性的信任不断增加，他们更加愿意采用更多的云服务。实际上，根据 McAfee 的调查，2017 年用户对公有云服务的完全信任度增加了 76%。然而，这种信任需要建立在确凿的证据之上，因此云服务提供商正在通过自评估、第三方认证和安全工具等方式来证明其云环境的安全性。它们持续加强安全控制，提升威胁应对能力，并通过信息共享机制来加强网络安全。在云服务提供商和用户之间，威胁情报的共享成为越来越重要的合作方式。同时，云服务提供商还致力于迅速引入新的安全特性以应对新的安全挑战，并通过培训和指导帮助用户更好地使用云服务。
- **专业的安全厂商**：如 McAfee、PaloAlto、绿盟科技、奇安信等，主要致力于保护用户侧的云安全。它们通过自主研发、收购和租用云安全基础设施等方式来构建综合的云计算安全解决方案。这些安全厂商提供了多样化的安全产品和服务，以满足不同场景下用户的安全需求。它们强调云责任共担模型，即云服务提供商和用户之间在安全控制上的分工和合作。这种模型的出现在一定程度上增强了云计算生态中对安全问题的关注度，为云计算的健康发展提供了坚实的基础。

在云责任共担模型中，云服务提供商主要负责保护云基础设施的安全，包括网络、服务器、存储设备等。而云用户则需要确保其在云中存储的数据安全，采取适当的措施防止数据泄露。此外，用户还需要负责终端设备的安全，以确保其在使用云服务时不会受到攻击。随着云责任共担模型的逐渐完善，云服务提供商和用户之间的责任将更加清晰，从而为用户提供更全面的云计算安全保障。

在云服务提供商和专业的安全厂商的共同努力下，云计算领域的安全性和稳定性不断提升。它们在共担责任的模式下，共同努力为云计算的可持续发展和创新发挥积极作用。

6. 云安全的产品分类

从前文的责任共担模型和云原生的角度来看，云安全产品大致可以分为三大类，分别是传统安全设备的云化、云服务提供商（CSP）提供的配套云安全产品，以及基于云原生理念的"新安全"产品和服务。

1）**传统安全设备的云化**：在传统的数据中心中，安全防护通常是通过在网络入口等关键位置部署专用的安全设备来实现的，比如防火墙、入侵检测防御系统和 Web 应用防护系统。然而，在虚拟化的云环境中，传统的物理设备可能失去效用。为应对这一挑战，出现了虚拟化安全设备，如虚拟化防火墙、虚拟化入侵检测防御系统和虚拟化 Web 应用防护系统。这些虚拟化的设备能够适应云环境的动态性和弹性需求，提供更加灵活的安全防护。

2）**云服务提供商提供的配套云安全产品**：云服务提供商为了给用户提供全面的云服务体验，会提供一系列与云服务配套的安全产品。这些产品包括威胁检测、云数据库安全、API 安全、容器和工作负载安全、用户行为监控、合规与风险管理等。这些产品的目标是为用户提供一揽子安全解决方案，从而保护其在云环境中的各个层面和环节的安全性。

3）**基于云原生理念的"新安全"产品和服务**：随着云原生理念的兴起，一系列基于云原生架构的"新安全"产品和服务应运而生。这些产品和服务充分利用了云的特性，以更高效、自动化的方式应对云安全挑战。其中包括如下几项。

❑ **云访问安全代理**（Cloud Access Security Broker，CASB）：CASB 作为位于用户与云服务提供商之间的安全策略控制点，用于管理和监控对基于云的资源的访问，以确保安全策略的执行。

❑ **云安全态势管理**（Cloud Security Posture Management，CSPM）：CSPM 产品利用自动化手段来解决云配置和合规性问题，帮助用户维持云环境的安全状态。

❑ **云工作负载安全防护平台**（Cloud Workload Protection Platform，CWPP）：CWPP 是一种以主机为中心的解决方案，专注于保护云环境中的工作负载，以满足数据中心的安全需求。

❑ **安全访问服务边缘**（Security Access Service Edge，SASE）：SASE 结合了网络和

安全功能，为用户提供更加安全、高效的访问云资源的方式。

这些"新安全"产品和服务充分考虑了云环境的特点，通过更加智能的方式提供安全防护，为企业在云中的安全挑战提供了更多解决方案。总之，从责任共担模型和云原生的视角来看，云安全产品已经构成了一个多元化和综合性的体系，以满足不同层次的用户对云安全的需求。

1.3　安全服务

全球网络的迅速发展确实为数不尽的新型网络安全威胁提供了土壤，高风险的安全事件似乎成为未来安全行业的常态。这一趋势在云计算和大数据的蓬勃发展下进一步得到了加强，同时云安全服务的兴起也为整个安全领域带来了新的机遇。在这一大环境下，我国的安全服务市场正在蓬勃发展，其市场规模预计将会经历爆发式的增长。

在这种背景下，云安全服务作为新兴的领域迅速崛起。由于企业大规模采用云计算，数据的存储和处理越来越多地依赖于云平台，因此云安全成为当务之急。云安全服务不仅需要保障数据在云端的安全，还需要解决云架构的特有威胁，如跨租户攻击等。因此，这一领域的需求持续扩大，市场潜力巨大。

1.3.1　安全服务的定义

从广义上来看，网络安全服务是针对用户网络信息系统的增强和完善而提供的一系列服务。

两大权威机构 Gartner 和 IDC 的观点有一定差异，但都强调了安全咨询、安全运营和安全集成是安全服务最为重要的三个组成部分。这三个部分占据了安全服务市场 90% 以上的份额。除了传统的安全服务，网络安全即服务（Security as a Service，SECaaS）作为新兴的安全服务体系架构，正在引领全球网络安全市场的发展趋势。SECaaS 最显著的技术特点在于将安全能力云化并将运营能力服务化。它以云订阅的方式向用户提供安全产品，并将安全产品与安全运营深度融合，因此在广义上也属于安全服务的范畴。

安全服务在安全领域主要分为四大类别，包括安全集成服务、安全咨询服务、安全托管服务以及安全即服务。

❑ **安全集成服务**：安全集成服务是指技术服务提供商通过规划、设计、实施和项目管理等步骤，为客户提供完整的安全解决方案。这种服务涵盖了系统和应用程序的定制开发，并且整合了企业提供的安全硬件、软件等服务，形成一个综合性的安全方案。

- **安全咨询服务**：安全咨询服务属于专业服务范畴，涵盖多个分类，包括安全战略与规划、合规与审计、安全策略评估与开发、测试类服务以及应急响应服务等。这种服务为客户提供专业的建议和指导，帮助其规划和实施有效的安全策略和措施。
- **安全托管服务**：安全托管服务是指由安全服务提供商通过安全运营中心（Security Operations Center，SOC）全天候远程管理或监控 IT 安全服务，包括在本地、外部数据中心以及云上部署的安全托管服务。近年来，安全托管服务市场迅速发展，主要受行业安全运营中心的建设加快、远程托管需求增加以及云托管服务发展等因素影响。
- **安全即服务**：安全即服务是一种安全理念，服务提供商通过订阅方式向客户提供安全能力。这种服务不仅适用于保护云上资产和业务，也可以保护传统的本地部署资产和业务。SECaaS 具备云计算的优势，如按需订阅、弹性扩容等，同时也享有专业运营的特性，通过远程专家运营，为客户提供全球范围内的威胁情报和数据共享。

未来，安全服务将以业务系统为核心，在持续监控和分析的基础上，通过连续响应和自适应调整防护策略，实现网络攻击的动态防御，形成闭环的安全运营服务。自动化的安全服务加上专家运营服务将成为安全服务交付的主要方式。

1.3.2 安全服务现状

安全服务的市场和规模正处于令人瞩目的发展阶段，呈现出多样化和迅速发展的趋势。下面我们从市场现状和产业规模两个角度来深入了解这个领域。

1. 安全服务市场现状

安全服务市场是一个不断演变和扩展的领域，以满足不断增长的网络和信息安全需求。目前的安全服务市场可分为三大类型，即安全咨询服务、安全托管服务和安全即服务。

- **安全咨询服务**：受政策和行业需求的推动，合规咨询、测试类咨询以及应急响应等服务的需求显著增强。同时，受新冠疫情的影响，大部分咨询服务受限。在这种背景下，积压的需求得以释放，加之疫情状况好转，使得安全咨询服务市场显著增长。
- **安全托管服务**：智慧城市运营中心项目、关键信息基础设施领域的运营中心建设项目以及远程设备托管运营项目不断增加，使得安全托管服务市场实现增长。这一增长势头可能受益于智慧城市发展、关键基础设施建设的增加以及远程托管需求的上升。
- **安全即服务**：目前，安全即服务作为一种新兴的安全服务模式，在国内市场规模相对较小，正处于行业孵化阶段，尚无统计的增长数据。

2. 安全服务产业规模

提升安全能力是企业的必然选择。在提升企业安全能力的过程中，安全工具只是构建能力的基础。要使这些工具发挥最大价值，需要在安全团队、安全策略以及整体体系方面持续投入。但许多企业面临现实问题，即自身安全能力和预算不足。这促使它们寻求第三方专业安全厂商的帮助，以构建安全体系和外包安全运营。

在全球范围内，每年有超过 90% 的企业和政府机构采购各类安全服务，如安全咨询、安全监测、事件响应、威胁情报等。安全服务在企业预算中的占比与其对安全的重视程度相关。随着产业的不断成熟，安全服务占比将继续增加。

根据 IDC 的数据，2023 年，全球网络安全支出规模达到 1512 亿美元，复合年均增长率为 9.4%。在欧美市场，安全服务的概念深入人心，安全服务支出规模占比第一。我国是除美国外网络安全支出最高的国家，网络安全投入在整体 IT 投入中的占比也在稳步提升。

1.3.3　安全服务趋势

根据中国信息通信研究院发布的《中国云 MSP 服务发展调查报告》，企业在选择云管理服务商时越来越重视云优化能力，包括容量和成本的优化、云上应用性能的优化以及与安全相关的服务。SASE（安全访问服务边缘）安全服务逐渐在业界获得更多认可。

根据 Gartner 的预测，SASE 市场规模将在 2024 年增长至 110 亿美元，这一市场规模在 2019 年仅为 19 亿美元。2024 年，至少 40% 的企业将明确采用 SASE 战略，而这个比例在 2018 年底还不到 1%。SASE 市场已经吸引了传统的 IT 厂商、云计算厂商、安全厂商、CDN（Content Delivery Network，内容分发网络）厂商等多方势力的竞争，这些竞争者包括思科、VMware、Palo Alto Networks、Cato Networks、Akamai，以及国内的绿盟科技、深信服科技、网宿科技等。

这些趋势和数据都反映出 SASE 作为一种新兴的网络安全架构，正在成为企业选择云管理服务商和加强网络安全的首选。它不仅提供了综合的安全性，还与云优化能力结合，为企业提供了更加灵活和强大的网络安全解决方案。

SASE 架构及关键技术

SASE 并非仅限于单一产品，它代表了网络和安全技术实现方式的一次架构性转变。SASE 架构在当前企业网络发展中具有重要优势，主要体现在以下几个方面。

❑ **增强安全性**：非法入侵者采取各种手段攻击网络，因此，在整个网络范围内实现一致的安全策略和服务，以保护用户、基础架构和应用程序的安全至关重要。SASE 架构提供更强大且易于部署的安全措施，通过分布式连接点的应用安全策略和威胁防御措施，实现了更高的端到端的安全性。

❑ **提升运维灵活性**：在整个网络范围内实现可见性对于迅速评估应用和网络运行状况、识别潜在恶意活动至关重要。通过降低复杂度，已有的资源可以发挥更大作用并产生更深远的影响。网络与安全功能的自然融合使系统管理员能够集中注意力。一致的策略有助于减少配置错误，提高整体安全效率。

❑ **简易使用**：在传统方式下，企业必须通过防火墙的多层防御和关键的"阻塞点"来过滤流量以确保安全。此外，还需要管理多种不同的控制措施。在采用 SASE 时，只关注从客户端设备连接到云端的安全即可。

SASE 的设计理念在于通过一个边缘云作为中继，处理用户到应用、分支到云等多种连接，从而提供接入控制、安全防护和网络加速等能力。本章将在介绍 SASE 的国内外标准的基础上，进一步探讨 SASE 的"网络即服务"和"安全即服务"这两个核心服务及其技术。

2.1　SASE 标准 / 规范解读

提到 SASE 就不能不提零信任。SASE 作为一种边缘安全理念，是基于零信任（Zero Trust）概念发展而来的。零信任的概念最早由 Forrester 前首席分析师 John Kindervag 于 2010 年提出，并在后来被其继任者 Chase Cunningham 丰富为"零信任扩展（ZTX）生态系统"，包含零信任用户、零信任设备、零信任网络、零信任应用、零信任数据、零信任分析、零信任自动化七大领域。为了帮助企业更好地理解和应用零信任理念，Forrester 还发布了一系列关于零信任的文章和手册。

Gartner 在意识到零信任的重要性后，将其纳入了持续自适应风险与信任评估（Continuous Adaptive Risk and Trust Assessment，CARTA）路线图的初始部分。2018 年，Gartner 的副总裁 Neil MacDonald 在一份报告中指出，零信任将成为 CARTA 路线图的起点。随后，Gartner 在 2019 年提出了零信任网络访问（ZTNA）的概念，进一步推动了零信任理念在网络安全领域的应用。

Neil MacDonald 于 2019 年提出了面向未来的 SASE 概念，在《网络安全的未来在云端》报告中详细阐述了 SASE 的核心思想，开辟了边缘安全领域的新局面。SASE 将零信任等多种安全概念融合在一起，通过在边缘节点提供安全访问服务，为企业构建更加灵活、安全的网络环境。

SASE 作为边缘安全的新范式，将零信任等概念融入其中，为未来的网络安全提供了创新性的解决方案。

2.1.1　SASE 的国际标准

近年来，国外已陆续出台了一些 SASE 的标准和规范，其中通信行业标准组织 MEF（Metro Ethernet Forum，城域以太网论坛）发布了一份名为《 MEF SASE 服务框架》的 SASE 白皮书。这份白皮书在 Gartner 的 SASE 理念的基础上，进一步探讨了融合网络和安全概念的 SASE，并给出了 SASE 服务框架的概要，目的是帮人们在抽象的软件定义网络和软件定义安全框架以及软件定义服务方面达成共识，引导技术和服务供应商专注于提供通用的核心功能，同时在其技术优势的基础上构建 SASE 领域的独特创新能力。

《MEF SASE 服务框架》从全球网络安全产业的发展现状出发，以标准组织的视角，简要阐述了 SASE 与其他标准的关系。其中介绍了 SASE 的总体架构和核心技术，结合行业逐步发展演进的过程，阐明了 SASE 各个核心组件框架及其关联部署。此外，该白皮书还为 SASE 在不同适用场景下的技术成熟度提供了评估参考，以指导客户根据自身业务需求更好地实施和落地 SASE。

1. MEF 体系中的 SASE

SASE 服务的核心在于将网络和安全融合，以订阅式的形式在云端提供服务。MEF 组织已经发布了一些 SASE 标准，为 SASE 的不同部分提供了抽象定义，这些标准为 SASE 的实现奠定了基础。

MEF 70.X 对 SD-WAN 服务进行了标准化定义，为 SASE 架构中的网络部分提供了抽象定义；MEF W88 对应用安全进行了标准化定义，为 SASE 架构中的安全部分提供了抽象定义。

在 MEF 中，SASE 架构被划分为 4 个主要部分，即订阅终端、网络服务、安全服务和服务终端，如图 2-1 所示。

图 2-1   MEF 中的 SASE 架构

订阅终端的能力主要包括身份标识、访问环境的上下文分析和访问控制。客户端的身份标识可以通过用户姓名、雇员 ID、客户端 MAC 地址和 IoT（Internet of Things，物联网）设备 ID 等信息来实现。客户端访问环境的上下文可以通过诸如地域、时间、访问设备的风险值、认证状态的强弱、通信保密状态（X.509 证书）、异常行为分析、第三方信任（SAML 令牌）以及单点登录会话等因素进行分析和访问控制。

SASE 的网络服务是通过网络技术以服务化的形式提供的，其能力涵盖路由选择、QoS（Quality of Service，服务质量）、VPN、广域网优化、带宽优化、数据备份、应用加速、流量整形、延时优化、数据缓存、CDN、弹性网络、链路备份、接入地理限制等。

SASE 的安全服务则是通过安全技术以服务化的形式提供的，其能力涵盖防火墙、威胁保护、云端应用发现、异常行为发现、DNS 保护、敏感数据发现、隐私数据混淆、Web 应用防火墙、远端浏览器隔离、Wi-Fi 保护、安全 Web 网关（Secure Web Gateway，SWG）、数据防泄露（Data Loss Prevention，DLP）、软件定义边界 / 零信任架构、加解密技术，以及云访问安全代理（CASB）等。

服务终端包括互联网站点、SaaS 应用、云资源站点，以及自建站点（边缘节点）等。

这些能力共同构成了 SASE 服务的基础，使 SASE 能够在云环境中提供综合的网络和安全解决方案。

2. SASE 各个核心组件的框架及部署

SASE 架构的核心组件在保留订阅终端和服务终端的基础上，对 SASE 服务进行了模块级的细化。结合 SD-WAN（MEF 70.X）的标准体系，SASE 被划分为订阅边缘、网络服务（SD-WAN）、服务提供边缘、安全服务（安全能力节点）这四个核心组件。

这四个核心组件完成了整个数据流量从订阅终端到服务终端各种能力的承载和部署，包括流量的接入、网络服务、流量的接出以及安全服务。这些组件通过各自的控制接口实现了控制平面对数据平面的统一策略控制和管理。SASE 的整体架构和各个核心组件的布局如图 2-2 所示。

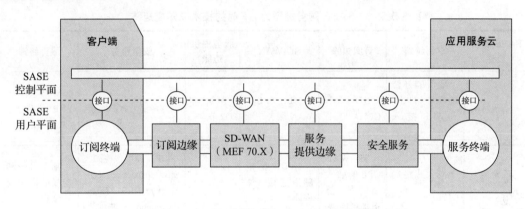

图 2-2　SASE 的整体架构和各个核心组件的布局

3. SASE 适用场景的技术成熟度建议

根据 SASE 核心组件的框架和每个组件不同类型的实例化的组合，可将 SASE 适用场景划分为四大类，且每个分类又可以根据是否包含 SD-WAN 进一步分为两个子类，即带 +（包含 SD-WAN）和不带 +（不包含 SD-WAN）两个类型。

（1）SASE 服务类型 A/A+

SASE 服务类型 A/A+ 即访问公有云服务（如阿里云等）的部署私有应用场景，如图 2-3 所示。

SASE 服务类型 A+ 场景对应的核心组件框架推荐的技术成熟度矩阵，如表 2-1 所示。

SASE 服务类型 A 场景对应的核心组件框架推荐的技术成熟度矩阵，如表 2-2 所示。

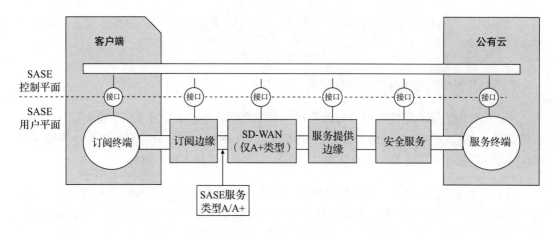

图 2-3 SASE 服务类型 A/A+ 场景

表 2-1 SASE 服务类型为 A+ 时的技术成熟度矩阵

SASE 服务组件	订阅终端	订阅边缘	SD-WAN	服务提供边缘	安全服务	服务终端
实现示例	雇员的办公局域网（LAN）和 Wi-Fi 接入网络	SD-WAN CPE[1]	MEF 70 SD-WAN 服务	服务提供 POP 节点	服务提供 POP[2]节点	SAP 软件、ERP[3]软件、CRM[4]软件
安全能力示例	嵌入式终端安全	SD-WAN CPE 的防火墙能力、隧道加密能力	TVC（虚拟隧道连接）加密能力	无	DPI（深度包检测）、SSL[5] inspection（SSL检测）、DLP、Threat Prevention（威胁预防）	基于身份和授权的应用程序级安全
网络能力示例	无	路由和转发能力	UCS（底层连接服务）、TVC	路由和转发能力	无	无

① CPE 全称 Customer Premises Equipment，即用户驻地设备。

② POP 全称 Point of Presence，即因特网接入点。

③ ERP 全称 Enterprise Resource Planning，即企业资源计划。

④ CRM 全称 Customer Relationship Management，即客户关系管理。

⑤ SSL 全称 Secure Socket Layer，即安全套接字层。

表 2-2 SASE 服务类型为 A 时的技术成熟度矩阵

SASE 服务组件	订阅终端	订阅边缘	服务提供边缘	安全服务	服务终端
实现示例	公网接入和公网 Wi-Fi 接入节点	无	服务提供云	服务提供云	ERP 软件、CRM 软件

（续）

SASE 服务组件	订阅终端	订阅边缘	服务提供边缘	安全服务	服务终端
安全能力示例	基本的 TLS[1] 访问	无	无	SSO（单点登录）、IAM（身份和访问管理）、CASB、FWaaS（防火墙即服务）、ZTNA/SDP（软件定义边界）、SWG、DLP、Threat Prevention、沙箱	基于身份和授权的应用程序级安全
网络能力示例	DNS 或者其他引流方法将流量牵引至服务边缘	无	路由、代理、负载均衡、服务链、TCP[2]优化、缓存 CDN 等	无	无

① TLS 全称 Transport Layer Security，即安全传输层协议。
② TCP 全称 Transmission Control Protocol，即传输控制协议。

（2）SASE 服务类型 B/B+

SASE 服务类型 B/B+ 场景即访问私有数据中心（自建）的私有应用场景，如图 2-4 所示。

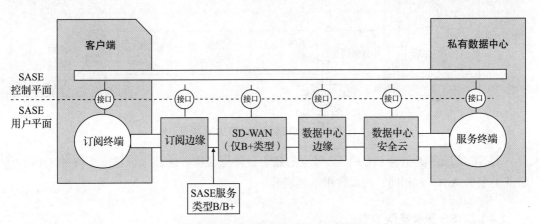

图 2-4　SASE 服务类型 B/B+ 场景

SASE 的服务类型为 B/B+ 时，核心组件框架下推荐的技术成熟度矩阵是一样的，如表 2-3 所示。

表 2-3　SASE 服务类型为 B/B+ 时的技术成熟度矩阵

SASE 服务组件	订阅终端	订阅边缘	SD-WAN（仅 B+ 服务类型）	数据中心边缘	数据中心安全云	数据中心服务终端
实现示例	笔记本电脑、台式电脑、IP 电话、智能手机、应用、服务器	SD-WAN 边缘	MEF 70 SD-WAN 服务	数据中心	数据中心	ERP 软件、CRM 软件

（续）

SASE 服务 组件	订阅终端	订阅边缘	SD-WAN （仅 B+ 服务类型）	数据中心 边缘	数据中心 安全云	数据中心 服务终端
安全能力 示例	主机防火墙、 主机入侵检测 系统/主机入 侵防御系统	防火墙 SD-WAN 边缘使用 IPSec 和 TLS 加密	TVC 加密能力	无	FW、WAF、IPS	FW、WAF、 IPS
网络能力 示例	LAN、Wi-Fi	路由和转发能 力	UCS、TVC	路由和转 发能力	无	

（3）SASE 服务类型 C/C+

SASE 服务类型 C/C+ 场景即访问应用服务云（如 WPS 等）订阅的企业应用场景，如图 2-5 所示。

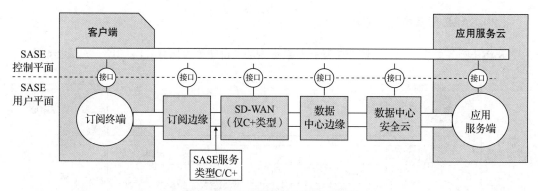

图 2-5　SASE 服务类型 C/C+ 场景

SASE 的服务类型为 C/C+ 时，对应的核心组件框架推荐的技术成熟度矩阵和 SASE 的服务类型为 A/A+ 时相同，所以这里不再展开。

（4）SASE 服务类型 D/D+

SASE 服务类型 D/D+ 场景即访问公网应用场景，如图 2-6 所示。

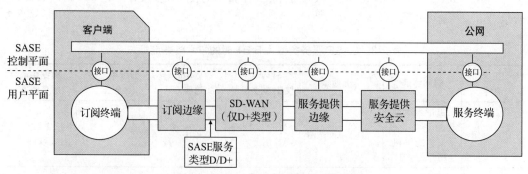

图 2-6　SASE 服务类型 D/D+ 场景

SASE 的服务类型为 D+ 时，核心组件框架推荐的技术成熟度矩阵如表 2-4 所示。

表 2-4　SASE 服务类型为 D+ 时的技术成熟度矩阵

SASE 服务组件	订阅终端	订阅边缘	SD-WAN	服务提供边缘	服务提供安全云	公网服务终端
实现示例	笔记本电脑、台式电脑、智能手机	SD-WAN CPE	MEF 70 SD-WAN 服务	服务提供 POP 节点	服务提供 POP 节点	公网应用
安全能力示例	主机防火墙、主机入侵检测和防护系统	防火墙包含入侵检测和身份管理能力	TVC 加密能力	无	防火墙、统一威胁管理 Web 应用防火墙、入侵检测系统	SSL 加密传输
网络能力示例	LAN、Wi-Fi	路由和转发能力	UCS、TVC	IP 传输	无	无

SASE 的服务类型为 D 时，核心组件框架推荐的技术成熟度矩阵如表 2-5 所示。

表 2-5　SASE 服务类型为 D 时的技术成熟度矩阵

SASE 服务组件	订阅终端	订阅边缘	服务提供边缘	服务提供安全云	公网服务终端
实现示例	笔记本电脑、平板电脑	无	服务提供云	服务提供云	公网应用
安全能力示例	VPN 应用	无	无	VPN	SSL 加密传输
网络能力示例	4G/5G	无	路由和转发能力	无	无

2.1.2　SASE 的国内标准

在国内，SASE 标准在 2021 年 6 月发展显著。中国通信标准协会（CCSA）的 TC1（互联网与应用标准技术工作委员会）WG5（云计算工作组）会议启动了《安全访问服务边缘产品能力评价方法》标准的立项工作。此举带来了多次研讨会，研讨会针对可信云 SASE 的成熟度能力要求标准进行了深入探讨，旨在建立适应国内行业的 SASE 成熟度模型。值得注意的是，这一标准与国际标准《MEF SASE 服务框架》相比，不仅着眼于功能的完备性，还在衡量维度上增加了性能、兼容性、易用性、可靠性以及安全性等方面的要求。

功能性评价主要聚焦于以下 6 个部分。

❑ **网络安全接入评价**：评价内容包括针对 PC 端和移动终端的单台接入设备安装引流软件客户端时操作系统类型的满足度，网络出口设备的部署形式和多线路接入方式的满足度，基于地理位置和网络运营商的最佳匹配机制的 POP 最优接入方式，远程应用访问的加速能力，客户异地多分支的隧道组网和监管，以及全国多地 POP 的分布式布局。

❑ **身份认证评价**：涵盖身份管理，即身份识别、登录设备识别、用户账号管理和登录设备信息（IP/MAC）管理，多因素认证方式，以及对用户访问内外网资源权限的管控。

❑ **流量分析评价**：评价内容包括应用识别，即对 URL（Uniform Resource Location，统一资源定位符）和应用的识别和分类；SSL 识别，即对 SSL 加密传输信息的解密识别。这部分评价还涵盖了网站、Web 邮件交互、网盘上传下载、移动应用、网络游戏和搜索引擎等的公网访问审计。

❑ **流量管控评价**：基于流量分析结果制定带宽整流和封堵等策略，同时也包括对用户访问内外网资源权限的管控。

❑ **零信任评价**：包含加密传输（用户到 POP 节点和 POP 节点到应用的全链路加密传输）、资产隐藏（未经身份识别和合规判断的用户无法看到访问资产）、身份授权（用户访问内外网资源的权限分配）、内网应用管理（提供内网应用的名称、域名、IP 和端口信息）、多云部署（通过隧道将公有云、私有云和数据中心的网络互联）、访问日志（存储用户访问成功或阻断的日志并保留 6 个月）、连接器高可用（支持平滑的主备切换）和动态访问控制（在访问过程中出现风险时对访问进行阻断和二次认证等处置）。

❑ **安全检测与防护**：包括记录威胁等级、原因、风险危害和处置建议的安全事件报表，定时发送安全事件通告的安全事件告警，对终端上传和下载的恶意文件进行识别的恶意文件检测，对通过流量识别的失陷主机采取的检测及查杀操作。

非功能性评价涵盖了以下 6 个关键部分：性能、兼容性、易用性、可靠性、安全性和可维护性。

1）**性能评价**：主要关注 3 个方面，即 POP 并发性能、访问时延和流量分析能力。

❑ **POP 并发性能**：云原生并发能力要达到 10GB，而本地硬件并发能力要达到 1GB。

❑ **访问时延**：用户通过 POP 节点访问互联网网站的延时不能超过 30ms。

❑ **流量分析能力**：流量分析时应能够识别千万级别的 URL 库和超过 2000 种主流应用。

2）**兼容性评价**：主要关注 2 个方面，即网络协议支持能力和多云对接能力。

❑ **网络协议支持能力**：需要支持 2 种以上的隧道协议，如 SSL、L2TP、GRE 和 IPSec 等。

❑ **多云对接能力**：要求支持公有云、私有云和本地数据中心的应用接入能力。

3）**易用性评价**：主要关注 2 个方面，即配置帮助和配置下发易用性。

❑ 配置帮助：需要支持配置帮助模块，以提供用户配置的辅助信息。

❑ 配置下发易用性：要求配置功能的策略易于操作和配置功能的说明易于理解。

4）**可靠性评价**：主要关注 2 个方面，即产品组件高可靠性和异常逃生能力。

❑ 产品组件高可靠性：需要支持控制中心、POP 节点以及硬件和软件的高可靠部署。

❑ 异常逃生能力：要求在用户切换和关闭服务后，能够快速恢复上网功能。

5）**安全性评价**：主要关注 4 个方面，即权限管理、登录行为控制、保密性和操作记录。

❑ 权限管理：需要支持两级管理员角色权限，且上级管理员可以分配下级管理员权限。

❑ 登录行为控制：要求支持合法账户的异常行为检测和非法防护登录。

❑ 保密性：必须支持数据只能在授权时才能被访问。

❑ 操作记录：要求对操作和安全事件进行记录且不能被删除。

6）**可维护性评价**：主要关注 2 个方面，即告警上报和配置备份。

❑ 告警上报：需要支持告警和安全事件的实时上报与呈现。

❑ 配置备份：要求支持配置导出和配置备份功能。

将采集到的证据与能力要求进行对照，根据满足程度对每个评估维度的每一项要求进行评分。能力要求的满足程度与得分对应关系如表 2-6 所示。这种全面的非功能性评价框架将确保 SASE 服务在性能、兼容性、易用性、可靠性、安全性和可维护性方面都能够得到全面且有效衡量和验证。

表 2-6　能力要求满足程度与得分对应关系

能力要求满足程度	得分
全部满足	1
大部分满足	0.8
部分满足	0.5
小部分满足	0.3
不满足	0

将每项的评估分数和其权重进行累加，就可以得到最终的分数。成熟度主要可以分为5 种。

❑ 基础规划级，应完成全部功能性测试，功能性测试总分达到 60 以上。

❑ 标准规范级，应完成全部功能性测试，功能性测试总分达到 80 以上。

❑ 集成增强级，应完成全部功能性、性能和安全性测试，且功能性测试、性能测试和安全性测试总分均达到 80 以上。

❏ 优化专业级，应完成全部功能性、性能、兼容性、易用性、可靠性、安全性和可维护性测试，且所有部分测试总分均达到 80 以上。

❏ 卓越引领级，完成全部功能性、性能、兼容性、易用性、可靠性、安全性和可维护性测试，且所有部分测试总分均达到 95 以上。若标准中不涉及产品质量特性内容，则可不测试。

在了解完 SASE 国内外的主要标准规范之后，我们再来看看，依据这些标准，SASE 的相关服务和关键技术有哪些。

2.2 网络即服务

从国内外 SASE 相关标准的分析来看，SASE 的核心服务主要包括网络服务和安全服务两个关键部分。接下来，我们将详细描述"网络即服务"和"安全即服务"的关键核心技术。

MEF 将 SASE 总体架构划分为 4 个主要部分：订阅终端、网络服务、安全服务和服务终端。

实际上，在 SASE 概念提出之前，网络技术已经以服务形式存在，也就是"网络即服务"（Network as a Service，NaaS）。NaaS 将软件定义网络（Software Defined Network，SDN）、可编程网络和基于 API 的操作引入了广域网服务、传输、混合云、多云、私有网络连接和互联网交换等领域。NaaS 的概念随着云计算和网络技术的发展日益丰富，在 SASE 的概念中得到更加深入的阐释和完善，但其本质不变，仍然包括以下几个关键部分。

❏ **订阅硬件**：用户无须购买硬件设备，而是定期支付订阅费用，自行安装和维护这些硬件设备。

❏ **托管服务**：在订阅了硬件设备的前提下，用户还可以订购硬件运维的委托管理服务，由服务提供商对硬件进行管理。

❏ **纯 NaaS 服务**：服务提供商完全拥有并管理安全性和运营方面的所有设备，客户只须定期支付费用，使用这些设备提供的服务。

下面将分别对网络即服务的 SD-WAN、VPN 以及终端引流等典型技术进行详细说明。

2.2.1 SD-WAN

SASE 架构中的"网络即服务"必须具备基础的网络连接能力。它可以利用专线、互联网或者 4G/5G 移动网络等底层通信介质，借助 SD-WAN（软件定义广域网）组网技术，实现以下关键能力。

- ❑ **多介质支持**：SASE 的"网络即服务"应该支持多种底层通信介质，包括专线、互联网和 4G/5G 移动网络等。
- ❑ **SD-WAN**：SD-WAN 是 SASE 架构中"网络即服务"的关键支撑。它允许企业通过智能路由、带宽管理和应用优化等功能，实现用户终端、分支机构、企业总部以及数据中心之间的高效通信。
- ❑ **分布式连接**：SASE 的"网络即服务"应支持分布式连接，使得不同地点的用户和分支机构能够互相连接，实现无缝的数据通信。这种连接可以通过虚拟专用网络（VPN）或其他安全通信机制来保护数据的隐私和安全。
- ❑ **网络管理**："网络即服务"应该提供集中的网络管理功能，使企业能够监控和管理网络连接的状态，以及带宽利用率、延迟等指标。
- ❑ **应用加速**：通过 SD-WAN 的应用识别和流量控制功能，"网络即服务"能够实现应用加速，优化网络路径，提高关键应用的传输效率，从而改善用户体验。

1. SASE 与 SD-WAN 的关系

根据 Gartner 的定义，SASE 代表着网络和安全的融合解决方案。在这个框架中，SD-WAN 扮演了 SASE 的基础网络支持技术角色，它能够提供高度灵活的网络组网服务，并充分利用可用的网络带宽资源。SD-WAN 不仅是网络的连接手段，更是构建安全能力的基础，从而满足 SASE 场景下组织对于动态业务和安全防护的要求。

虽然没有 SD-WAN，业务可能也不会受到很大的影响，但在业务的保障和用户体验方面，会有明显的减损。需要明确的是，SASE 并不是 SD-WAN 的取代者，它们并非前后关系，而更像协同合作的搭档。

关于 SASE 与 SD-WAN 的关系，可以从以下几个方面来对比，如表 2-7 所示。

表 2-7　SASE 与 SD-WAN 的关系

对比维度	SD-WAN	SASE
方案架构	SD-WAN 与云松耦合 云的集成对 SD-WAN 来说是场景适配，不是关键组件	SASE 与云强耦合 SASE 使用私有数据中心、公有云或托管设施作为 POP。这些 POP 形成了 SASE 运行的体系结构的服务边缘
安全能力	SD-WAN 支持在链路拓扑中插入虚拟网络服务（VNF），例如 NGFW、内容过滤等，通常作为辅助功能来提供	SASE 的重点是为网络及其用户提供对分布式资源的安全访问。这些资源可以分布在私有数据中心、托管设施和云上，如防火墙即服务（FWaaS）、SWG、云访问安全代理（CASB）、零信任网络访问（ZTNA）等

由表 2-7 可知，SASE 并没有取代 SD-WAN，而是在其基础上为软件定义的广域网添加

了安全功能。这两者可以独立使用，也就是说，SD-WAN 不必依赖于 SASE，同样，SASE 的功能也可以在传统网络环境中实现。

SD-WAN 和 SASE 都具备灵活的部署特性，它们可以部署在各种虚拟化或容器化环境中，不论是作为云服务中的网络即服务，还是在云基础设施上，甚至还可以进行混合部署。这种灵活性使得组织可以根据自身的需求和基础架构选择最合适的部署方式，以实现高效的网络和安全管理。

2. SD-WAN 的 2 种架构

SD-WAN 是将 SDN 技术应用于广域网场景时形成的一种服务，也是 SASE 提供的一种 NaaS 服务。SD-WAN 可帮助用户降低广域网的开支，提高网络连接的灵活性。SD-WAN 的 4 个典型功能如下：

- ❑ 支持多种连接方式，包括多协议标签交换（MPLS）、4G/5G、Internet 等。
- ❑ 能够在多种连接之间动态选择链路，以达到负载均衡或者高资源弹性的目标。
- ❑ 具有简单的 WAN 管理接口。
- ❑ 支持 VPN、防火墙、网关、WAN 优化器等服务。

SD-WAN 典型架构有以下 2 种。

（1）以企业边缘为核心的 SD-WAN 架构

此架构以企业边缘为核心，是延伸了传统 IPSec VPN 的方案（见图 2-7）。在这个架构中，通过在企业各个站点边缘的 CPE 之间建立隧道，实现了站点之间的连接。无论是通过互联网、MPLS 还是其他 WAN 线路，都可以在云中放置一个软件 CPE，以支持各种传输方式。这样的架构下，企业的组网是在运营商的网络之上建立起来的。CPE 可以放置在企业的总部、数据中心、分支机构以及服务网点，也可以放置在 IDC 或公有云的机房。在组网的拓扑上，可以采用 P2P（点对点）、Hub & Spoke（中心辐射）、Regional Hub（区域中心）、Full Mesh（全网状）或 Partial Mesh（部分网状）等不同的拓扑结构。

以企业边缘为核心的 SD-WAN 架构扩展了传统的 IPSec VPN 方案，并在以下几个方面进行了增强。

- ❑ **集成智能功能**：CPE 内部集成了 WAN 线路监测、应用识别等智能能力。它可以根据不同的应用提供不同的 WAN 处理策略，从而更有效地利用 WAN 线路资源，提高投资回报率。
- ❑ **引入控制器**：架构引入了控制器的角色，能够自动识别 CPE 并推送密钥和路由。这消除了烦琐的手工配置，降低了配置错误的风险，在某些情况下，还可以实现路由的优化。

- ❏ **集成安全和加速**：CPE 内部集成了安全和广域网加速的功能，同时还支持添加其他增值服务，如虚拟机等，并将其串接起来，用户可以根据需求进行订购。
- ❏ **统一管理与配置**：通过集中式门户，可以统一管理和配置上述功能，提供丰富的可视化能力，涵盖网络、线路、流量、应用等方面。

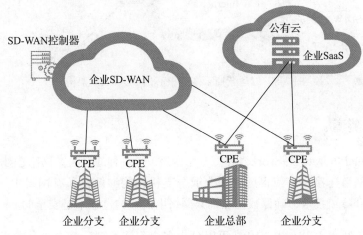

图 2-7　以企业边缘为核心的 SD-WAN 架构

（2）以运营商云端为核心的 SD-WAN 架构

以运营商云端为核心的架构，是对传统的 MPLS VPN 方案进行的延伸（见图 2-8）。这个架构与传统的 Overlay 技术（一种虚拟技术）相比，仅在"最后一公里"的通信中采用了 Overlay 技术，而中间的骨干网络则由运营商的专网进行处理。出于安全性的考虑，通常会在"最后一公里"使用 IPSec。中间的骨干网络部分，如果运营商支持，可以将 MPLS VPN 整合进来；如果暂时不支持，也可以采用 MPLS over GRE 或者 VxLAN 等技术。

为了整合运营商的线路资源，该架构在运营商的 POP 节点内部引入了接入网关。SD-WAN 网关连接用户侧的 CPE 的"最后一公里"和网络侧的 IP/MPLS 骨干线路。因此，用户侧的 CPE 相当于 CE（用户边缘）设备，而 SD-WAN 网关类似于 PE（提供商边缘）设备，这与传统的组网模型相符。

引入 SD-WAN 网关后，流量模型可能变成 CPE—SD-WAN 网关—Internet，通过 SD-WAN 网关来实现 Internet 流量与 VPN 流量的分流。这种区域性的 SD-WAN 网关分流模式的优势在于，可以为本地的多个分支集中提供 NAT、QoS、安全等服务，避免了分支级别的配置复杂性影响，并减少了 Internet 流量绕行集线器所带来的延迟和带宽消耗[一]。

　㊀　引自 SDNLAB 文章。

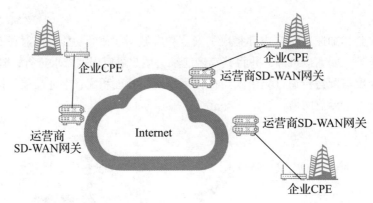

图 2-8   以运营商云端为核心的 SD-WAN 架构

2.2.2　VPN 隧道

VPN（Virtual Private Network，虚拟专用网络）是一种通过公共网络创建的安全的、虚拟的、隔离的网络连接，它使得远程用户或分支机构能够像在私有网络中一样进行通信。VPN 通过加密和隧道技术，确保数据在公共网络上的传输过程中是安全的。

根据网络类型和实现方式，VPN 可以分为多个不同类型，其中 3 个主要类型是 MPLS VPN、EVPN 和 IPSec VPN。

1. MPLS VPN

MPLS VPN 包括 MPLS L2VPN 和 MPLS L3VPN，它们提供了不同层次的虚拟专网服务。这些服务基于 MPLS 网络，通过为用户和组织创建隔离的、安全的连接，使远程通信变得高度可靠和安全。

MPLS L2VPN 提供了在 MPLS 网络中建立二层（数据链路层）虚拟专网的能力，使服务提供商能够为不同的数据链路层提供独立的虚拟专网。从用户角度看，MPLS 网络就像是一个透明的二层交换网络，可以在不同的地理位置之间建立虚拟的二层连接。

MPLS L2VPN 的模型由以下几个部分组成。

- ❑ CE（Customer Edge，用户边缘）设备：位于用户网络边缘，直接连接到服务提供商的网络。CE 设备可以是路由器、交换机或主机。它们与 VPN 的存在无关，也不必支持 MPLS。
- ❑ PE（Provider Edge，提供商边缘）路由器：位于服务提供商网络的边缘，与用户的 CE 设备相连。在 MPLS 网络中，PE 路由器负责处理所有与 VPN 相关的操作。
- ❑ P（Provider，提供商）路由器：位于服务提供商网络的骨干部分，不直接连接到用户设备。P 设备仅需要基本的 MPLS 转发能力。

MPLS L2VPN 利用标签栈实现用户数据在 MPLS 网络中的传输：

❑ 外层标签（隧道标签）用于将数据从一个 PE 路由器传递到另一个 PE 路由器。
❑ 内层标签（VC 标签）用于区分不同 VPN 中的不同连接。
❑ 接收 PE 根据 VC 标签确定将数据转发给哪个 CE 设备。

图 2-9 是 MPLS L2VPN 转发过程中报文标签栈变化的示意图。其中 L2PDU 是链路层报文，PDU（Protocol Data Unit）为协议数据单元。

MPLS L3VPN 是基于 PE 路由器的一种 L3（网络层）VPN 技术，使用 BGP（Border Gateway Protocol，边界网关协议）在服务提供商网络的骨干网上发布 VPN 路由，并使用 MPLS 在服务提供商网络中转发 VPN 数据。

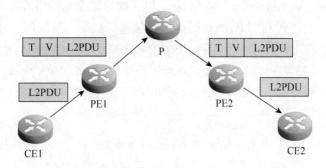

图 2-9　MPLS L2VPN 转发过程中报文标签栈变化的示意图

MPLS L3VPN 组网方式灵活、可扩展性好，能够方便地支持 MPLS QoS 和 MPLS TE（Traffic Engineering，流量工程），因此得到越来越多的应用。

在 MPLS L3VPN 中，CE、PE、P 的概念与 MPLS L2VPN 相同。图 2-10 是一个 MPLS L3VPN 组网方案的示意图。

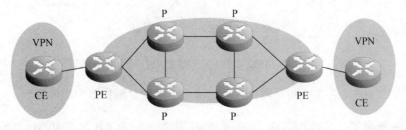

图 2-10　MPLS L3VPN 组网方案的示意图

MPLS L3VPN 具有以下特点。

❏ 灵活的组网方式和良好的可扩展性，便于支持 MPLS QoS 和 MPLS TE。

❏ 这里的 CE、PE、P 的概念与 MPLS L2VPN 中的相同，根据 SP 与用户的管理范围划分。

❏ CE 与 PE 之间通过 BGP 或 IGP（Interior Gateway Protocol，内部网关协议）交换路由信息，CE 可以是路由器。

❏ PE 与其他 PE 通过 BGP 交换 VPN 路由信息，每个 PE 仅维护与之相连的 VPN 路由。

❏ PE 仅需要了解到达 PE 的路由，不需要知道 VPN 路由的所有细节。

❏ 在 MPLS 骨干网上传输 VPN 流量时，入口 PE 被称为 Ingress（入口）LSR（Label Switch Router，标记交换路由器），出口 PE 被称为 Egress（出口）LSR，P 路由器充当 Transit（传输）LSR。

2. EVPN

EVPN（Ethernet Virtual Private Network，以太网虚拟专用网络）是下一代全业务承载的 VPN 解决方案。它通过利用 BGP 扩展协议来传递二层或三层的可达性信息，实现了转发面和控制面的分离，从而统一了各种 VPN 业务的控制面。EVPN 解决了 MPLS L2VPN 在负载分担、资源消耗等方面的局限性，并能够支持 MPLS L3VPN 业务，降低了协议复杂度。EVPN 在以太网中引入 IP VPN 流量均衡和部署灵活性的优势，使其在大型数据中心二层网络互联场景中得到广泛应用。

以虚拟专用局域网服务（Virtual Private LAN Service，VPLS）技术为例，MPLS L2VPN 在数据中心互联网络部署拓扑中提供多点到多点的广域以太网服务（见图 2-11）。

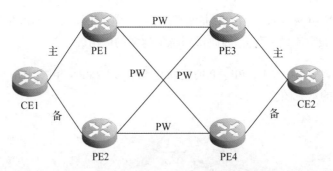

图 2-11　传统的 MPLS L2VPN 在数据中心互联网络部署拓扑

然而，VPLS 技术存在一些局限性，无法满足大规模复杂数据中心的需求。

❏ **网络部署难**：在 VPLS 中，PE 设备需要学习所有 CE 设备的 MAC 地址，由于 MAC 表容量有限且需要大量手工配置，要求 PE 设备具有较高规格。

❏ **网络规模不匹配**：VPLS 需要在 PE 设备之间建立全连接的众多伙伴关系，这使得它不适用于大规模网络。

- ❑ **无控制平面**：在 VPLS 中，当 MAC 地址变化或发生故障切换时，需要重新泛洪式学习 L2 转发表，这导致其收敛性较差。
- ❑ **链路带宽利用率低**：为避免 CE 侧到 PE 侧出现环路，VPLS 只支持单活模式而不支持多活模式，导致链路利用率较低。

EVPN 通过 BGP 扩展协议，将 MAC 地址学习和发布过程从数据平面转移到控制平面。这使设备可以像管理路由一样管理 MAC 地址，实现了目的 MAC 地址相同但下一跳不同的多条 EVPN 路由，从而实现了负载分担。

在 EVPN 网络中，PE 设备之间不再需要建立全连接，而是通过 BGP 实现通信的。EVPN 支持部署路由反射器，通过 BGP 的路由反射器功能，降低了网络复杂度，减少了网络信令数量。

PE 设备通过 ARP（Address Resolution Protocol，地址解析协议）和 MAC/IP 地址通告路由来学习本地和远端的 MAC 地址和其对应的 IP 地址，并将这些信息缓存至本地。当 PE 设备收到其他 ARP 请求时，会先从本地缓存中查找对应信息，如果查找到，则返回 ARP 响应报文，这减少了广播量，降低了网络资源消耗量。

3. IPSec VPN

IPSec VPN 在网络安全中具有广泛的应用，主要应用场景可以分为以下 3 种。

- ❑ **站点到站点（Site-to-Site）**：在这种场景下，处于不同地点的组织、机构或企业通过互联网连接，使用各自的 VPN 网关来建立 VPN 隧道。这些 VPN 网关实际上是网络的入口和出口，通过 IPSec 隧道，它们之间可以安全地传输数据。例如，一个跨多个地区的集团公司的分支机构，可以在每个地点设置一个 VPN 网关，在这些网关之间建立 IPSec 隧道，从而实现这些分支机构之间的安全通信，数据即使在互联网上传输也能够受到保护。
- ❑ **端到端（End-to-End）**：在这种情况下，两个终端设备（如个人计算机、移动设备）之间的通信是由它们之间的 IPSec 会话保护的。这意味着两个终端之间的数据传输经过了加密和验证，确保数据在传输过程中的机密性和完整性。举例来说，两个远程工作者之间的通信可以使用端到端的 IPSec VPN 来保护，确保他们之间的数据不会被未授权的人访问。
- ❑ **端到站点（End-to-Site）**：在这个场景中，一个远程终端设备（如个人计算机或移动设备）与远程网络中的 VPN 网关之间建立 IPSec 连接。这使得远程设备可以通过互联网安全地访问远程网络的资源，就像与本地网络连接一样。例如，一个外出办公的员工可以通过将其计算机与公司的 VPN 网关连接，在远程位置访问内部资源，同时确保数据传输的机密性和安全性。

IPSec VPN 不仅是虚拟专用网络的应用方式，还是 IP 安全性的实现框架。它主要包括两类协议。

- ❏ AH（Authentication Header，验证头部）协议：提供数据完整性确认、数据来源确认以及防止重放攻击等安全特性。常见的单向哈希函数（如 MD5 或 SHA）就用于实现这些特性。
- ❏ ESP（Encapsulating Security Payload，封装安全负载）协议：提供数据完整性确认、数据加密以及防止重放攻击等安全特性。ESP 通常使用 DES、3DES、AES 等加密算法来实现数据加密，并使用 MD5 或 SHA 算法来保证数据的完整性。

IPSec 提供了对两种模式（传输模式和隧道模式）的封装，示意分别如图 2-12 和图 2-13 所示。

对比一下传输模式和隧道模式，具体如下。

- ❏ **传输模式**：在传输模式下，IPSec 处理前后 IP 头保持不变，主要应用于端到端的场景，如保护两个终端设备之间的通信。
- ❏ **隧道模式**：隧道模式在 AH 和 ESP 处理之后封装了一个外层 IP 头，这主要用于站点到站点的场景，如不同地点的网络通过 VPN 网关建立安全隧道。

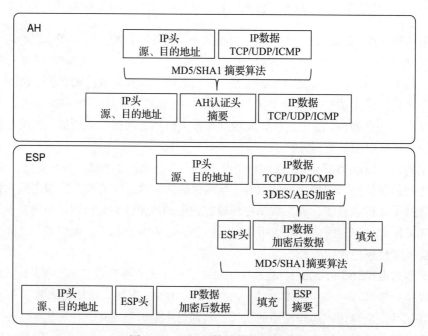

图 2-12　IPSec 传输模式的封装

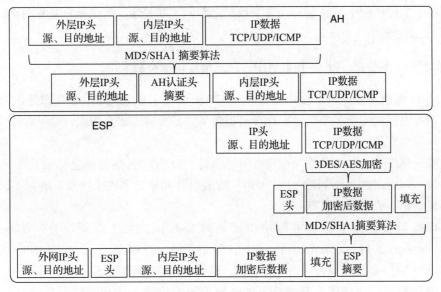

图 2-13　IPSec 隧道模式的封装

4. SASE 场景下 VPN 技术应用示例

（1）租户与 SASE POP 节点的 VPN 连接

在 SASE 资源池部署场景中，多个租户需要通过公共互联网进行业务活动，例如访问托管在公有云上的 SaaS 服务。为确保租户数据的机密性和完整性，VPN 被广泛应用于建立安全的连接。图 2-14 展示了一个典型的情况，租户 A、租户 B 和租户 C 通过 GRE over IPSec 与 SASE 资源池的边界 POP 网关建立了安全通道。

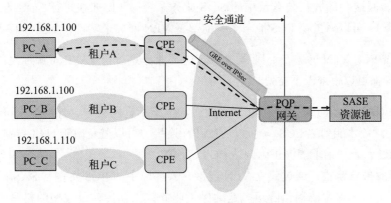

图 2-14　租户与 SASE 资源池 POP 节点的 VPN 连接示例

在这个场景中，租户的内部网络使用了私有 IP 地址，可能会出现地址重复的情况。为了正确处理租户业务并保障数据安全，POP 网关需要具备支持多租户的能力。这意味着

POP 网关可以识别不同 VPN 隧道与各个租户之间的关联关系，确保租户业务在 SASE 资源池内得到正确处理。

在实现这种多租户 VPN 连接部署中，以下措施可能会被采用。

- ❑ **VPN 隧道建立**：每个租户通过使用 IPSec 协议来建立与 SASE 资源池的边界 POP 网关之间的安全 VPN 隧道。IPSec 提供了加密和隧道建立功能，确保通信的机密性和安全性。
- ❑ **唯一标识**：为了区分不同租户之间的流量，每个 VPN 隧道都会有一个唯一的标识。这可以通过配置不同的 VPN 密钥、隧道参数和标识字段来实现，确保不同租户的流量被正确识别和隔离。
- ❑ **地址转换**：由于租户可能使用相同的私有 IP 地址，需要进行网络地址转换（Network Address Translation，NAT）以避免冲突。SASE 资源池的 POP 网关在流量进出 VPN 隧道时执行网络地址转换，确保租户间的 IP 地址不冲突。
- ❑ **流量隔离**：在多租户环境中，POP 网关需要确保各个租户之间的流量隔离，以防止未经授权的访问或干扰。这可以通过使用虚拟路由转发（Virtual Routing Forwarding，VRF）等技术来实现，确保租户之间的流量互不干扰。
- ❑ **租户识别与分发**：POP 网关需要识别进入的流量属于哪个租户，并将流量分发到正确的租户网络。这通常涉及根据 VPN 隧道标识或其他标识字段对流量进行分类和处理，确保流量被正确路由。

（2）ECS VPN 网关

在云环境中部署了 SaaS 服务，例如 ECS（Elastic Compute Service，云服务器），当外部需要安全访问这些部署在公有云中的 SaaS 业务系统时（比如在进行 SaaS 等保服务的漏洞扫描场景下），可以通过在 ECS 业务系统前部署 VPN 网关来实现，如图 2-15 所示。

通过部署 ECS VPN 网关，可以建立 ECS 内部业务系统与 SASE 资源池之间的 VPN 网络连接，这样做可以带来以下益处。

- ❑ **解决 NAT 穿越问题**：由于 ECS 实例通常位于私有网络中，外部请求可能需要穿越 NAT 设备才能到达 ECS。通过设置 VPN 连接，可以避免由于 NAT 穿越而引起的连接问题，确保请求能够正确到达 ECS 实例。
- ❑ **提高业务安全性**：通过建立 VPN 连接，云环境中的 ECS 实例和 SASE 资源池之间建立了一个加密的通信隧道。这确保了业务数据在传输过程中的机密性和完整性，防止敏感信息被未经授权的访问者获取。
- ❑ **实现业务连通性**：VPN 网关的部署允许外部安全地访问位于云环境中的业务系统，确保外部用户或扫描服务能够有效地与 SaaS 应用通信，无论它们是否在同一网络内部。

❑ **增强云环境控制**：通过 VPN 网关，可以更好地控制外部访问云环境的方式和权限，实现对入口点的有效管理，减少潜在的安全风险。

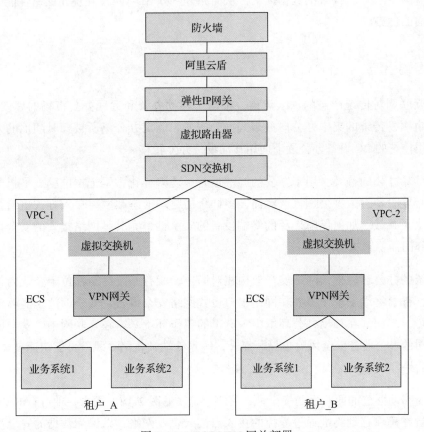

图 2-15　ECS VPN 网关部署

（3）其他 VPN 场景

通过 SD-WAN 提供的 SASE 网络即服务，涵盖了多种 VPN 技术，这样可以满足企业多样化的安全和连接需求。其中，MPLS VPN 和 EVPN 等技术在 SD-WAN 架构中继续发挥重要作用，为企业创造安全的虚拟网络环境。MPLS VPN 适用于对隔离性和稳定性要求较高的场景，而 EVPN 则为搭建灵活的二层网络提供了强大的扩展性和多租户支持。

此外，通过在 IPSec 的基础上引入进一步封装的 VPN 隧道，如 GRE over IPSec 和 L2TP over IPSec，能够进一步增强 SD-WAN 的安全性和连接能力。这些技术允许数据在网络中进行双重封装，提供额外的安全性和隔离性。GRE over IPSec 和 L2TP over IPSec 等 VPN 隧道不仅能够满足企业特定的数据隔离和通信需求，还能够为构建更复杂的 SD-WAN 拓扑结构提供支持。

综合而言，SD-WAN 在提供 SASE 网络即服务时，能够集成多种 VPN 技术，为企业提供定制化的安全和连接解决方案。企业可以根据特定的需求和网络架构，选择最合适的 VPN 技术来实现安全、高效的数据通信，从而充分发挥 SD-WAN 在优化网络性能和保障数据安全方面的优势。

2.2.3　终端引流

移动互联网对传统产业的深入渗透，推动了移动办公和远程办公市场的爆发式增长。这一趋势也引发传统的集中办公向分布式办公演变，固定办公场所被随时随地的办公方式所取代，用传统的 PC 设备办公逐渐向用移动设备办公转移。

随着移动办公的普及，用于办公的终端设备呈现多样化，笔记本电脑、平板电脑、智能手机等智能设备进入办公领域。然而，多样化的终端形态和网络接入方式也给企业的安全建设带来了挑战。如何保障广泛的终端设备的安全性，尤其是网络接入的安全性，成为企业安全部门需要解决的问题。

在传统的办公环境下，网络安全架构相对固定，所有办公终端都位于企业内部。通过在企业内部部署终端安全设备并在网络出口设置网络安全设备，安全部门就能够较好地保护办公环境。然而，在移动办公环境中，员工的工作环境暴露在互联网中，安全风险急剧增加。公司的办公业务安全风险也显著提升，一旦终端被攻陷，风险可能快速蔓延至内网，造成严重后果。

为平衡移动办公的便利性与安全性，终端引流（见图 2-16）成为一种可行的解决方案。这种方式旨在确保移动终端通过受控的接入点接入企业网络，以保障数据的安全性。这种策略可以减轻安全风险，同时保证员工在移动办公中有好的体验。

终端引流的核心原理在于为所有办公终端设备安装一个安全引流终端。这个引流终端主要有两个作用：它可保障传统终端的安全，具有终端防病毒、终端检测与响应（Endpoint Detection and Response，EDR）等功能，部分强大的引流终端还可能具备终端安全沙箱能力，这些能力通常是企业的标配；它可提供终端引流服务，将需要防护的网络流量引入企业的安全资源池并进行集中安全防护处理。

终端引流的方式多种多样，可以基于传统的 VPN 隧道引流，也可以采用较新的软件定义边界（Software Defined Perimeter，SDP）引流。引流的方法也有不同，简单的方法是全量引流，将终端的所有网络流量引到企业内部进行防护。然而，全量引流可能会影响用户体验，因为并非所有流量都属于办公业务。因此，按需引流是主流方案。在按需引流场景下，终端与控制器保持通信，控制器根据企业内部业务的变化下发相应的引流策略。这样可以将办公业务流量引导到企业内部进行防护，而普通的上网流量则可以正常发送，实现安全与体验的平衡。

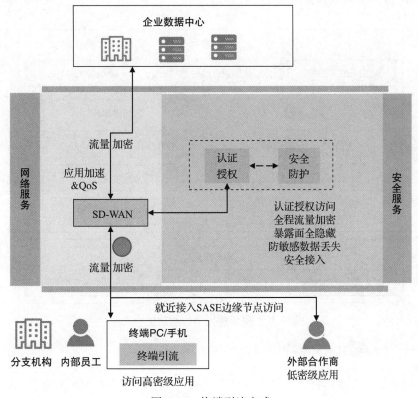

图 2-16　终端引流方式

2.3　安全即服务

安全即服务（SECurity as a Service，SECaaS）是一种以云服务形式提供安全功能的方法，企业无须自行购买和维护专门的安全设备。这种模式降低了企业在安全领域的投资和运维成本。在 SASE 框架中集成了多种安全即服务的能力，以支持全面的安全运营，其中包括零信任网络访问、云访问安全代理、云安全态势管理、云工作负载保护平台、防火墙即服务、安全 Web 网关等典型功能。这些服务的集成和交付都在云环境中进行，使企业能够更灵活地应对不断变化的安全挑战，同时实现更高水平的安全性和便捷性。

2.3.1　零信任网络访问

零信任网络访问（Zero Trust Network Access，ZTNA）是一种主动防御的安全架构，其核心原则是不信任网络上的任何实体，无论是设备还是用户。这种架构依赖于设备评估和用户认证，并融合了持续分析和验证信任关系的方法，旨在确保网络上的实体不存在恶意行为，从而降低甚至消除安全风险（见图 2-17）。

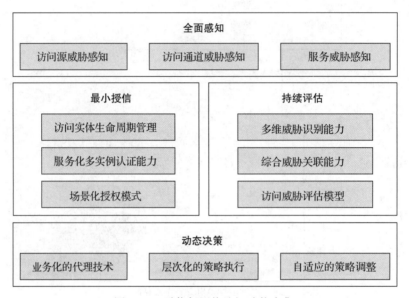

图 2-17　零信任网络访问功能全集

零信任网络访问的核心包括以下 4 个关键功能。

1）全面感知：在零信任方案中，对整个访问环境进行全面管控至关重要。这涉及认知环境中的各种要素，包括资产稽查、数据分级分类和环境威胁感知等。环境资产的识别可以通过主动和被动资产发现、终端的主动上报等手段来实现。

2）最小授信：在 ZTNA 中，确保对资源的访问仅限于必要权限。这需要定义与资源访问相关的属性、规则和策略，这些策略可以在引擎中编码实现或者动态生成。最小授信数据访问策略为企业的账户和应用程序提供基本的访问权限，作为授权访问资源的起点，应当以实际任务角色和需求为基础。

3）持续评估：动态决策的基础是风险与信任评估。这种评估包括围绕访问主体对象（如用户、终端、应用等）的风险和信任级别，给出量化的风险评分，结合当前的访问行为进行决策。同时，还要判断访问行为的信任级别与所访问资源的安全等级是否平衡，以确保只有在平衡状态或者信任级别高于资源安全等级时，才允许主体对象访问和使用数据。

4）动态决策：用户在不同的访问环境中，所处的安全性等级也不同。为了在任何访问场景下都能选择最合理的访问策略，ZTNA 引入了动态决策。动态决策模型基于风险与信任评估模型，解决初始策略基线和隐式信任区的配置问题。在零信任方案中，从宽松到试点再到严格零信任的过渡期中，初始策略基线的设置会发生变化。配置完策略基线后，需要设定风险控制策略，基于策略基线、风险控制策略以及风险与信任评估结果，进行决策并选择策略执行点，从而执行相应的安全指令。

　　ZTNA 方案需要对资源和访问行为进行精细化控制，为此，安全编排自动化与响应（SOAR）是不可或缺的。安全编排不仅用于自动响应风险行为，还用于策略的优化，基于执行效果进行策略分析和自动调整，以实现安全策略的持续优化。这种综合性方法在支持企业移动办公和分布式环境下的终端安全的同时，还可提供精细的访问控制，确保安全性和用户体验的平衡。

2.3.2　云访问安全代理

　　云访问安全代理（Cloud Access Security Broker，CASB）是 2010 年提出的云安全技术，最早用于解决影子资产问题。但是随着 SaaS 服务的快速发展，从底层硬件资源到上层软件资源，最终用户都无法进行有效管理和控制。CASB 技术的运用和发展能很好解决此类问题。另外，很多企业 IT 管理者发现，在使用 CASB 产品之后，企业的云服务数量是他们认知的 10 倍之多。

　　CASB 的功能主要以 SaaS 应用程序为基础，有时也可以用于本地的虚拟机和物理设备，在多数用例中，SaaS 交付方式更受欢迎。CASB 的核心价值在于解决以下 4 类问题（见图 2-18）。

图 2-18　CASB 主要解决的 4 类问题

- ❑ **全局可视化**：CASB 提供了企业影子 IT 的发现功能和资产全景图。这包括为分布在多个云服务提供商中的资产提供统一视图，同时为企业用户从任何设备或位置访问云服务中的资产提供可视化的活动视图。
- ❑ **数据安全性**：CASB 能够实施以数据为中心的安全策略，防止出现因数据分类、数据发现以及监控敏感数据访问引发的异常行为。通过基于角色的访问控制（RBAC）和属性访问控制（ABAC）等机制，识别越权访问。CASB 通过审计、警报、阻止、隔离、删除和只读等控制手段来实施这些策略。其中，数据防泄露（DLP）是除了可视化之外最常用的控制手段。通常，DLP 技术可以通过终端 DLP 和网关 DLP 进行部署和实施。

- **威胁防护**：CASB 通过提供自适应访问控制（AAC）来防止恶意设备、用户和应用程序版本访问云服务。根据登录前后观察到的异常情况，可以修改可访问的云应用程序功能。CASB 使用嵌入式用户和实体行为分析（UEBA）来识别异常行为，还利用威胁情报、网络沙箱和恶意软件等技术来识别和缓解威胁。

- **合规性**：CASB 可以帮助组织证明其对云服务的使用情况进行了管理。它提供信息来确定云风险偏好并衡量风险承受能力。通过各种可视化、控制和报告功能，CASB 有助于满足数据驻留和法律合规性的要求。

在实际的抽象业务场景中，CASB 主要以两种模式实现。

- **API 模式**：通过调用 SaaS 应用的 API 来实现 CASB 业务。在这种模式下，CASB 会与 SaaS 提供商的 API 进行交互，以监控和控制数据传输，访问行为和安全策略。这使得 CASB 能够直接集成到 SaaS 应用程序中，实现对数据流和用户活动的可视化和管控。

- **代理模式**：通过代理通信流量来实现 CASB 业务。在这种模式下，CASB 在客户端或网络中部署代理，拦截和检查通信流量，确保数据传输符合安全策略。代理模式使得 CASB 能够在数据在网络中传输的过程中进行实时的监测和保护，无须依赖 SaaS 应用的内部集成。

图 2-19 是 CASB 在业务场景中的抽象部署图。

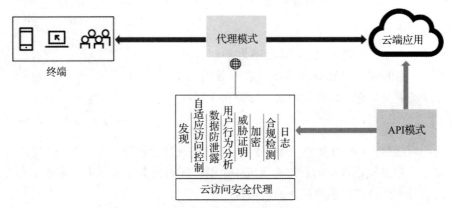

图 2-19 CASB 在业务场景中的抽象部署图

在具体详细的业务场景中，CASB 可以运用以下 4 种模式，如图 2-20 所示。

- **API 模式**：通过调用 SaaS 应用的 API 来实现 CASB 业务。在这种模式下，CASB 通过与 SaaS 提供商的 API 进行通信，实现对数据传输的监控和对安全策略的执行。

- **正向代理模式**：通过在终端上部署代理引流进行接入认证，实现 CASB 业务。在这种模式下，终端上的代理负责引导数据流量，并对用户进行身份验证，以确保数据的安全传输和合规性。

❑ **反向代理模式**：在这种模式下，需要进行 DNS 引流代理，并结合单点登录（SSO）认证接入。CASB 在网络中部署代理，拦截流量并将其重定向到 CASB 以进行身份验证和安全分析，然后再将数据传递给 SaaS 应用。

❑ **SWG/ENFW 模式**：在已有的安全 Web 网关或网络功能（如防火墙）上部署代理，实现正向代理。CASB 在这种情况下与现有的网络安全基础设施集成，共同保护数据的安全传输和应用访问。

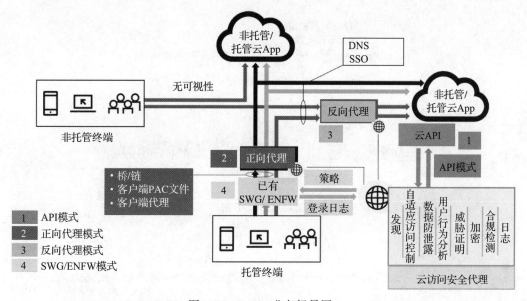

图 2-20　CASB 业务场景图

2.3.3　云安全态势管理

云安全态势管理（Cloud Security Posture Management，CSPM）旨在持续管理云安全配置风险。该过程涵盖了对基础设施安全配置的持续分析与管理，包括账号特权、网络和存储配置，以及安全配置（如加密设置）。CSPM 的目标是不断改进和适应云安全状态，以降低攻击成功的可能性，并在攻击者获得访问权限的情况下减少可能的损害。CSPM 通过检测、记录、报告和自动化来解决问题，涵盖从云服务配置到安全设置的过程，通常涉及云资源的治理、合规性和安全性。

公有云中的 IaaS 和 PaaS 服务的高度自动化以及用户自助特性，使正确的云配置和合规性变得尤为重要。一个小错误可能会导致大量系统或敏感数据立即暴露。随着云服务的普及和平台服务的增多，企业信息和工作负载面临高风险。此外，由于程序化云基础架构的复杂性，可能需要很长时间才能发现配置错误和合规性问题。尽管底层云提供商的基础架构本身可能是安全的，但大多数企业缺乏确保安全使用云服务的流程和成熟工具。

因云基础架构始终处于不断变化之中，因此，CSPM 策略应该在云应用从开发到运维（见图 2-21）的整个生命周期中进行持续评估和改进，并根据需要进行响应和改进。同时，随着新的云功能不断涌现和新法规的颁布，云使用安全的策略也在不断演进。如图 2-21 顶部所示，CSPM 策略应不断发展，以适应新情况的不断出现、行业标准的不断变化以及外部威胁的持续存在，同时根据在开发和运维中观察到的风险进行持续改进。

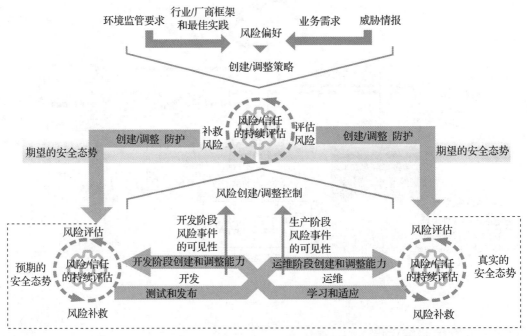

图 2-21　CSPM 持续评估和改进

2.3.4　云工作负载保护平台

云工作负载保护平台（Cloud Workload Protection Platform，CWPP）是以保护工作负载为中心的安全产品，专为现代混合云和多云数据中心基础架构中的服务器工作负载的独特保护和安全性需求而设计。

随着在公共云中部署的工作负载日益增多，企业意识到需要将安全性整合到工作负载创建工具链中，并在运行时维护工作负载的可见性、可控性和完整性。为解决云工作负载保护的速度、规模和复杂性，必须使用专门为云设计的解决方案，仅使用为内部数据中心或终端用户端点设计的解决方案是不够的。

企业正在采用混合数据中心架构，工作负载跨越内部和公共云 IaaS 提供商，利用容器和无服务器功能。这些工作负载有独特的安全需求，与面向终端用户的系统有很大的区别。CWPP 的出现旨在满足上述需求，保护这些工作负载，从而安全地利用公有云和本地云应用程序的动态特性。

CWPP 无视地理位置，可为物理机、虚拟机、容器和无服务器工作负载提供统一的可视化和控制能力。典型的 CWPP 产品结合网络分段、系统完整性保护、应用程序控制、行为监控、基于主机的入侵防御以及可选的反恶意软件保护等措施来保护工作负载免受攻击。

图 2-22 是 CWPP 控制措施结构图，该图体现了在现代混合多云数据中心架构中保护工作负载的策略的主要构成要素。

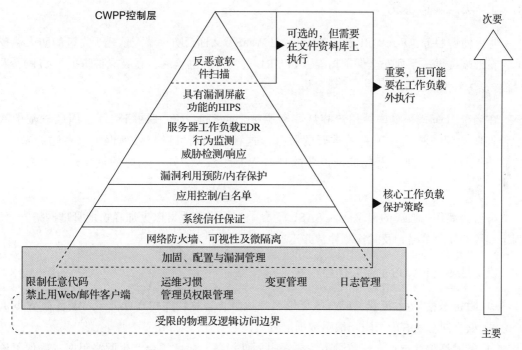

图 2-22　CWPP 控制措施结构图

CWPP 的控制措施结构为一个分层金字塔形，其底部是一个矩形的基座。工作负载的安全性源于基座所提供的良好运维实践。任何工作负载保护策略都必须从此处开始，并确保满足以下条件。

- 任何人（攻击者或管理员）都难以在物理和逻辑上访问工作负载。
- 工作负载镜像只包含必需的代码。服务器镜像应禁止包含浏览器和电子邮件等不必要的组件。
- 更改服务器工作负载需要经过严格的管理流程，并通过强制强身份验证来严格控制和管理访问。
- 收集和监控操作系统和应用程序的日志。
- 对工作负载进行固化、容量缩减并定期打补丁，以减少潜在的攻击面。

除了上述列出的功能，还有其他方法可以在深度分层的防御策略中保护服务器工作负载。是否需要额外的保护措施取决于多个因素，包括合规性要求、受保护工作负载的敏感性，以及网络防火墙、网络入侵检测等缓解控制的可用性，还涉及服务器能否及时打补丁，以及应用程序、产品或服务所有者的风险承受能力等因素。

2.3.5　防火墙即服务

防火墙即服务（FireWall as a Service，FWaaS）又称云防火墙，依托于先进的防火墙技术，在云端提供一系列安全保护功能，如 URL 过滤、病毒检测、高级威胁防护（ATP）、入侵检测系统（IDS）等。

在当前分布式环境中，用户和计算资源越来越多地分布在网络边缘，因此，基于云的弹性防火墙正成为一项至关重要的服务，这种防火墙可以有效地保护这些边缘节点。随着边缘计算的扩展以及物联网设备的日益智能和强大，这一功能的重要性也逐渐凸显出来。

将防火墙作为服务的概念融入 SASE 平台中，使得企业可以更加轻松地管理网络安全，制定一致的安全策略，及时检测异常并迅速做出调整。

以下是使用 FWaaS 的主要优势。

- **阻止恶意 Web 流量**：FWaaS 能够有效地阻止恶意软件和恶意机器人等恶意 Web 流量，同时还有能力阻止敏感数据泄露。
- **无网络阻塞点**：由于流量不需要经过硬件设备，因此不会产生网络阻塞，确保了流量的流畅传输。
- **云基础设施集成**：云防火墙可以轻松地与云基础架构集成，为云环境提供全面的安全保护。
- **多云部署保护**：云防火墙支持多个云部署的同时保护，只要云防火墙供应商支持每个云平台。

❑ **灵活的扩展性**：云防火墙具备快速扩展的能力，可以处理不断增长的流量需求。

❑ **减轻维护负担**：企业无须自行维护云防火墙，供应商会负责处理所有的更新和维护工作。

随着企业对云服务的广泛应用，FWaaS 成为保护云环境和边缘计算节点的重要手段，它不仅强化了网络安全，还为企业提供了更加便捷和高效的安全管理方式。在一个不断变化和发展的网络威胁环境中，FWaaS 为企业提供了稳固的安全防护基础。

2.3.6　安全 Web 网关

安全 Web 网关（Secure Web Gateway，SWG）是 Gartner 于 2012 年提出的一种安全概念，其核心功能包括 URL 过滤、恶意代码防护、Web 应用程序控制检查，以及数据防泄露（DLP）等。

SWG 旨在满足企业强制执行互联网出口策略的需求，基于其设计的产品既可以基于云端 SaaS 进行交付，也可以以硬件形式部署于网络出口。通过对互联网出口流量的安全检查和监控，SWG 有助于确保企业网络的安全性。

在实际的部署和应用中，SWG 产品需要与以下 4 个关键能力协同合作。

❑ **身份联动**：与企业的身份和访问管理系统进行对接，以获取用户身份信息。这有助于根据用户的身份应用特定的安全策略。

❑ **情报联动**：与云端威胁情报数据库进行联动，从中获取最新的威胁情报信息。这可以使 SWG 更有效地识别和阻止恶意活动。

❑ **识别联动**：与威胁分析和识别（Threat Analysis and Classification，TAC）系统进行联动，用于识别恶意文件和活动。这有助于更准确地检测和拦截潜在的威胁。

❑ **处置联动**：与网络防火墙等系统进行联动，以实现对出口流量的阻断和处置。在检测到威胁时，可以迅速采取措施阻止恶意流量传出。

这些联动能力使得 SWG 不仅是一个独立的安全解决方案，还可与其他关键安全组件合作，形成更加综合和强大的网络安全体系。通过这样的联动，SWG 能够更好地识别、拦截和处置各种网络威胁，为企业网络提供全面的保护。SWG 整体部署联动如图 2-23 所示。

在实际的部署场景中，SWG 主要有以下 3 种部署方式。

1. 显性部署

在显性部署中，终端设备将 Web 流量分流至 SWG，而非 Web 流量继续传输在正常路径中。这种部署方式要求终端能够识别并分流 Web 流量，以便通过 SWG 进行安全检测。这种方式可以有效控制 Web 流量的安全性，如图 2-24 所示。

2. 串联部署

在串联部署中，所有的出口流量都指向 SWG，而 SWG 则会对 Web 流量进行安全检测，对非 Web 流量直接进行转发处理。这种部署方式不需要终端区分流量类型，所有流量都经过 SWG 的检测，如图 2-25 所示。

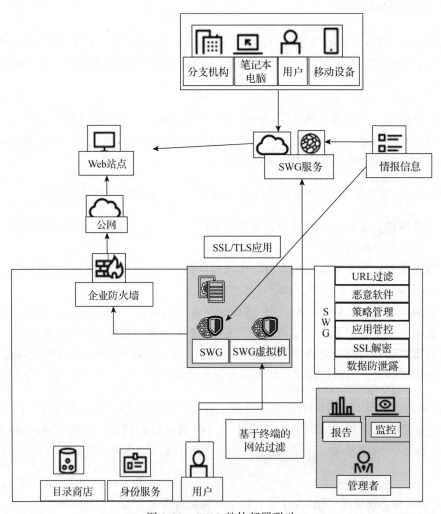

图 2-23　SWG 整体部署联动

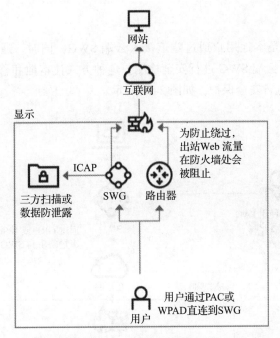

图 2-24　SWG 显性部署方式

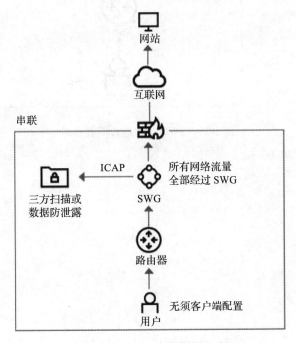

图 2-25　SWG 串联部署方式

3. 云地混合部署

云地混合部署就是本地用户通过隧道接入云端 SWG，同时，通过终端设备的分流设置，将 Web 流量指向云端 SWG 进行安全检测。这种方式让本地和移动用户能够在云端和本地结合使用 SWG 进行安全保护，如图 2-26 所示。

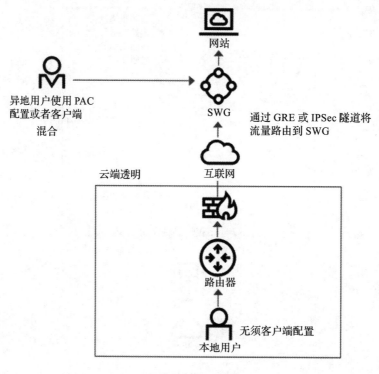

图 2-26　SWG 云地混合部署方式

SASE 主流服务商及产品

SASE 的关注点不局限于安全边界,它更加注重根据客户的业务场景提供安全服务交付。该技术将安全保护推送至距离用户最近的安全节点,使得从用户设备流出的数据能够在最近的安全节点上进行检测和分析。这些 SASE 服务使网络和安全人员能够迅速了解网络出现问题的根本原因,并且可以基于观察而非猜测进行决策。这样能够大幅缩短问题响应的时间,从而最大限度地减少网络攻击所造成的危害。SASE 安全作为一个新兴的安全领域,将会引领整个安全行业的发展趋势。许多安全技术提供商已经推出了基于 SASE 网络安全管理的解决方案,涵盖了各大网络巨头,以及 SD-WAN、云安全、Web 安全、零信任安全等领域。

本章主要介绍国内外典型 SASE 提供商的解决方案及其架构,深入剖析各提供商在不同领域的专长和主攻方向。通过国内外安全厂商所提供的 SASE 安全方案及典型产品,我们可以深入了解 SASE 安全的核心理念和当前行业的现状,这将有助于我们更好地把握 SASE 安全的关键,在实际应用中做出明智的决策。

3.1 Zscaler

Zscaler 是一家总部位于美国的网络安全公司,成立于 2008 年。面对企业业务云化和移动化的趋势,以及传统网络安全策略的局限性,Zscaler 引领了一种全新的安全策略——通过云平台提供安全服务,这种安全策略实现了架构设计和网络安全方法的根本变革。该公司的云平台以服务的形式提供安全功能,消除了以往企业对本地安全设备的需求。

作为云计算领域的领军者，Zscaler 专注于零信任理念，它们的口号 The Zero Trust Leader（零信任的领导者）凸显了其在云计算安全、移动互联网安全和物联网安全领域的领导地位。公司专注于为互联网和网络安全问题提供解决方案，提供基于 SaaS 的服务，特别注重零信任网络访问技术，连续多年入选 Gartner 的 "零信任网络访问市场指南"。

目前，Zscaler 已经服务了超过 4500 家企业客户，其中超过 450 家是 G2K（福布斯前 2000 强）级别的企业。这些企业客户涉及超过 2000 万个用户。Zscaler 的服务平台已经部署在全球 150 多个数据中心中，每天处理的数据流量是谷歌流量的 10 倍以上。2022 年第四季度，Zscaler 收入达到了 3.181 亿美元，同比增长了 61%；账单同比增长了 57%，达到了 5.204 亿美元；递延收入作为未来收入的可靠指标，也大幅增长了 62%，超过 10 亿美元。这些财务数据背后反映了 Zscaler 提供的 SASE 服务受到客户的高度认可。

3.1.1　方案描述

Zscaler 是全球最早将 Web 安全作为 SaaS 服务对外提供的公司之一，拥有先发优势。在 Zscaler 出现之前，许多公司面临着使用单点设备（如桌面反恶意软件、防火墙和嵌入式入侵防御系统）只能满足部分功能，无法全面了解网络钓鱼、病毒、恶意软件等网络威胁的问题。因此，Zscaler 采用了基于云的方式，提供了一系列综合服务，如 URL 过滤、HTTP 流量扫描、用户 Web 访问控制、应用程序控制和数据防泄露（DLP）。此外，SaaS 模式还可以减轻企业在购买安全设备、应对资本预算以及管理和维护设备等方面所面临的压力。

Zscaler 不仅解决了安全设备单点功能的局限性问题，还通过 SaaS 模式将企业的资本支出（CAPEX）转变为运营支出（OPEX），从而大幅缩短了企业部署 Web 安全的周期。这使得各类企业都能以最小的成本获得高性价比的服务，真正实现了 Web 安全 "按需付费，即需即用" 的理念。在提供服务的过程中，Zscaler 精准把握了客户的需求痛点，成功打破了原有的网络安全市场格局。

在核心技术方面，Zscaler 引入了单次扫描多次操作（Single Scan Multi Action，SSMA）引擎。该引擎的工作原理是将数据包存放在高度优化的自定义服务器的共享内存中，所有节点上的 CPU 都可以同时访问这些数据包。每个功能都配备了专用 CPU，使得所有引擎能够同时检查相同的数据包，这就是 "单次扫描多次操作" 这个名称的来源。这种方式保证了服务链不会增加延时，节点能够快速做出策略决策，并将数据包快速转发回互联网。图 3-1 是 Zscaler SSMA 代理的示意图，展示了其高效的数据处理方式。

3.1.2　典型产品——ZIA 服务、ZPA 服务、ZCP 服务和 ZDE 服务

Zscaler 公司以安全 SaaS 为基础，提供了 4 种云服务，如图 3-2 所示。

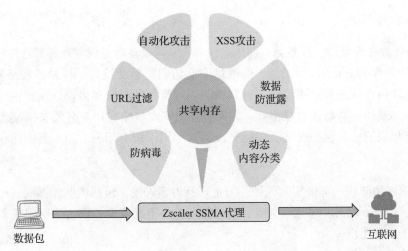

图 3-1　Zscaler SSMA 代理示意图

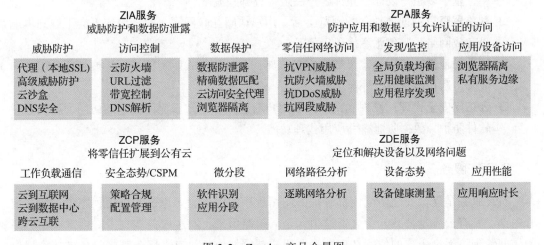

图 3-2　Zscaler 产品全景图

❑ Zscaler 用户对互联网安全访问（Zscaler Internet Access，ZIA）服务，为企业用户提供了对互联网的安全访问，通过云平台提供实时的网络保护，包括 URL 过滤、恶意代码防护等功能。

❑ Zscaler 用户对私有应用安全访问（Zscaler Private Access，ZPA）服务，为用户提供了在移动、分支、远程办公等场景下安全访问企业内部私有应用的能力，通过零信任模式保护访问安全。

❑ Zscaler 云内应用对其他应用的安全访问（Zscaler Cloud Protection，ZCP）服务，提供了云应用之间的安全访问，确保云应用之间的通信是安全的。

❑ Zscaler 用户对应用访问体验（Zscaler Digital Experience，ZDE）服务，关注用户的应用体验，通过实时监测和优化来提供更好的用户体验。

1. ZIA 服务

ZIA 服务旨在为用户、服务器、操作系统和物联网设备等提供对外部管理应用程序（包括 SaaS 应用程序和 Internet 目的地）的网络安全访问，不受设备、位置或网络限制。ZIA 服务采用内联内容检查和防火墙访问控制机制，可跨各种端口和协议，保护用户、组织和数据免受外部威胁，并防止数据泄露。ZIA 服务的安全策略在用户各设备间同步，确保全球用户享有相同的安全保护服务，策略更改实时应用于所有用户。ZIA 服务拥有以下核心安全能力。

- ❑ **高级威胁防护**：提供实时保护，防止恶意内容入侵，包括浏览器漏洞、恶意脚本攻击、iframe 攻击、恶意软件等；每天执行数十万次安全检测，实时阻止新威胁并应用于所有用户。
- ❑ **云沙盒**：分析未知文件中的恶意行为，阻止零日攻击和高级持续威胁；支持每个用户，基于多租户设计，允许客户决定检查哪些流量。
- ❑ **浏览器隔离**：创造独立的浏览会话，用户访问互联网网页时，内容不会下载到本地设备或网络，避免恶意代码入侵。
- ❑ **数据防泄露**：使用预定义或自定义字典，高效的模式匹配算法，扩展到所有用户和流量，防止敏感数据外泄。
- ❑ **云访问安全代理**：发现和精确控制用户对已知和未知云应用程序的访问，提供恶意软件防护、数据防泄露和应用代理功能。

2. ZPA 服务

ZPA 服务是提供安全访问内部管理的应用程序的服务，无论这些应用程序位于数据中心内部、私有云还是公共云中。通过引入全局策略引擎，ZPA 服务实现了对内部应用程序的访问管理，无论用户的位置如何，只要用户被授权访问，ZPA 服务都将设备连接到授权的应用程序，同时保护应用程序的身份和位置。这种方式降低了外部攻击面，减少了安全建设和维护的复杂性和成本，同时提供了更高的安全性和用户体验。ZPA 服务的主要功能包括如下几个。

- ❑ **安全应用程序访问**：ZPA 服务提供与内部管理应用程序、资产的无缝连接，不受部署位置的限制。通过全局策略控制，实现策略驱动访问，摆脱了对传统 VPN、SSL、反向代理等的需求。
- ❑ **应用程序发现**：类似于 CASB 的应用程序发现，ZPA 服务提供对内部管理应用程序的细粒度发现，可帮助创建分段策略。这种基于名称或网络域的发现，使组织能够轻松识别并应用适当的安全策略。
- ❑ **应用程序分段**：支持用户和应用程序级别的分段，通过微隧道连接用户和应用程序，避免横向传播，降低安全风险。微隧道消除了对内部防火墙和传统网络访问控制的需求。

- **应用程序保护**：使用微隧道连接经过身份验证的用户和内部应用程序的出站链接，不需要用户进入公司网络，也不需要将应用程序暴露在互联网上。这消除了入站攻击和 DDoS 攻击的威胁，也消除了对下一代防火墙和 DDoS 防护的需求。

3. ZCP 服务

ZCP 服务专注于自动保护云平台内部和云平台之间的工作负载。这一解决方案采用零信任方法，旨在最大化减小攻击面，同时在多云环境中实现强大的安全保护。以下是 ZCP 服务的主要功能。

- **云安全配置和合规性管理**：ZCP 服务持续监测和确保云平台的安全配置和合规性。它提供云安全状态管理，确保云资源按照最佳实践配置，从而降低了受到攻击的风险。
- **基于身份的微分段**：为了防止横向攻击，ZCP 服务使用基于身份的微分段方法。这意味着只有经过身份验证的用户才可以在不同的工作负载之间移动，从而消除未经授权的横向移动的可能性。
- **应用到应用连接的保护**：ZCP 服务简化并保护云内和跨云的应用到应用的连接。这有助于减小应用程序之间的传播威胁，从而增强云整体的安全性。
- **安全访问云应用程序**：ZCP 服务使用户能够安全地访问云应用程序，而无须将这些应用程序暴露在公共互联网上。这种方式保护了云应用程序免受来自互联网的直接威胁。

4. ZDE 服务

ZDE 服务可以显著提升用户在使用云应用程序时的数字体验。该服务通过结合 Zscaler 端点代理与全球云覆盖，为用户提供完整的从用户到云应用程序的体验可见性。以下是 ZDE 服务的关键优势。

- **全球云覆盖与端点代理结合**：ZDE 服务通过将 Zscaler 的全球云安全架构与端点代理相结合，为用户提供了全球性的端到端连接。这意味着无论用户身在何处，他们都可以获得一致的、高质量的连接体验。
- **端到端可见性**：ZDE 服务提供了用户到云应用程序的完整可见性。这意味着企业可以深入了解用户在使用云应用程序时的体验，包括连接质量、延迟等方面的数据。这种可见性有助于及时识别并解决用户体验问题。
- **改善用户体验**：通过提供准确的连接质量和性能数据，ZDE 服务可帮助企业优化用

户体验。这有助于减小连接延时，提高应用程序响应速度，从而提升用户对云应用
程序的满意度。

❑ **降低用户成本**：通过提供全球云连接和端点代理，ZDE 服务可以减少企业在构建和
维护传统网络基础设施方面的成本。同时，通过优化用户体验，可以减少员工的生
产力损失和用户支持的成本。

3.2　Cato Networks

Cato Networks 是一家成立于 2015 年的以色列网络安全公司（下称"Cato 公司"），它
是早期投入 SASE 领域的知名厂商之一。经过两年的努力，Cato 公司推出了软件定义广域
网（SD-WAN）产品，并创建了 Cato Cloud 云平台，旨在提供结合网络优化性能和卓越安
全性的解决方案，解决企业在分支机构连接、移动设备和云服务方面的安全挑战。Cato 公
司以全球分布式的 SaaS 服务为基础，为各企业提供网络和安全订阅服务，被 Gartner 称为
SASE 类别中的"样本供应商"。

通过与全球领先的网络运营商合作，Cato 公司在多个网络连接点（POP）上构建了分布
式网络。这些 POP 之间通过优化且加密的私有骨干线路连接，使企业的分支机构能够接近
POP 并使用 Cato Cloud 的安全服务。这种架构使客户无须购买单独的防火墙、Web 过滤器、
VPN 等传统安全产品，从而轻松管理网络安全。此外，Cato Cloud 还能够统一安全策略，
提供卓越的用户体验，确保网络安全，并能够高速连接至各分支机构、云平台（如 AWS）
以及移动设备用户。与传统安全产品相比，Cato 公司的方法在保障安全的同时，为企业带
来了更高的效率和便捷性。

3.2.1　方案描述

Cato 公司的 SASE 方案主要依托于 Cato Cloud 平台。Cato Cloud 是一个综合的 SASE
平台，整合了全球专线网络、SD-WAN 和网络安全栈，如图 3-3 所示。通过 Cato Cloud，
企业可以将其物理设备、云资源和移动用户连接起来，并通过一个自助服务控制台来统一
管理网络和安全订阅服务。这使得企业能够获得更大的业务部署、访问和运维的灵活性。

Cato 的 SASE 方案目前提供了多种安全订阅服务，包括下一代防火墙即服务、安全 Web
网关、反恶意软件和入侵防御系统。Cato 在全球范围内拥有 70 多个 POP 节点，每个 POP
节点都能够运行相同的 Cato SASE 平台云原生安全功能，多个租户企业可以共享一个 POP
节点。

Cato 的 SASE 服务使企业的 IT 团队能够为各个站点、应用程序和用户提供优化的网络

和多样化的安全服务。不论 IT 团队的位置在何处，都能够通过 Cato 提供的一体化网络和运营管理平台，轻松地配置和执行公司的安全策略，深入了解网络流量和安全事件。

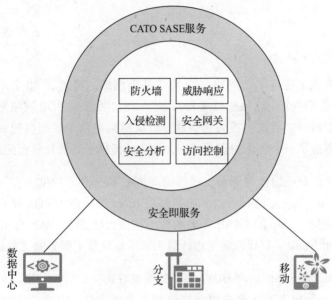

图 3-3　Cato SASE 服务视图

Cato 的 SASE 服务保障客户的网络服务始终是最新的、经过优化的，并能够保护所有地区的网络流量。Cato 利用基于云的综合平台和灵活的管理方法，降低了 IT 团队在业务安全方面的成本，从而简化了网络和安全的交付任务。Cato 的 SASE 服务架构如图 3-4 所示。

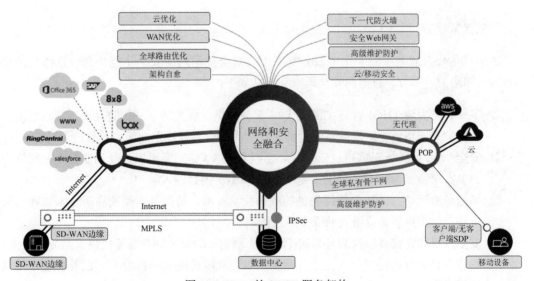

图 3-4　Cato 的 SASE 服务架构

3.2.2 典型产品——网络即服务和安全即服务

Cato 的 SASE 服务提供了"网络即服务"和"安全即服务"两大类功能，以下将对这两类服务进行详细阐述。

1. 网络即服务

Cato 的 SASE 方案通过多个网络运营商的基础网络，提供了 70 余个 POP 接入节点。这些 POP 节点构成了一个全球私有 Overlay 网络（叠加网络）。POP 网络服务持续监测运营商的性能参数，如延时、数据包丢失和抖动，以实时决定每个数据包的最佳路由。通过网格化布局，Cato 创造了一个优化的全球网络，为企业提供了高效且私密的连接。

该解决方案允许企业的边缘部署，包括物理 IDC 机房和云数据中心，选择具有最佳接入质量的 POP 作为数据流量的接入点。用户使用 IPsec 与最近的 POP 建立隧道，确保数据的安全传输和可靠性。Cato 的 SASE 方案的骨干网设计考虑了 WAN 和云流量的端到端路由优化和加密，同时采用了自我修复架构，最大限度地延长了服务的正常运行时间。

针对边缘接入，Cato Socket SD-WAN 产品扮演着连接最后一公里的角色，将客户网络连接到最近的 Cato POP 节点。客户可以根据需求选择光纤、电缆、xDSL 和 4G/LTE 等多种连接方式，以满足不同的连接需求。该产品应用多种流量管理功能，如 active-active 链路、应用程序和用户可感知的 QoS 优先级、动态路径选择，以应对链路中断、掉线等问题。此外，数据包复制功能有助于克服数据包丢失问题。Cato Socket SD-WAN 还可以通过 MPLS 和 Internet 路由站点之间的流量，满足区域和特定应用程序的要求。

2. 安全即服务

Cato 的 SASE 服务中的安全即服务是一组针对企业的网络安全功能集合，这些功能被构建为云网络的一部分。目前的安全即服务包括如下内容。

- ❏ **下一代防火墙（NGFW）**：Cato SASE 服务提供了强大的下一代防火墙功能，帮助企业保护其网络免受恶意威胁，包括入侵检测、应用程序识别、内容过滤等功能。
- ❏ **安全 Web 网关（SWG）**：Cato SASE 服务的 SWG 功能可以过滤和监控企业网络中的 Web 流量，阻止恶意软件、恶意链接和不良内容侵入。
- ❏ **高级威胁预防**：该功能使用先进的威胁检测技术，帮助企业捕获和阻止未知和高级威胁，保护网络免受潜在的安全风险影响。
- ❏ **安全分析和托管威胁检测与响应（MDR）服务**：Cato SASE 服务提供安全分析服务，持续收集和分析网络和安全事件数据，以便故障排除和事件分析。此外，它还提供托管威胁检测与响应服务，帮助企业检测和应对潜在的网络威胁。

Cato 的 SASE 服务为企业提供了灵活的安全业务功能控制能力，允许企业快速引入新服务，而不会影响客户环境。企业可以根据需要选择启用特定的安全功能，并将其配置为业务策略的一部分。

- **安全远程访问（SDP/ZTNA）**：Cato SASE 为用户提供了对本地和云应用程序的零信任网络访问。通过 Cato 客户端或企业浏览器，用户可以安全地连接到最近的 Cato 的 POP 节点，确保流量仅流向授权的应用程序。在整个会话过程中，Cato SASE 服务的安全堆栈对流量进行全面检查，以防止恶意软件传播。
- **集成数据中心**：Cato 的产品可与主要云提供商的产品集成，通过全球骨干网将流量从边缘路由到云提供商，免除了对高级云连接解决方案的需求。数据集成不需要代理，简单的配置即可将云数据中心连接到 Cato 的 POP 节点，流量由 Cato SASE 服务的内置安全机制进行检查。
- **云加速**：Cato SASE 服务通过优化流量路径，将公有云应用程序流量从边缘路由到云应用程序数据中心的入口。内置的云加速功能提高了带宽密集型操作场景下的应用程序性能，同时确保流量和文件得到全面安全检查。

Cato 的 SASE 服务持续收集网络和安全事件数据，用于排除故障和分析事件。管理员可以通过 Cato 的管理应用程序访问和查看收集到的数据。客户可以导出事件日志文件，以便与安全信息和事件管理系统或远程存储集成。每个账户都有独立的安全空间，这确保了用户数据隔离。

3.3　Fortinet

Fortinet（中文名"飞塔"）是一家成立于 2000 年的全球性企业，总部位于美国。该公司专注于为服务提供商和政府机构提供网络安全设备和安全网关解决方案。Fortinet 的解决方案旨在整合多层次的安全防护，其中包括防火墙、虚拟专用网络、应用控制、防病毒、入侵防护、网页过滤、防垃圾邮件和广域网加速等功能。

从 2017 年开始，Fortinet 针对"融合网络"提出了 Fortinet Security Fabric 体系的概念，并在此架构基础上构建了多个子体系和方案。这个体系的核心思想包括广泛的互联和可视化、协同联动以及自动威胁处置和运维等。这些努力有效地推动了 Fortinet 的销售增长。根据发布的数据，2021 年，Fortinet 的营收达到 31.2 亿美元，而 2022 年全年营收更是达到了 44.2 亿美元，同比增长 32%。在过去的几年中，Fortinet 基本上保持了超过 20% 的稳定增长，这显示了其在网络安全领域的持续发展和成功。

Fortinet Security Fabric（安全结构）体系的特点如下。

1）三大属性，具体如下。

❏ **广泛的互联和可视化**：Fortinet 的体系允许不同的安全组件之间实现广泛的互联，同时提供可视化的管理界面，使安全人员能够更好地了解整个安全环境。

❏ **协同联动**：安全组件在 Fortinet 的体系中可以协同工作，实现更高效的威胁检测和应对。

❏ **自动威胁处置和运维**：Fortinet 致力于将威胁处置和运维过程自动化，从而更快速地应对威胁并减轻管理员的工作负担。

2）三大基石，具体如下。

❏ **安全驱动网络互联**：Fortinet 将防火墙与 SD-WAN 集成，使网络连接变得更加安全和高效。

❏ **安全接入**：Fortinet 在体系中采用了零信任网络访问和 SASE，以确保用户和设备的接入安全。

❏ **云适配**：Fortinet 深度对接公有云，以适应多云环境中的安全需求。

3）三大支撑，具体如下。

❏ **统一管理分析平台**：Fortinet 提供统一的管理和分析平台，使安全管理员可以更好地监控和管理整个安全环境。

❏ **安全服务能力**：Fortinet 的解决方案包括强大的安全服务能力，涵盖了多个安全层面。

❏ **生态建设**：Fortinet 致力于建设一个安全生态系统，与其他厂商合作以提供更全面的解决方案。

作为最初以防火墙为主的网络安全公司，Fortinet 近期的发展重点主要集中在以下四大增长引擎上。

❏ **防火墙**：Fortinet 在防火墙领域不断创新，特别是将 SD-WAN 集成进来，提供更高效的网络连接和安全保护。

❏ **云安全**：Fortinet 跟随行业趋势，提供 SASE 解决方案，以满足多云环境下的安全需求。

❏ **终端和 IoT（物联网）安全**：随着终端设备和物联网的普及，Fortinet 将重点放在保护这些设备和连接的安全性上。

❏ **基础设施安全**：Fortinet 拓展到基础设施领域，包括网络交换机和无线接入点等，以提供全面的安全覆盖。

3.3.1　方案描述

Fortinet 希望可以通过安全网络，从全局角度，将网络中所有的设备、流量、应用和事件进行可视化，然后在统一的视图中展现出来，将整个可能受到攻击的面完整地展现出来，用以协助发现并阻断攻击链上的任意威胁。Fortinet 也提出了新的数字 IT 变革下，企业网络安全的全貌（见图 3-5）。

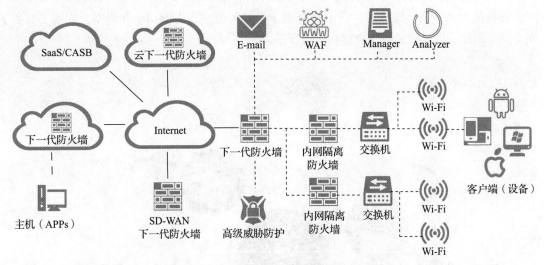

图 3-5　云上设备和地上设备整网协同联动

- ❏ 下一代防火墙依然被部署在网络边界。
- ❏ 对企业内部网络进行了分段，用内网隔离防火墙来对企业内部进行更精细化的防护。
- ❏ 通过 SD-WAN 下一代防火墙对 WAN 进行安全、流量和业务优化。
- ❏ 在私有云上，通过虚拟防护墙 + 数据中心防护，提供私有云的防护。对公有云，则通过云下一代防火墙来提供安全防护，并使用 CASB 来防护 SaaS 应用。
- ❏ 客户端（设备）通过 Wi-Fi（无线接入）或者 Switch（交换机，有线接入），提供接入层的防护。

如上所述，Fortinet 用虚拟防火墙—SD-WAN 下一代防火墙—下一代防火墙—内网隔离防火墙，重新定义了企业网络边界，形成了"云—通道—边界—内部"一体的新型网络安全防御结构，其核心价值在于：

- ❏ 使用防火墙搭建好安全架构后，可以在一个视图里将每个安全节点的威胁事件非常直观地展现出来，这种全局整网的可视化，让威胁无法遁形，形成安全防御的基础。
- ❏ 通过在整个安全网络中共享情报，更快地发现威胁，同时在多个安全防御点上动态调整策略，调整安全防御能力，平衡业务流程和安全业务的关系。

❑ 当网络主机被恶意软件感染后，可以立刻对受感染主机进行隔离，避免感染其他主机，减少安全损伤，同时可以调整相关策略，减弱威胁影响。

❑ 通过审计（提供一键修复和配置回退功能）优化策略，让系统持续合规，不断提高系统的安全能力。

Fortinet Security Fabric 是 Fortinet 的网络安全平台（见图 3-6），它以 FortiOS 为底层支持，具备强大的开放生态系统。该平台跨越了扩展的数字攻击面和生命周期，实现了自我安全修复网络，以保护设备、数据和应用程序。

图 3-6　Fortinet Security Fabric 视图

❑ **广泛度**：Fortinet Security Fabric 通过广泛的产品组合，跨越边缘、云、端点和用户，实现了整个数字攻击面和生命周期内的协调威胁检测和策略执行。这有助于降低风险，并管理整个数字攻击面。不同部署和技术之间的集成和统一的安全、操作和性能提供了完整的可见性，加强了硬件设备、虚拟机、云交付和 X 即服务模型等各种形式因素的安全性。通过强大的生态能力，它还可以集成超过 200 个厂家的产品和解决方案，涵盖云、SDN、端点防护、管理、漏洞管理、IoT/NAC、认证等领域。

❑ **融合性**：Fortinet Security Fabric 通过覆盖不同技术、位置和部署，实现了安全、操作和性能的集成和统一，缩小了安全漏洞，降低了复杂性。它不仅可以协同 Fortinet 的所有安全产品、服务和解决方案，还能够与强大的生态系统中的其他厂家产品集成。这种融合性使得整个网络的可见性和保护得到了加强，如硬件设备、虚拟机、云交付，以及 X 即服务等各种场景。

❏ **自动化**：Fortinet Security Fabric 实现了更快的预防和高效的运营。通过上下文感知、自我修复的网络和安全态势，利用云规模和高级 AI，它能够提供近实时的、跨 Security Fabric 的用户到应用程序的协同保护。这种自动化提高了预防威胁的效率，同时在网络和安全方面的运营更加高效。

3.3.2　典型产品——FortiSASE 和 FortiSASE SIA

1. FortiSASE

Fortinet 提供的 SASE 称为 FortiSASE。FortiSASE 是一个综合的 SASE 解决方案，将安全和网络集成在一起，为用户提供广泛的安全驱动型网络解决方案。它不是一个孤立的纯云解决方案，而是作为 Fortinet Security Fabric 安全架构的延伸存在。通过整合 Forti OS 通用操作系统的强大功能，FortiSASE 将 SASE 与 Fortinet 安全解决方案集成在一起，覆盖网络的各个位置。图 3-7 展示了 FortiSASE 的能力图谱，说明了其全面的安全服务能力。

❏ **防火墙即服务（FWaaS）**：利用 Fortinet FortiGate 下一代防火墙，将高性能 SSL 检查和高级威胁检测技术与 FortiSASE 集成。它为分布式用户建立和维护安全连接，同时在不影响用户体验的情况下分析入站和出站流量。

❏ **SWG**：FortiSASE 支持安全 Web 网关，通过无代理流量重定向和显式代理实现安全的 Web 访问。这有助于应对内部和外部风险。

❏ **域名防护（DNS）**：FortiSASE 可以实时识别恶意威胁，并自动保护核心网络，防止恶意域名对网络的威胁。

❏ **入侵防御**：FortiSASE 通过接入入侵防御系统（IPS），监控网络并识别试图利用已知漏洞的恶意活动，从而加强网络的安全性。

❏ **ZTNA 和 VPN 防护**：FortiSASE 可以在 VPN 之上添加企业级的安全性，扩展 ZTNA 到远程用户，保护他们的连接和数据。

❏ **沙盒**：通过云提供沙盒，FortiSASE 确保组织能够及早发现可能试图访问或破坏系统的恶意行为和攻击者。

2. FortiSASE SIA

FortiSASE SIA（Secure Internet Access，安全互联网访问）是一种云交付服务，专为保护公司外部的远程用户访问网络而设计。它基于 FortiOS 提供了一个基于云的可扩展平台，允许客户将 FWaaS、IPS、DLP、SWG、沙盒等安全能力扩展到远程访问应用场景，例如远程办公。

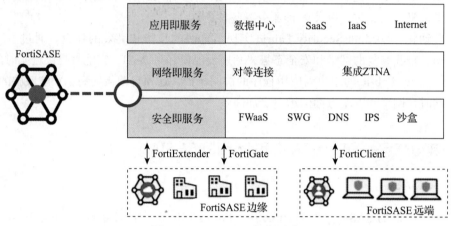

图 3-7 FortiSASE 能力图谱

FortiSASE SIA 旨在为客户提供实时的客户端流量防护，保护用户的流量，扫描已知和未知的流量威胁，并在任何工作地点实施公司的安全策略（见图 3-8）。该解决方案简化了管理流程，通过提供一流的云交付威胁防护服务，保护了那些不在办公室内的用户。通过客户端代理，用户的流量被传输到最近的 FortiSASE SIA 节点，用于执行安全策略和保护数据中心。

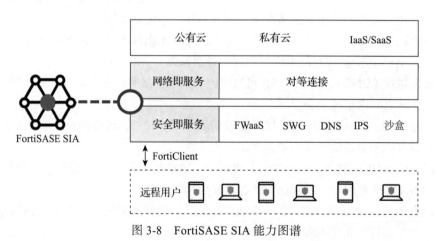

图 3-8 FortiSASE SIA 能力图谱

3.4 Cisco

Cisco（中文名"思科"）公司是全球领先的网络解决方案供应商。该公司成立于 1984

年 12 月，名字来源于 San Francisco（旧金山），创始人是斯坦福大学的一对教师夫妇——莱昂纳德·波萨克（Leonard Bosack）和桑蒂·勒纳（Sandy Lerner）。这对夫妇设计了一种名为"多协议路由器"的联网设备，用于斯坦福校园网络（SUNet），将校园内不兼容的计算机局域网整合在一起，创造了一个统一的网络。这一创新被认为是互联网时代真正到来的标志。

Cisco 的业务范围几乎涵盖了网络建设的每个领域，包括组成互联网和数据传输的路由器、交换机等网络设备，网络安全，以及整体网络解决方案等。作为全球领先的网络设备制造商和解决方案提供商，Cisco 在各个行业和领域中都发挥着重要作用，支持着世界各地的网络通信、数据传输和信息技术发展。

3.4.1　方案描述

Cisco 的 SASE 架构旨在通过云端的无缝连接，为应用提供安全访问，以支持随时随地的远程办公。Cisco 的 SASE 架构如图 3-9 所示。其核心功能包括软件定义广域网、安全 Web 网关、防火墙即服务、云访问安全代理以及零信任网络访问。SASE 的目标在于将这些技术整合为一个整体，以云服务的形式提供给客户。

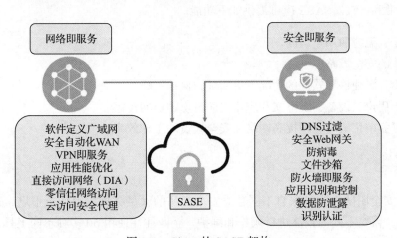

图 3-9　Cisco 的 SASE 架构

Cisco 的 SASE 方案主要关注连接、控制和融合这三个方面，以实现更加安全、高效和统一的网络和安全架构，如图 3-10 所示。

1. 连接

随着应用程序迁移到云端并被用户广泛使用，传统集中式网络已不能满足需求。这导致高带宽成本和性能问题的出现。为了解决这些问题，许多组织采用分散的直接访问网络

（DIA）方法，绕过传输延迟，将互联网流量或公共云流量从分支机构直接路由到互联网。SASE 的目标是确保用户和设备能够无论在什么位置都能连接到任何云应用，通过安全自动化 WAN 来优化性能。

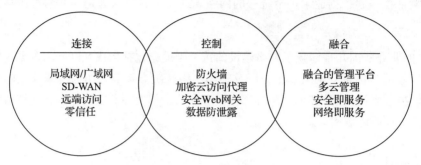

图 3-10　Cisco 的 SASE 架构特点视图

2. 控制

随着工作环境转向云端，网络安全不再局限于校园、分支机构和数据中心。传统的基于外围环境的静态安全模型无法满足新的业务场景需求。这种静态方法在动态环境下容易出现规则异常和误报。SASE 应可提供如下功能。

- ❑ 安全、无缝的用户访问。
- ❑ 一致的安全策略。
- ❑ 在不升级硬件和软件的情况下更新威胁保护策略。
- ❑ 基于用户、设备、上下文和应用程序身份的访问控制。
- ❑ 通过集中化策略管理提高网络和安全人员的工作效率。

3. 融合

现有的安全团队常常被来自不同独立安全产品的大量数据搞得疲惫不堪，这些产品之间缺乏集成，需要不同的技能进行操作和维护。企业往往使用 50 多种不同工具，但缺乏集成和互操作性，导致难以协同和监控安全威胁信息。SASE 旨在融合各种安全功能，提高安全运营效率，以更高效的方式监控和响应安全事件。随着远程办公需求的增加，传统的网络和安全硬件设备已无法满足需求，将安全工具迁移到云中集中管理和应用，成为必然之选。

3.4.2　典型产品

Cisco 提倡 SASE 的开放性整合，可以将 Cisco 作为合作伙伴共建 SASE。Cisco SASE

架构的核心产品和组件包括以下几个方面。

- ❑ **软件定义广域网（SD-WAN）**：Cisco 的 SD-WAN 是一个关键组件，它整合了用户端和云安全，同时支持多云提供商，使用 Cloud OnRamp 消除了复杂性。SD-WAN 分析功能提供了可见性和洞察力，通过自动化配置、统一策略和集成工作流简化了 IT 操作。这使得企业可以保持灵活性，将任何用户连接到任何应用程序，穿越任何云。
- ❑ **多重身份验证安全（简称 Duo）**：Cisco 的 Duo 提供全面的 ZTNA 解决方案，通过持续验证用户和设备的信任权限，确保所有访问跨应用程序和环境。Duo 提供多因素认证（MFA）、设备可见性、自适应策略、远程访问和单点登录（SSO）等功能，以实现零信任策略。
- ❑ **保护伞（Umbrella）**：Cisco Umbrella 是 SASE 架构的核心，是一个云原生的多功能安全服务。它将防火墙、安全 Web 网关、DNS 层安全、云访问安全代理（CASB）和威胁智能解决方案统一为一个云服务，以保护用户、应用程序和数据的安全。
- ❑ **千眼（ThousandEyes）**：随着网络对互联网和云服务的依赖增加，ThousandEyes 提供了网络性能和完整性的可见性。它帮助组织识别并解决网络问题，提供实时洞察力，确保可靠的连接和最佳的应用程序体验。

3.5　深信服

深信服科技股份有限公司（简称深信服）是一家领先的企业级网络安全、云计算、IT 基础设施与物联网解决方案供应商。以"深信服智安全"和"信服云"为核心业务品牌，公司在全球范围内设有 50 余个分支机构，员工超过 9000 名。公司专注于为客户提供全面的安全和科技解决方案，助力企业在数字化时代保持业务的稳定和创新。

深信服在企业级安全领域经验丰富，致力于不断推动科技进步，保障客户在不断变化的数字化环境中的信息资产和业务的安全。

3.5.1　方案描述

深信服的 SASE 方案构建于标准的 SASE 架构（见图 3-11），将全面的安全能力集中于云端，以服务化的模式交付。这种架构使企业不再需要大量购买传统的安全设备，而是可以按需开通所需的安全功能。深信服的 SASE 方案还融合了云端安全能力中心"安全云脑"和云端安全管理平台"云图"，实现了云网端安全情报的共享与联动处置，从而全面满足企业一体化办公的安全需求。

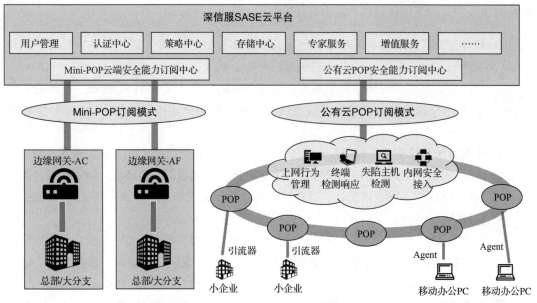

图 3-11 深信服 SASE 总体架构

深信服的 SASE 方案提供了两种订阅模式：Mini-POP 和公有云 POP。对于本地办公场景，如果出口带宽超过 200Mbit/s，可以选择 Mini-POP 订阅模式，该模式通过边缘网关组网和云端订阅安全服务来实现。所有的安全策略都实时下发到边缘网关，网络流量通过边缘网关进行安全检测，安全日志实时上传到 SASE 管理平台，以便及时调整安全策略。对于出口带宽小于 200Mbit/s 的场景，可以选择公有云 POP 订阅模式，无须购买安全硬件设备，直接订阅云端的安全服务。通过微型引流器或轻量级引流软件，在本地办公场所将网络流量引导至深信服全国各地的公有云 POP 节点进行安全检测，按需订阅上网行为管理、终端检测响应、内网安全接入等功能模块，实现本地办公 PC/移动办公 PC 的上网安全和集中管理。

深信服的 SASE 方案的核心安全能力包括如下几个。

❑ **违规上网管理**：对企业终端的违规上网行为、文件外发和信息泄露等进行管控，提供办公可视化管理，以保障企业信息的安全。

❑ **终端检测响应**：针对终端侧的安全威胁，实现事前预防、事中防护和事后检测与响应，同时与网络侧的安全防御能力联动，为企业构建全面的闭环防护。

❑ **失陷主机检测**：通过对上网流量进行趋势分析和威胁分析，实时感知全网安全风险并及时发出警报，为企业的网络规划和优化提供数据支持。

❑ **内网安全接入**：提供基于零信任原则的内网应用资源接入，通过身份认证和权限控制等模块，确保全球任何地方的员工和合作伙伴可以通过 POP 节点安全、隐私地访问业务。

3.5.2　典型产品——内网安全接入和终端检测响应

1. 内网安全接入

深信服的 SASE 方案引入了基于零信任理念的内网安全接入服务（SPA），如图 3-12 所示。SPA 以用户和应用程序为核心，通过在单个设备和应用程序之间创建安全隧道（采用 SSL 加密），确保仅授权用户能够访问特定的私有应用程序。这一解决方案有效地解决了移动办公、远程运维、多云安全连接、本地数据中心访问等场景中的安全访问难题。

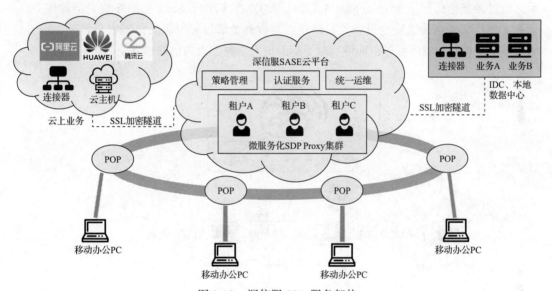

图 3-12　深信服 SPA 服务架构

SPA 不依赖于物理设备或虚拟机，而是借助轻量级软件将应用程序和用户连接到 SASE 云平台。这使企业员工和合作伙伴能够在任何时间、任何地点，通过就近的 POP 节点安全地访问业务，同时获得更加安全、隐私保护和稳定的访问体验。其核心功能如下。

- ❏ **身份安全**：提供多种认证方式和多因素认证的灵活组合，确保只有经过授权的用户才能访问对应资源。
- ❏ **传输安全**：支持安全加密传输，通过构建全流程的 SSL 加密隧道（终端 POP 节点到业务），实现终端设备和应用程序之间的安全连接。企业内的 PC 可安装轻量级客户端，搭建与就近 POP 节点的 SSL 加密隧道。不论业务是在本地数据中心还是在托管云或公有云，都可以通过轻量级连接器，在内网应用和 POP 节点之间建立 SSL 加密隧道。
- ❏ **应用权限安全**：提供精细到应用和 URL 级别的授权，允许灵活控制和不同用户之间的差异化授权，从而有效防止越权访问。通过 SASE 云平台和全国范围内的 POP

节点，为各地企业员工、合作伙伴等不同身份的访问者划定应用访问权限，实时生成应用访问日志，实现访问行为的可视化和可控性。

❑ **审计回溯**：提供独立的日志中心，支持与数据分析平台对接，以实现更深入的审计和数据分析。

2. 终端检测响应

深信服的 SASE 服务将终端安全检测与响应能力以云服务的方式实现，如图 3-13 所示，通过云安全访问服务（Sangfor Access）来实施，构建了 SaaS 化的终端安全管理平台。企业无须投资大量传统安全设备，只须在终端设备上部署轻量级的终端安全软件，按需订阅终端安全检测与响应服务，即可实时了解和应对全网范围内的终端安全威胁和风险。

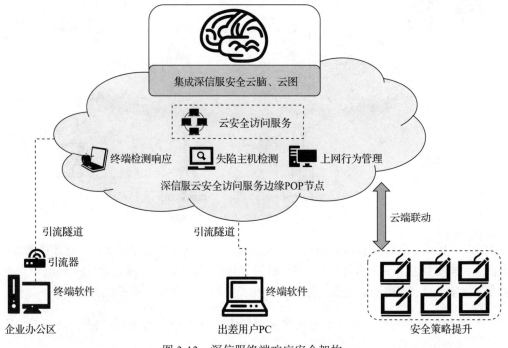

图 3-13　深信服终端响应安全架构

深信服 SASE 服务利用云平台的大数据分析能力和威胁情报，能够事前预知终端安全威胁并进行修复，事中建立多层次的综合防护，事后持续监测和响应内部终端的威胁。这一安全架构基于云端的威胁情报和大数据关联分析技术，能够快速定位受到攻击的主机和威胁风险。同时，通过人工智能的 SAVE 引擎和深度学习技术，能够有效地识别未知、新型和高级威胁等。

云安全访问服务平台还具备弹性扩展的能力，可以直接在其上增加违规上网管理、上网安全防护等安全功能。借助于深信服的云端安全能力中心和云端安全管理平台，实现了云、网络和终端安全情报的共享和联动处置，从而全面地发现风险，并能够快速、高效地进行安全事件的闭环处理。图 3-13 清晰地呈现了深信服终端响应安全架构的布局和实现方式。

3.6　绿盟科技

绿盟科技集团股份有限公司（下简称"绿盟科技"），创立于 2000 年 4 月，总部坐落于北京。公司在国内有 50 多个分支机构，广泛服务于政府、金融、能源、交通、科教文卫等领域和各类企业用户。绿盟科技以全方位的网络安全产品、系统化的安全解决方案以及安全运营服务，满足不同行业用户的需求。

公司提供超过 60 款安全产品，包括安全评估、检测与防护、认证与访问控制、安全审计、安全运营与管理等多个类别。在数字中国战略的推动下，绿盟科技紧跟技术发展潮流，在云计算、大数据、物联网、工业互联网等领域推出适应新场景的安全产品和解决方案。

作为全球的安全产品和服务供应商，绿盟科技在云安全领域具备丰富经验，拥有零信任、云原生安全和流量编排等关键技术。结合产品技术和运营服务的优势，公司积极响应业务发展趋势，融合智慧安全 3.0 理念，于 2021 年推出 SASE 方案。该方案颠覆传统的应用访问和安全防护模式，显著提升用户在混合环境中访问各类服务的便捷性和安全性。

3.6.1　方案描述

绿盟科技的目标在于通过一个综合平台来应对多种接入场景，解决客户在不同业务中遇到的各种挑战。客户可以根据需求订阅网络和安全服务，通过 SASE 安全平台获得统一的基于边缘云的连接和一致的安全保障，如图 3-14 所示。

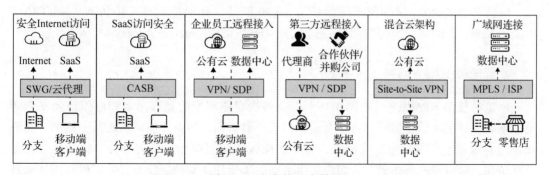

图 3-14　业务接入全景图

绿盟科技的 SASE 产品将安全能力从本地提升至云端，作为中继云为企业用户提供多种安全功能，如图 3-15 所示。该产品的核心优势主要表现在以下 3 个方面。

❑ 将安全功能迁移到云端，将多种安全功能集成到云端，为客户提供 SASE 订阅服务。

❑ 广泛分布的 POP 节点，使用户可以就近接入以获得安全防护。

❑ 基于零信任理念，通过用户、设备和应用的身份进行访问控制，提升企业内外边界的网络安全。

图 3-15　绿盟科技 SASE 服务全景图

绿盟科技的 SASE 服务符合 Gartner 的 SASE 模型定义，在全球范围内都分布有 POP 节点，云上集成了 SD-WAN 网络服务和多种安全服务，包括零信任访问控制、云安全网关、云威胁防护等，为客户提供了网络和安全一体化的 SaaS 服务。

3.6.2　典型产品——NPA 服务和 NIA 服务

绿盟科技在 2021 年推出了两款核心 SASE 产品，分别是私有应用访问（NSFOCUS Private Access，NPA）服务和互联网安全访问（NSFOCUS Internet Access，NIA）服务。

1. 绿盟科技 NPA 服务

绿盟科技的 NPA 服务（见图 3-16）主要解决企业用户的私有网络和应用访问安全问题。该服务基于零信任原则，旨在全面收敛资产暴露面，为企业应用实施基于用户、设备和应用身份等上下文信息的实时接入控制。NPA 服务可应用于远程办公、移动办公、多分支访问、多云资产等场景，为客户提供全面的零信任访问控制能力，并提供应用加速和 SD-WAN 等服务。

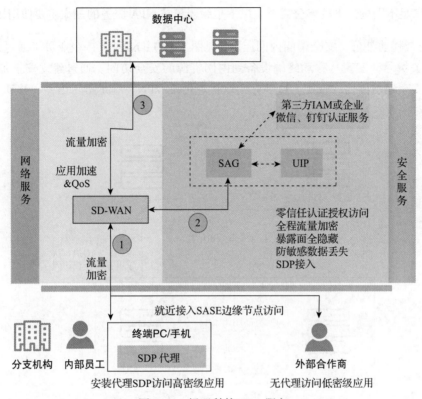

图 3-16　绿盟科技 NPA 服务

绿盟科技 NPA 服务基础能力包括如下几个。

❏ 提供零信任访问控制，支持最小访问授权。
❏ 支持多因子认证、企业微信认证、钉钉认证、内网应用或 IDP（内部开发者平台）对接。
❏ 支持 SDP 接入，最大限度地收敛暴露面。
❏ 隐藏公网可达的企业应用。
❏ 使应用具备抗 DDoS 属性。
❏ 支持 TCP/UDP 应用代理。
❏ 支持全程流量加密。

绿盟科技 NPA 服务高级能力包括如下两个。

❏ 应用健康监控。
❏ 第三方身份服务提供商对接。

绿盟科技的 NPA 服务具有广泛的适用场景，可以有效地为企业办公提供全面的安全防护，同时满足不同场景下的办公需求。以下是绿盟科技 NPA 服务的三大主要使用场景。

1）安全移动办公，安全访问内网应用（见图 3-17）：NPA 支持企业员工通过认证客户端进行网关拨号，实现从移动终端设备到内网资源的安全访问。通过建立安全加密通道，员工可以安全地访问内网资源。这种方式取代了传统 VPN，满足员工出差、移动办公等需求，保障对企业内网资源的安全访问。

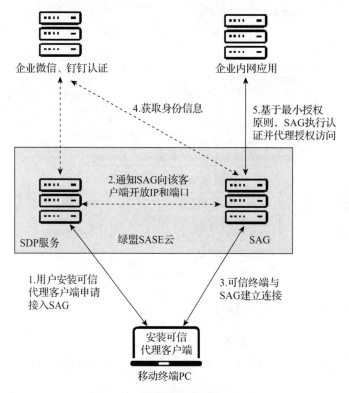

图 3-17　移动终端设备接入场景

2）多分支、多合作伙伴访问多地业务（见图 3-18）：NPA 服务通过统一的安全访问策略，集中管理所有企业云端和数据中心的资源。这有助于应对企业合并后员工数量激增的情况，仍能平滑、快速地接入访问企业资源。这种集中管理的方法大大降低了企业网络边界重新规划的复杂性和时间成本，简化了业务合并和管理流程。

3）业务上多家公有云，收敛暴露面（见图 3-19）：NPA 服务通过隐藏业务系统、统一访问控制和多因子认证等方式，解决了上云业务所带来的业务应用暴露面广、网络复杂以及合法用户难以辨别等问题。这提高了上云业务的安全性，保障业务应用在多家公有云平台上的安全访问。

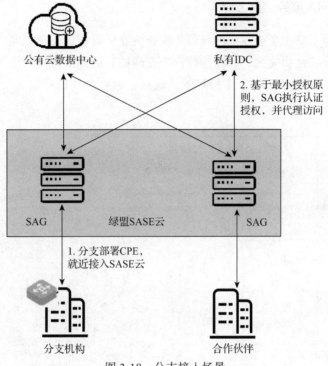

图 3-18　分支接入场景

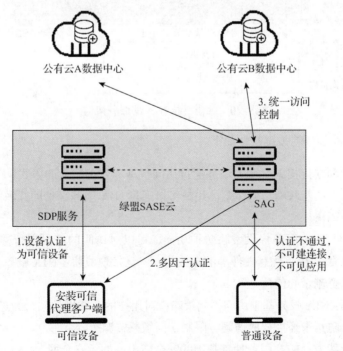

图 3-19　多因子认证场景

2. 绿盟科技 NIA 服务

NIA 主要致力于解决企业在上网场景下面临的互联网访问安全问题。NIA 为企业提供了多项关键的安全特性和能力，旨在构建一个充满威胁的外部网络环境与企业内部网络之间的安全隔离带。该服务适用于多种场景，包括上网办公和使用公有云 SaaS 应用等（见图 3-20）。

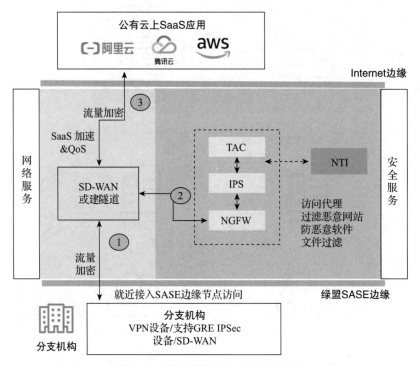

图 3-20　绿盟科技 NIA 的服务架构

绿盟科技 NIA 服务的关键特性如下。

❏ **访问代理和就近接入**：NIA 服务通过访问代理和就近接入的方式，为用户提供更快速、更安全的互联网访问体验。用户可以通过 NIA 服务来访问互联网资源，实现安全的访问隔离。

❏ **威胁防护**：NIA 服务提供威胁防护功能，可以对访问的流量进行实时检测和分析，以识别恶意 URL、恶意文件等潜在威胁。一旦发现威胁，NIA 服务会及时进行告警并阻止恶意流量的传播。

❏ **访问控制**：NIA 服务基于访问控制策略，对用户的互联网访问行为进行精细化控制。这有助于防止未经授权的访问、限制访问敏感资源等。

❏ **基础安全能力**：NIA 服务具备基础的安全能力，如云安全网、URL 过滤、防恶意软件、Web 访问控制等。这些功能有助于提升用户在互联网上的安全性。

❑ **高级安全能力**：NIA 服务还提供威胁情报功能，可以通过大数据的流量分析平台，对网络安全攻击和事件进行关联分析。这有助于检测和应对复杂的网络安全威胁，包括已知威胁和高级威胁。

在上网行为管理场景（见图 3-21）中，绿盟科技的 NIA 发挥着重要的作用，能够确保员工终端的上网安全。在这个场景中，假设员工的电脑遭受了病毒攻击，而且该病毒试图通过公司网络传播到其他电脑。NIA 服务通过一系列的安全措施来保障员工终端的安全，并迅速应对潜在的安全威胁。具体来说，NIA 服务在这个场景中的作用如下。

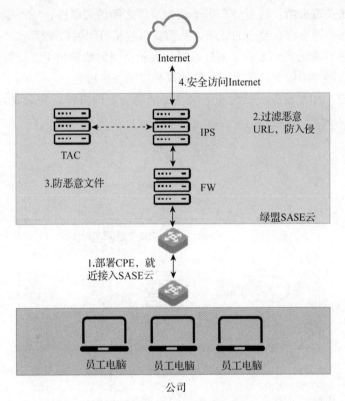

图 3-21　上网行为管理场景

❑ **实时监测**：NIA 服务对员工终端的上网行为进行实时监测，监测异常的网络流量和恶意行为。

❑ **恶意 URL 和文件检测**：如果 NIA 服务检测到员工访问了恶意 URL 或下载了恶意文件，它会立即发出告警。

❑ **阻止恶意行为**：NIA 服务能够迅速阻止恶意行为的传播，防止病毒通过公司网络感染其他设备。

❑ **已扩散情况的阻断和响应**：如果病毒已经扩散到其他设备，NIA 服务会立即采取措施来阻止其继续传播，并通知管理员采取进一步的响应措施。

绿盟科技的 NIA 服务基于大数据的流量分析安全平台，提供了针对全网威胁的防护手段，可帮助企业有效降低网络安全风险。在安全态势场景中，NIA 服务借助大数据分析技术和流量分析，实现对复杂的网络安全攻击和攻击事件之间的关联进行分析，从而提供全网威胁可视化和及时响应的能力，安全态势场景如图 3-22 所示。

❑ **基于大数据分析的防护**：NIA 服务利用大数据分析平台，对全网的网络流量进行实时监测和分析，识别并预测各类已知威胁和高级威胁。

❑ **复杂攻击关联分析**：通过分析多个攻击事件之间的关联性，NIA 服务能够更准确地判断网络中是否存在复杂的威胁，从而提高威胁检测的精准度。

❑ **全网威胁可视化**：NIA 服务通过可视化展示全网的威胁情况，让管理员能够清晰地了解当前网络中的威胁状况，以便采取相应的防护措施。

❑ **及时响应**：NIA 服务一旦检测到潜在的威胁会立即告警，并采取必要的阻断措施，防止威胁继续扩散。

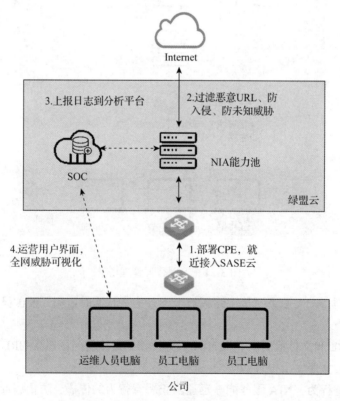

图 3-22　安全态势场景

SASE 业务场景和解决方案

随着企业的业务不断向云上迁移以及云上 SaaS 应用的广泛使用，原有的企业业务接入边界正在从私有网络边界转变为云化的接入边界。在这个过程中，越来越多的企业开始认识到 SASE 理念的价值，并纷纷采用 SASE 服务来满足其日益复杂的网络和安全需求。SASE 以云服务的形式提供网络和安全能力，专为适应云化场景的部署和运营而设计。在实际的 SASE 实施中，涉及多种不同的业务场景，这些场景涵盖了云端安全服务解决方案、地端安全服务解决方案以及两者之间的联动安全解决方案。通过这些多样的解决方案，企业能够更好地满足其安全业务需求。

4.1 SASE 业务场景概述

SASE 是一种全新的网络安全架构理念，在具体的业务场景中有不同的实践技术方案。本节主要介绍 SASE 的业务场景，从全局角度，介绍如何将访问端和服务端通过 SASE 云端进行融合，并通过网络安全能力提供整体的 SASE 服务，同时结合零信任内网访问、统一公网安全访问和企业等保测评服务三种核心场景，对客户的特点、痛点及相关应对措施进行阐述。

4.1.1 业务场景总览

SASE 服务是一种将客户端和服务端都连接到云端服务 POP 节点的解决方案，通过这些云端服务 POP 节点提供网络和安全服务能力，保障客户端与服务端之间的业务流量的安全和稳定。SASE 的业务场景总览如图 4-1 所示。

图 4-1　SASE 业务场景总览

SASE 服务允许多种形式的客户端接入服务节点，接入方式主要分为三类：企业分支机构通过企业出口和云端的 SD-WAN 网络，实现分支机构客户端的统一接入；移动场景中的客户端，包括手机和笔记本电脑等移动终端，通过 SDP 方式接入，这种方式可实现在不同地点对云端的接入；物联网终端客户端，如摄像头等，在物联网应用中通过 VPN 隧道接入云端。

SASE 服务端的接入方式主要分为两类：一类是经过公网访问的公网应用和公网 SaaS 服务，通过 SASE 节点的公网出口接入云端；另一类是基于私有线路访问的私有云和私有 IDC 机房部署的应用，通过与云端建立 SD-WAN 网络实现统一接入。

SASE 云端服务首先对企业网络资产和访问用户进行身份认证，并通过上述介绍的多种接入方式，将租户企业的网络与全球范围部署的 POP 节点连接，以云原生架构整合各种网络和安全能力，由云端运营专家团队统一在云端完成网络控制和安全处置，从而提供弹性订阅的产品和服务。

SASE 核心服务类型主要包括"网络即服务"和"安全即服务"两类。网络即服务通过 SD-WAN 组网服务，实现企业客户端和服务端的连接，并根据不同的租户企业进行网络隔离，同时提供全球路由优化和广域网优化，通过 QoS 和加速等服务提升应用访问质量；安全即服务通过安全网关和云上的 SaaS 化安全能力，对接入云端网络的流量进行威胁识别和攻击防护，提供零信任访问、数据防泄露、行为审计等功能，对非法外联和数据窃取等攻击进行阻断和溯源，并通过终端安全、网站安全检测和威胁情报等手段，对企业资产进行全局安全管控和治理。

下面将对 SASE 业务的三大主要场景进行详细阐述。

4.1.2　零信任内网访问场景

在零信任内网访问场景中，分支机构和移动终端的访问流量被集中引导到 SASE 的云端节点，以便为租户企业提供订阅式的零信任安全能力，同时监控企业内外的威胁访问行为。

这种场景下，传统的信任模型被颠覆，内部网络不再被信任，而是将所有访问都当作潜在的威胁进行处理。SASE 服务通过对用户身份、设备状况、应用程序访问权限等多种上下文信息进行综合分析，对每次访问进行严格的验证和授权，从而确保只有合法、获得授权的用户和设备可以访问内网应用。

SASE 零信任业务场景示意如图 4-2 所示。

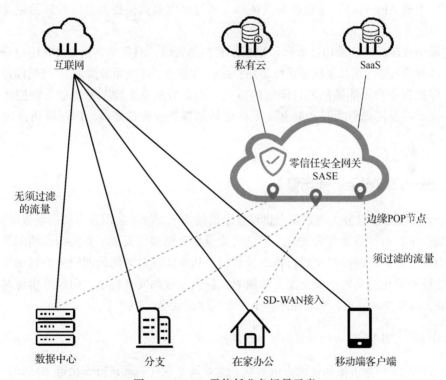

图 4-2　SASE 零信任业务场景示意

零信任内网访问场景，是伴随着企业业务向云端转移产生的。这些转移导致核心数据被分散存储（包括在 IDC、私有云和公有云中），形成多样的应用和访问路径，为企业带来业务安全问题。这种情况下，因为访问入口众多且分散，对核心数据的保护变得困难，从而使网络安全和便利性之间产生矛盾。同时，多地、多场景下的应用和数据访问使得网络安全管理变得复杂，攻击暴露面也显著增加。此时，统一的安全运维变得具有挑战性，应用认证和权限管理变得分散且混乱，内部风险不易掌控，容易导致暴力破解和越权访问等安全问题的出现。

为了应对上述挑战，有以下措施可供考虑：

❑ **收敛应用入口，减小攻击暴露面**：利用 SASE 服务的 SD-WAN 组网能力，统一接入云端的分支机构和移动终端；通过云端的 SASE 节点，实现对企业各地分布的内网应用的集中访问，从而减少攻击暴露面；通过建立统一的应用门户导航功能，企业用户能够方便地访问所有应用，避免在多个系统间来回跳转。

❑ **统一身份信息，多因素认证接入**：SASE 云端提供本地用户身份管理能力，实现现有用户身份和组织架构的同步；企业用户可以使用一套账号登录统一认证入口，而不需要记多个账号；不仅提供传统的静态口令方式，还支持多种无密码认证方式，如手机 APP Push、生物特征认证等，通过多因素认证提高身份验证的强度，降低风险。

❑ **最小权限控制**：采用按需和风险权限管控的策略，对每个访问主体（用户身份和终端身份）进行细粒度的会话级访问控制。这避免了传统粗粒度的 IP 或网段控制，确保正常用户仅能访问其权限内的应用，提高数据安全性。系统也会监控访问上下文，以及用户行为是否异常，根据评估结果执行授权降级，以保证访问的持续可信度。

4.1.3 统一公网安全访问场景

在企业分支众多且分支网络安全建设复杂的情境下，统一公网安全访问场景应运而生。在这种场景下，通过将所有分支的公网访问流量在云端进行汇聚，并借助云端部署的强大安全能力进行防护，确保安全后再将流量放行，从而实现对访问公网行为的精细管控。这种方法能够在简化分支网络安全配置的同时，提供一致的安全标准，同时可实现对员工上网行为的实时监控和管控，从而保障整个企业网络的安全。

SASE 统一公网安全访问场景如图 4-3 所示。

由于分支 IT 预算不足和运维人员短缺，企业通常仅在总部进行安全能力建设，对分支网络的安全建设不足。这造成分支网络的安全防护水平不足，无法实现统一的安全标准，分支访问公网存在显著的风险。由于缺乏统一的监控和管理平台，企业无法对员工的上网行为进行集中式、统一化的管控，这带来潜在的重要数据泄露风险以及员工违规上网的风险。鉴于此，有必要采取措施，确保分支网络的安全与合规，包括但不限于建立统一监控平台、加强审计日志管理，并为满足《中华人民共和国网络安全法》及等保合规要求提供基础。

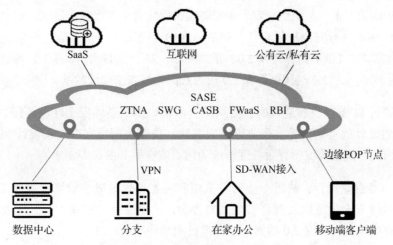

图 4-3　SASE 统一公网安全访问场景

为应对这些问题，可参考以下可行的思路：

❑ **汇聚分支流量与统一公网出口**：利用 SD-WAN 组网技术，将分散的分支流量聚合到 SASE 云端的统一公网出口，对所有分支的公网访问流量进行集中管理和安全防护。

❑ **用户统一认证和在线监控**：针对企业已有的身份源，如 4A 平台、IAM 平台、轻型目录访问协议（LDAP）、AD 目录等，SASE 云端可快速对接并同步账户和组织架构数据，实现企业内身份的统一管理。在此基础上，为不同的人员和应用配置适当的认证方式，确保用户在访问公网时经过合适的认证步骤。同时，通过在线监控功能，对用户行为进行统计和展示，设立黑白名单以初始化终端预制，从而实现对上网行为的综合分析。

❑ **用户流量监控和安全防护**：首先，对用户的上网流量进行控制，设定每个用户的最大和最小带宽限制，同时根据分支总体带宽进行整体的上下行流量管理。提供入侵检测、入侵防御规则，包括各类恶意行为的检测和预防。此外，对文件类型进行扫描和病毒查杀，对 Web 攻击行为进行防护。

❑ **用户访问监控与上网行为审计**：对用户访问的 URL 进行标识和管控，通过恶意URL 过滤、预定义和自定义 URL 分类过滤，实现审计和阻断非法访问。同样，对用户访问公网的应用进行分类和管控，根据应用库的分类允许或审计允许的上网行为，阻断不允许的应用访问。并且，在用户访问外网的邮件、文件传输和 Web 网站时进行审计，识别核心文件和敏感数据，以预防数据外泄，保护核心数据资产。

4.1.4 企业等保测评服务场景

《中华人民共和国网络安全法》于 2016 年 11 月 7 日正式发布，并于 2017 年 6 月 1 日开始生效。该法的第二十一条明确规定了国家将实行网络安全等级保护制度，要求网络运营者按照此制度的要求履行安全保护责任。随后，2019 年 5 月 13 日，《信息安全技术网络安全等级保护基本要求》（以下简称等保 2.0）正式发布，并于 2019 年 12 月 1 日起正式生效。这标志着等保标准迈入了 2.0 时代，等保 2.0 成为我国网络安全领域的基本国策、制度和方法。

在企业进行 IT 基础设施建设时，必须综合考虑设施的整体安全性。等保 2.0 成为企业进行安全能力设计的重要指导，企业可以根据这一规范来制定安全架构设计和安全能力的采购计划。因此，企业等保测评服务逐渐成为国内安全服务的必要需求。

对于中小型企业而言，缺乏专业的安全团队可能导致难以准确解读等保 2.0 的安全要求。在如何设计安全设施以及整合安全能力方面，缺乏经验可能成为一大挑战。这使得这些企业难以有效地进行等保 2.0 的安全能力建设和测评准备。

等保 2.0 涵盖的安全能力较多，企业独立采购所需设备的成本较高。另外，每种安全技术在 IT 基础设施应用和部署方面都具有差异。在这种情况下，中小企业难以全面学习并掌握等保所需的各种安全技术，并将其合理应用于实际的企业 IT 环境中。因此，这些企业常常无法充分利用等保 2.0 所提供的安全能力。

中小型企业为了快速、高效、低成本地满足等保 2.0 的要求，可以采纳以下的建议：

- ❑ **云端提供 SASE 等保服务**：通过租户服务订阅界面，为企业提供全面的指导，涵盖等保 2.0 测评要求、测评部署、能力准备和测评验收等方面。这种一站式服务能够帮助企业进行等保测评及建设，为企业提供必要的支持。
- ❑ **全面调研等保测评资产**：进行全面资产调研，通过测评向导引导企业梳理已有和缺失的安全能力，形成推荐的等保服务能力集合，使企业了解自身的安全状态。
- ❑ **提供部署方案**：根据等保测评结果和安全能力应用场景，推荐适合企业的部署方案，为企业提供可选的能力订阅及部署设计，确保安全能力得到有效整合。
- ❑ **联合运营专家进行调试和运营**：与云端的运营专家合作，调试网络和安全能力，使等保测评资产顺利上线。协助企业应对等保测评师的测评工作，确保企业能够轻松地通过等保测评。

4.2 SASE 方案的核心组件

在介绍 SASE 核心场景之前，我们先来了解一下 SASE 的核心组件。SASE 方案是一种将网络能力和安全能力以云化的形式对外提供的解决方案，但在不同的业务场景要求中，其关键组件的能力、部署位置和使用形态都存在差异。以下是对云端 SASE 共享资源池和地端 SSE 独享设备这两个 SASE 方案核心组件的详细介绍。

4.2.1　云端 SASE 共享资源池

自 2019 年 Gartner 提出 SASE 概念以来，SASE 领域呈现出强劲的发展势头。国内外的 SASE 厂商倾向于通过云端统一构建多租户共享网络和安全能力的基础设施，并提供基于 SaaS 的安全服务。这些方案通常依托共享能力资源池，将数据平面和控制平面分离，将物理和虚拟设备在接入模式、部署方式以及功能方面实现解耦。在这种模式下，底层资源被抽象为一个安全资源池，而在顶层，通过软件编程的方式，实现智能化和自动化的业务编排和管理，以满足各种网络和安全能力需求，如图 4-4 所示。

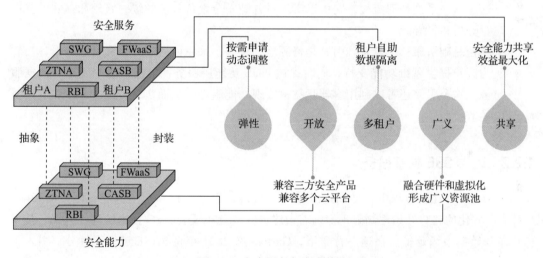

图 4-4　安全服务与安全能力

共享资源池方案需要满足以下 5 个关键设计需求。

❑ **弹性可扩容**：资源池要能够根据不同业务阶段的需求，动态调整租户服务规格。无论是业务扩张还是收缩，资源池都应支持快速的容量调整，以确保资源的最佳利用。

❑ **开放兼容多方的安全能力**：资源池在整合不同厂商的网络和安全能力时，必须提供对应的对接接口和指导文档，以确保不同厂商的能力可以通过资源池统一对外提供服务。

❑ **多租户隔离**：资源池必须确保各个租户之间的独立性，每个租户能够独立订阅、管理和查看服务。在配置管理、服务能力、流量编排和计算资源等方面，都需要进行严格的隔离，以保证租户资源的隔离性。

❑ **广义资源的融合能力**：这方面的设计要求资源池能够适应多种能力形态，包括虚拟化镜像、容器镜像和硬件盒子等。这种广义资源的融合能力可以满足不同租户的多样化需求。

❑ **安全和网络能力共享**：这方面的设计要求资源池能够在满足租户需求的情况下，将相同规格的服务调度到同一安全或网络能力实例上。这可以提高资源的利用率，从而提升整体服务效率。

共享资源池的实现包含以下 3 个关键组件。

❑ **资源池控制器**：资源池控制器负责集中调度和管理安全资源池中的所有能力。它包括策略管理、配置管理、性能监控、服务编排、网络管理等功能，同时支持根据不同场景的需求进行配置和扩展。

❑ **日志分析模块**：这个模块负责收集、范式化、过滤和归并资源池中各类设备的日志。通过这一系列处理流程，它可以实现对各种安全设备日志的统一管理和存储，并进行分析和告警。

❑ **平台基础引擎**：平台基础引擎是资源池的核心，采用前后端分离和微服务设计。它为门户提供基础功能支持，同时提供 PaaS 功能层服务，包括消息中间件和数据服务。这个引擎还可以利用容器化技术实现功能组件，从而实现资源、业务和调用链的监控。

4.2.2　地端 SSE 独享设备

在 SASE 的发展历程中，受到边缘计算的兴起、数据主权和跨境合规等因素的影响，一种去中心化的趋势开始逐渐显现。随着边缘计算、分布式云、5G 技术的逐步应用，技术和功能开始向边缘延伸。在这一背景下，Gartner 在 2021 年将 SASE 进行了拆分，引入了 SSE（Security Service Edge，安全服务边缘）。

Gartner 认为 SSE 是 SASE 的一个组成部分，专注于提供安全服务。而另一部分则是网络服务，包括 SD-WAN、广域网优化、QoS 等，旨在简化和统一网络服务，包括将流量路由到云应用程序的方法。可以简单认为，SASE = SSE+ A（Access Server），这个公式准确地反映了 SASE 和 SSE 之间的关系。

与 SASE 服务的设计初衷一致，SSE 产品或服务旨在帮助企业降低复杂性、成本和供应商数量，提高效率，其技术方案主要包含以下三个层面。

❑ **安全能力独享的订阅方式**：当租户企业仅希望添加特定的安全能力而不是整套安全能力时，选择 SSE 十分明智。此外，企业可以实现独享部署，从而满足特定的需求。

❑ **灵活的安全能力类型和规格订阅**：在企业已经建立一部分安全能力的情况下，SSE 产品或服务可以提供订阅缺失的安全能力，并根据业务发展的需求灵活地扩充订阅规格。这些安全能力可以部署在与业务相关的位置，实现企业的定制化需求。

❑ **云端安全管理中心统一运营**：企业可以在边缘部署一体化的硬件和虚拟化版本的 SSE 设备，并通过连接到云端实现统一的安全事件呈现和运营管理。这种集中化的管理可以提高安全的整体效率。

通过在企业的各个分支机构部署 SSE 设备，可以为这些分支机构提供安全保障，同时还可以订阅更多的产品和服务。

SSE 涉及的典型业务场景包括 SSE 设备在安全运营中心注册、按需订阅安全能力以及应对热点事件和突发情况的运营闭环（见图 4-5）。

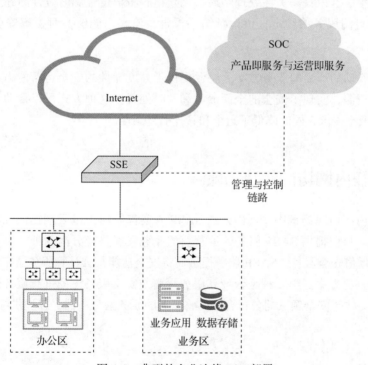

图 4-5　典型的企业边缘 SSE 部署

企业边缘 SSE 设备基于自身具备基础的防火墙能力以及支持通过订阅弹性扩展的安全能力，可以与安全运营中心协作构建云地联动的产品即服务方案，进而提供具有弹性能力的安全运营服务。整个过程可以分为以下 3 个步骤。

1）**SSE 设备在 SOC 注册**：安全设备通常是孤立存在的，需要专业的技术人员来管理设备状态和业务风险。企业在购买边缘 SSE 设备后，安全运营方会准备必要的账号等信息。

在本地部署 SSE 设备时，只需配置网络，确保其与安全运营中心相互连接，然后完成设备在云端的注册和接入。这将使用户能够在云端监控设备状态，进行设备管理和安全策略管理等服务，直观地了解设备和业务的安全状况。

2）**按需订阅安全能力**：边缘 SSE 是一种将安全能力服务化的产品，通过弹性订阅的方式满足企业的安全防护需求。用户可以按照服务类型、时长等需求订阅相应的能力。举例来说，企业可以订阅半年期的全流量检测和 Web 应用检测能力，以应对临时业务变化导致的短期安全需求变化。这种订阅方式使得企业能够更加便捷地获取安全能力，同时也保证了时效性。

3）**热点 / 突发事件闭环运营**：边缘 SSE 与云端安全运营中心联动，为客户提供订阅的安全运营服务。客户订阅特定的运营专项服务时，将获得相应的安全能力和运营服务。在此过程中，客户只需关注处理结果，无须担心防护过程和时效性问题。安全运营中心将根据客户订阅服务的约定提供运营结果报告，使客户能够及时了解安全事件的处置情况。

这种云地联动的产品即服务方案为企业提供了高度弹性的安全运营能力，通过结合边缘设备和云端资源，实现了安全的全面覆盖和及时处置。这种方式可以帮助企业更好地适应不断变化的安全需求，同时降低了运维和管理的复杂性。

4.3 零信任内网访问解决方案

在零信任内网访问场景中，国内外的 SASE 方案都倾向于以云端提供 SaaS 化的服务，针对这一趋势，目前提供 SASE 服务的运营商的业务发展路径分为两种。第一种是通过云计算服务扩展增值安全服务。SASE 服务提供商将安全功能与云计算服务紧密结合，以提供更全面的安全解决方案。第二种是云计算服务厂商与安全服务厂商进行服务融合。云计算服务提供商与专注于安全领域的公司合作，将两者的服务融为一体，以提供综合性的 SASE 解决方案。

4.3.1 云端业务和安全同区方案

在云端安全服务场景中，专有云和政务云的服务提供商是一类具备完备的云化基础设施和服务运营团队的厂商。这些厂商通过拓展安全业务来提升运营服务的安全性。在它们已经稳定运营的云化基础设施上，只需在承载业务的运营节点内部扩展部署安全资源池，以实现业务和安全资源在同一 IDC 网络中，从而提供一体化的安全服务能力。具体的防护解决方案如图 4-6 所示。

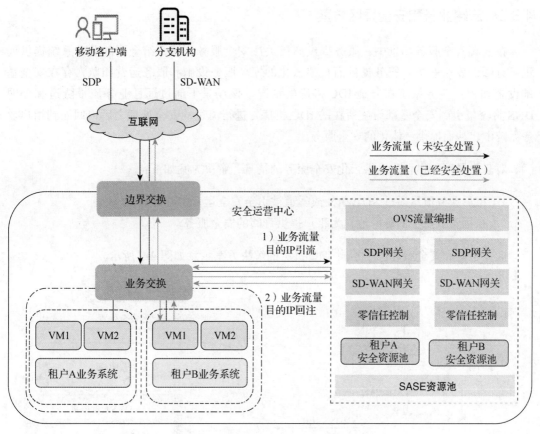

图 4-6　业务和安全同区防护解决方案

在租户业务和安全能力部署在相同 IDC 机房内的情况下，解决方案应该具备以下能力。

❑ 移动客户端和分支机构通过 SDP 和 SD-WAN，将流量引导至安全运营中心。通过为不同企业资源分配不同的公网 IP 地址，安全运营中心能够识别流量所属的租户企业。

❑ 安全运营中心利用内部的业务交换设备，通过目的 IP 识别不同租户的流量，并通过策略路由的三层网络引导策略，将租户流量引导至 SASE 资源池。

❑ SASE 资源池利用流量编排器，将不同租户的流量编排至相应租户的服务链上，随后，根据租户订阅的安全能力，逐步完成 SASE 订阅服务的处置。

❑ 对于租户企业的零信任内网访问服务，移动终端的流量通过 SDP 网关实现准入，分支终端的流量则经由 SD-WAN 网关实现准入，进而被引导至零信任控制的安全能力中进行防护。已完成防护的流量随后通过流量编排器返回至租户业务系统，完成租户业务访问的全过程，从而完成租户对 SASE 服务的订阅处理。

4.3.2 云端业务和安全异区方案

在云端安全服务场景中，服务提供商仅关注安全服务领域，给全网的业务系统提供远程可订阅的安全服务。服务提供商自建云化的安全服务设施和服务运营团队，存在安全基础设施和租户业务系统在异地 IDC 机房的情况。该场景下通过远程业务流量隧道和公网DNS 将流量引到安全基础设施所在的 IDC 机房，进行流量的安全处理之后再回注到租户业务系统中，从而提供一体化的安全服务。

对于为异地租户企业提供云化安全服务的情景，解决方案如下：

1）租户业务流量通过 SD-WAN 或隧道被引至安全运营中心节点。

2）在运营节点中的资源池，为租户提供订阅的安全服务。

业务系统和安全服务位于不同 IDC 机房的解决方案示意如图 4-7 所示。

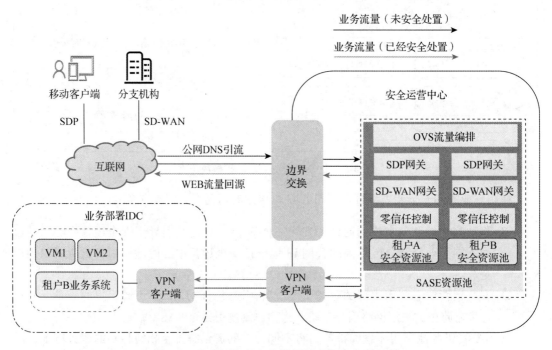

图 4-7　业务系统和安全服务异区解决方案示意

在租户业务系统和安全服务位于不同 IDC 机房的情况下，SASE 解决方案应具备以下能力：

❑ 移动客户端和分支机构通过 SDP 和 SD-WAN 将流量引至安全运营中心。不同企业资源被分配不同的公网 IP 地址，以确保安全运营中心能够识别流量所属的租户企业。

❑ SASE 运营中心通过内部的业务交换设备，通过目的 IP 识别不同租户的流量，并通过 PBR（Policy-Based Routing，策略路由）的三层网络引导策略，将租户流量统一引至 SASE 资源池。

❑ SASE 资源池通过流量编排器将不同租户的流量编排至相应租户的服务链上，通过租户订阅的安全服务完成 SASE 订阅服务的处置。

❑ 对于租户企业的零信任内网访问服务，移动终端的流量通过 SDP 网关提供流量的准入，分支终端的流量通过 SD-WAN 网关提供流量准入。随后，这些流量被引至零信任控制的安全服务中进行防护。

❑ SASE 运营中心与位于业务部署 IDC 机房的业务系统之间建立隧道，并在流量中加上租房企业的标签。需要防护的流量通过隧道传输至业务部署 IDC 机房的实际业务系统。

4.4　统一公网安全访问解决方案

针对统一公网安全访问场景，有两种 SASE 解决方案。

❑ **云端统一公网出口，集约安全防护和运营管理**：这一解决方案的核心思想是将各个分支的出口上网流量通过 SD-WAN 等方式汇聚至云端的统一公网出口。在这个云端公网出口处，部署高性能的安全能力，对上网流量进行集中安全防护。同时，通过云端的安全运营中心对这些安全能力进行统一管理，提供集约的安全运营服务。

❑ **分支边缘安全能力一体化，云端安全运营集约管理**：这一解决方案的核心思想是将安全能力下沉到企业分支边缘，同时将安全运营和事件处置集约管理在云端。在企业的各个分支出口，同时部署一体化和轻量化的安全能力。这些能力负责对分支出口上网流量进行安全防护。然后，云端的安全运营中心负责统一管理安全运营和事件处置，实现对分支安全能力的集中管理。

4.4.1　云端统一出口解决方案

在统一公网安全访问场景中，存在企业分支较多，但每个分支上网人员较少，用于 IT 和安全建设的费用较少，且无专职的人员对于上网的合规要求和上网流量进行安全运营的问题。在该业务场景下，企业人员规模比较小，且分支出口流量带宽较小，故可通过网络服务将流量收敛于 SASE 云端统一出口，并分别为各分支流量打上租户标签，然后在 SASE 云端统一出口通过部署 SASE 共享资源池的方式，对不同分支的租户流量进行上网流量的安全运营，如图 4-8 所示。

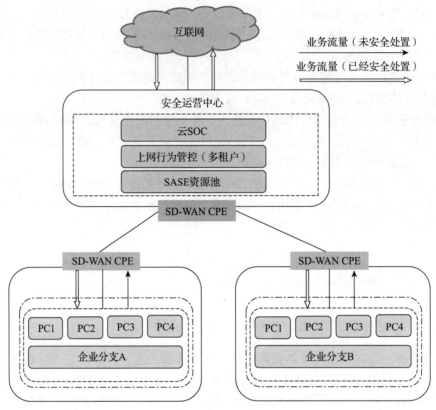

图 4-8　云端统一出口解决方案

将分支流量汇聚于云端，并通过 SASE 资源池统一提供安全能力，再通过安全运营中心的公网出口统一访问公网。该解决方案要提供如下能力。

❑ 分支机构通过 SD-WAN 的组网能力将流量引流至安全运营中心，并通过 SD-WAN 为不同企业分支的流量打标签，以便安全运营中心能够识别流量所属的企业分支。

❑ 安全运营中心通过内部的业务交换设备，将不同租户的 SD-WAN 标签的流量与 SASE 资源池进行对接，将租户流量统一引至 SASE 资源池。

❑ SASE 资源池边界网关（如 POP 边缘网关）支持多租户隔离技术，如通过虚拟路由转发（VRF）技术，将 SD-WAN CPE 中不同分支具备租户标签的流量与不同 VRF 的入接口对接。该对接技术能够有效避免出现分支原先的内网存在冲突 IP 的情况，分支企业的内网 IP 无须重新规划，可平滑接入云端。

❑ 由资源池中安全能力（如上网行为管理）处理完毕之后的流量，通过云端的统一出口传输至公网。为了更好地对上网的威胁和异常行为进行溯源，可以将不同分支的、在云端汇聚的出口流量映射为不同的公网 IP，以便更好地溯源异常用户。

4.4.2　地端多地联动解决方案

在特定的统一公网安全访问场景中，涉及的分支企业的人员规模相对较大，且公司拥有一定的安全预算以及一定程度的安全硬件采购能力。然而，这些企业在统一安全上网方面缺乏合规要求，也缺乏对上网流量进行监控与运营的能力。在这种情况下，尽管企业的规模较大且分支出口的带宽较大，但将流量通过网络服务汇聚至 SASE 云端统一出口的解决方案会带来较高的带宽成本，这使该解决方案变得不可行。

为了解决这个问题，可以在各个分支出口分别部署轻量化的 SSE 设备，并根据每个出口的带宽选择适配的硬件型号。接着，通过 SSE 云安全运营中心的云 SOC 平台将这些设备进行联动，从而形成地端多地联动的解决方案，如图 4-9 所示。

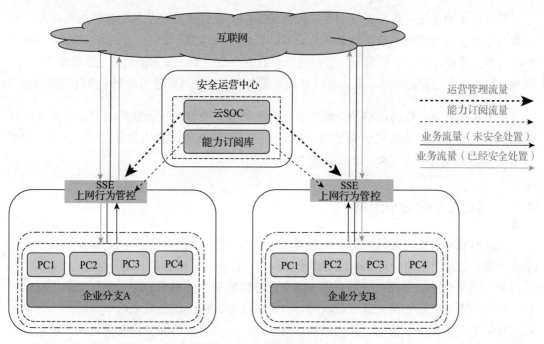

图 4-9　地端多地联动解决方案

在分支出口部署轻量化的 SSE 硬件，并通过云端能力订阅上网行为管控能力，下沉到分支出口进行上网流量的管控。以下是该解决方案应提供的关键能力。

- ❑ **SSE 设备硬件出口部署**：在各企业分支的出口位置，统一部署轻量化的 SSE 硬件设备。这些设备将会集中处理分支上网流量，确保上网行为的安全与合规。
- ❑ **SSE 设备订阅上线网络能力**：通过与云端进行通信，SSE 设备订阅基本的出口网关网络能力，以便在网络出口执行 NAT 操作。这将确保内部流量在访问公网之前经过必要的地址转换。

❑ **SSE 设备订阅上线安全能力**：SSE 设备还会通过与云端通信，订阅安全能力。这包括在网络出口部署上网行为管理能力，以便对内部流量进行安全防护和异常行为的识别。这有助于实时监控和保护上网流量的安全性。

❑ **云端的云 SOC 平台**：一个位于云端的云 SOC 平台会集中收集所有分支 SSE 的安全日志，将安全事件进行汇总。安全运营中心会指派专家处理这些安全事件，采取适当的安全措施。通过云 SOC 平台，专家们可以对安全策略进行调整，并将更新的策略传输到各个分支的 SSE 上。

4.5　云地联动安全服务解决方案

对于中小型金融和政务企业而言，运营场景中的业务流量和业务数据都必须符合严格的合规标准。这些流量和数据需要在其管辖区域内进行检测和处理，绝不允许跨越其网络环境边界。然而，由于预算有限，这些行业中的中小型企业往往无法购买足够的安全设备。同时，技术团队的能力可能不足，难以有效发现安全威胁并采取适当的安全事件处理措施。

鉴于这些企业面临的严格的合规要求和有限的安全预算，云地联动的安全服务应运而生。云地联动安全服务还可满足等保合规要求。这种创新型的解决方案采用了云端 SASE 与地端 SSE 相结合的方式来提供安全能力。

4.5.1　SASE 地端安全服务

企业通常需要购买运营商的带宽资源来访问互联网，同时，一些核心业务可能还需要专线方案，这些费用对于企业来说是相当可观的。若企业采用云端 SaaS 化的安全服务，通过订阅方式获取对应资源，就需要将一部分业务流量从本地引至云端，进行安全清洗和防护，再传回本地，最终再上载至互联网。然而，这种做法可能会带来两个问题：一是企业的出口带宽需求将成倍增加，从而增加运营成本；二是整个访问链路变得更长，再加上网络质量的波动，会显著影响用户的上网体验，降低工作效率。那么，如何在享受 SASE 提供的安全 SaaS 化服务的同时，节省带宽成本，又不影响用户体验呢？这就需要在两者之间找到一种相对的平衡，而 SASE 地端安全服务正是应对这种情况的解决方案。

SASE 地端安全服务主要依赖于之前介绍过的 SSE 边缘设备。企业在本地网络的边缘部署 SSE 网关，将所有需要安全防护的流量引导至此网关。在这个网关上，企业可以根据需要订阅防火墙、入侵防护、全流量分析、Web 应用防火墙等安全能力。这些能力主要涵盖流量层面的安全检测，让企业的上网流量得以保持在内部，实现一部分流量的本地安全检测。同时，SSE 设备将本地安全能力的安全日志通过加密通道发送至云端的 SOC 进行统一的安全分析，以识别安全风险。在需要对某些安全问题进行处理和封闭时，云端 SOC 会下发相应的策略至地端的安全能力，由其进行响应和处置，从而形成安全问题的完整闭环。SSE 设备地端安全服务的部署示意如图 4-10 所示。

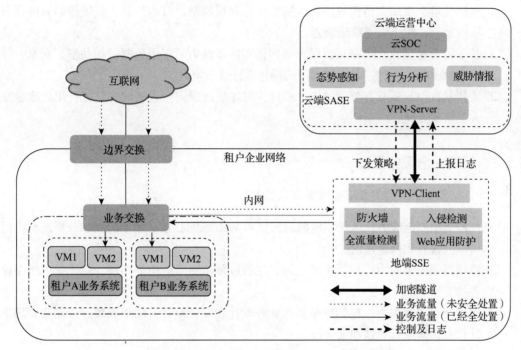

图 4-10　SSE 设备地端安全服务的部署示意

依靠地端 SSE 设备和安全能力，针对企业比较关注的主要安全服务进行扩展，以满足企业对自身业务的访问和企业员工安全上网的需求。可以在地端提供的典型安全服务包括防火墙服务、入侵检测服务、Web 应用防护服务及其他全流量检测服务，这些服务主要为了实现如下两个目标。

1）上网行为管理：

❏ 统计用户对各种应用的使用情况，如聊天软件、游戏、下载工具、在线视频等。监控聊天内容、下载记录和音视频观看行为。应用识别能够限制某些应用的使用，包括限制使用的时间段。

❏ 限制用户对特定网站的访问，包括禁止访问某些网页或限制用户只能访问特定网站。违规访问会触发告警。对于非法或恶意网页，可以直接过滤，从而降低法律风险。

❏ 统计用户的上网时间、应用流量和应用分布等信息，用于记录内网用户的上网行为。这些统计数据在网络违法违规事件发生时可以作为追踪和证据。

2）数据防泄露：

❑ 提供机密或敏感文档的加密保护，确保在不影响正常使用的情况下，防止机密数据资产的丢失和泄露，避免额外的损失。

❑ 通过技术手段如文档读写控制、拖放、剪贴板控制、打印控制、截屏控制和内存窃取控制等，防止机密数据泄露。

❑ 基于用户身份、权限和文档保密级别，实施多种访问权限控制，如共享、交流、导出或解密等。同时，对机密文件的操作事件进行审计。

❑ 监控和自动分析所有外发的电子邮件，对违反数据安全策略的邮件进行阻止或触发人工审批流程。

4.5.2 云端安全服务设计

云端 SASE 提供三类主要的非流量安全能力。

❑ **扫描类型安全能力**：包括主机漏洞扫描和 Web 漏洞扫描，用于检测和分析漏洞，提供漏洞报告和修复建议。

❑ **终端类型安全能力**：包括主机杀毒、主机威胁检测与响应等功能，用于保护终端设备的安全。

❑ **审计类型安全能力**：包括堡垒机的业务审计和安全审计，用于收集、存储和管理审计信息，确保合规性和安全性。

云端安全能力分类如图 4-11 所示。

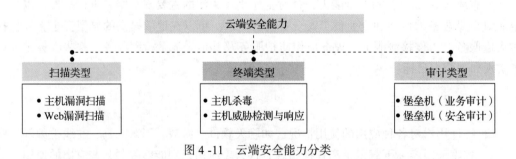

图 4 -11　云端安全能力分类

1. 扫描类型安全能力技术原理

　　通过定期扫描租户企业的资产，检测并分析潜在漏洞，生成漏洞报告和修复建议。由于不同租户在不同时间有扫描需求，可采用资源分时复用方式，通过云端平台的资源调度器，在不同时间段共享同一扫描资源，提高资源利用率。在部署上，通过租户隧道在云端 VPN-Server 端和租户的 VPN-Client 之间建立连接，实现租户资产和云端安全能力的互通。

云端 SASE 在部署扫描服务时，通过运营平台的调度管理器将扫描器切换到对应租户的
VPN 中，执行主机漏洞扫描和 Web 漏洞扫描，生成漏洞分析报告和修复建议，实现漏洞管
理闭环。资产扫描方案的部署示意如图 4-12 所示。

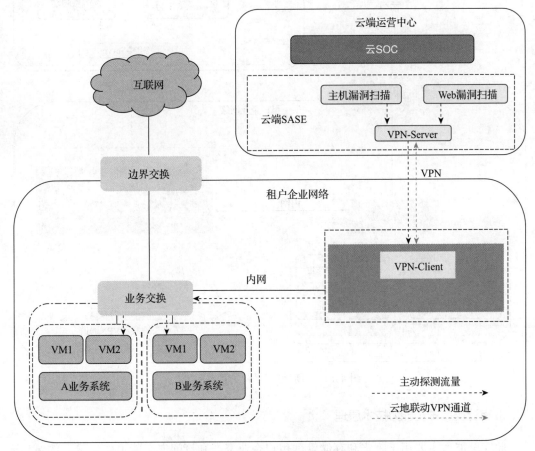

图 4-12　资产扫描方案的部署示意

2. 终端类型安全能力技术原理

在租户企业的资产上部署安全终端，通过与云端平台进行实时流量交互，实现对企业
资产的杀毒和威胁检测响应。每个租户的资产终端需要实时与云端平台进行流量管理，终
端设备内置租户标签，通过此标签对各个租户资产进行安全策略管理。在部署上，通过租
户隧道建立连接，在云端的 VPN-Server 端和租户的 VPN-Client 之间，实现租户资产和云
端终端平台的互通。租户企业的安全终端通过与租户企业对应的隧道与云端终端平台进行
实时交互，上报终端检测信息，并由云端终端平台实时对地端终端进行杀毒和资产隔离等
操作。对应终端平台的部署示意如图 4-13 所示。

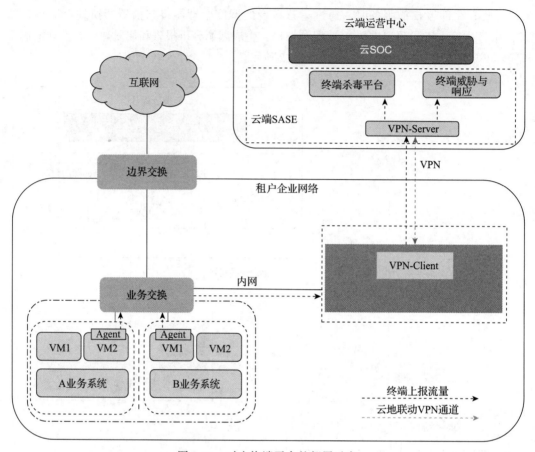

图 4-13　对应终端平台的部署示意

3. 审计类型安全能力技术原理

此安全能力主要用于收集和存储管理租户企业资产和订阅安全能力的流量，并保存至少 6 个月的历史数据。每个租户资产的审计操作和日志信息需要与云端每个租户企业的多个资产的管理口进行实时交互，这些管理口对应租户独享的堡垒机，用于存储审计信息。在部署上，云端的 VPN-Server 通过租户隧道连接到租户的 VPN-Client，实现租户资产和云端审计能力的互通。租户企业的管理人员首先登录云端运营平台，跳转到租户独享的堡垒机，再通过堡垒机访问云上订阅的安全能力和地端的业务资产的管理口，从而进行安全管理操作。审计安全能力的部署示意如图 4-14 所示。

4.5.3　云地联动解决方案

云地联动安全通道（见图 4-15），在云端 SASE+ 地端 SSE 方案中扮演关键角色，它确保了联动信息传输的保密性和完整性。

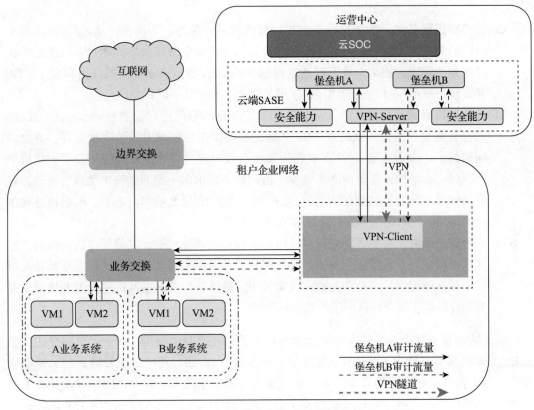

图 4-14　审计安全能力的部署示意

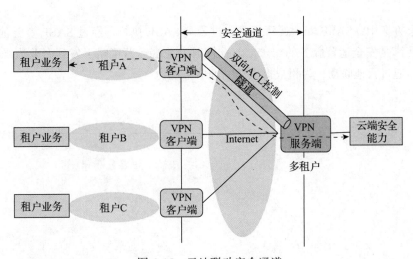

图 4-15　云地联动安全通道

该安全通道是云地联动安全服务解决方案的重要组件，主要涉及以下 3 个方面的技术实现。

❑ **云端隧道服务端**：这个部分负责支持隧道和租户标签。不同租户通过 VPN 连接到相同的 POP 边缘 VPN 网关。因此，VPN 网关需要能够识别不同租户，以满足多租户场景的需求。通常，这可以通过将创建的 VPN 隧道绑定到虚拟路由转发（VRF）来实现，每个 VRF 与一个租户 ID 相关联，从而区分不同租户。

❑ **云地隧道暴露面控制**：这一部分负责支持隧道的双向访问控制列表（ACL）规则。只有云端安全能力和地端资产的 IP 地址和端口在白名单中的访问被允许，其余访问被禁止。由于通过 VPN 方式将云端和企业内部网络连接，方便了安全扫描服务的同时，也增加了企业的潜在风险。因此，需要采取一定的措施来加强安全性。这包括针对不同业务类型的 ACL 规则控制、增加 IP 黑名单和白名单、限制地址和端口的访问时间和范围等方式来增强安全性。

❑ **云地安全通道**：这个部分支持双链路备份和自动恢复机制，以确保隧道的高可靠性和高可用性。为了保证业务的高可靠性和高可用性，安全通道本身也需要具备高可靠性和高可用性。一种常见的方式是采用双链路备份机制以及链路检测和快速恢复机制，以实现隧道的高可用性和高可靠性。

云地联动服务解决方案将安全能力分为两大类别：流量类型能力（下沉至网络边缘的 SSE）和非流量类型能力（上移到云端 SASE 安全能力）。通过建立最小暴露面的云地联动安全通道，实现云地之间的安全连接，从而全面部署安全能力。云地之间的联动操作受统一的云端 SOC 平台管理，这样可确保安全运营的一致性。云端 SASE+ 地端 SSE 联动的安全能力部署示意如图 4-16 所示。

在这个方案中，SASE 安全运营策略通过云端 SASE 执行，经过 SASE 资源池和相关组件的处理，满足安全运营服务的需求。与此同时，地端运营策略下发到企业边缘的 SSE 设备上执行，通过云地联动，为租户提供产品即服务能力。

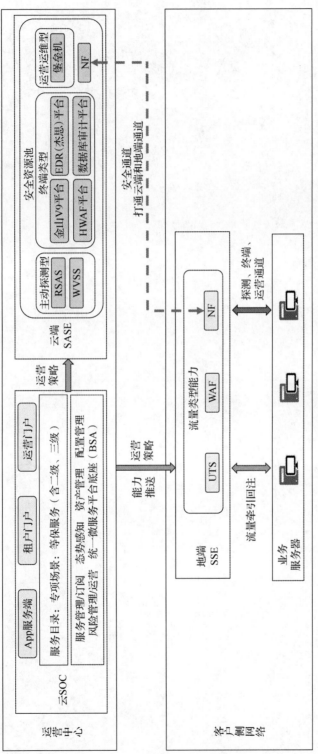

图 4-16　云端 SASE+ 地端 SSE 联动的安全能力部署示意

进阶篇

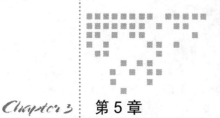

第 5 章

SASE 架构设计目标和原则

SASE 架构将网络服务和功能集成到一个云服务平台中，该架构可以帮助组织简化网络和安全架构，并为用户提供可靠、高效、安全的访问网络和云应用的方式。SASE 架构设计主要基于以下两个核心理念：一是边缘化理念，将安全性、网络和应用程序功能从数据中心"边缘化"，使其更接近最终用户或设备，从而提供更快速的响应和更好的用户体验；二是集成理念，将网络安全和网络边缘功能集成到一个统一的云服务平台中，从而使其更容易管理和部署。

本章通过对 SASE 架构设计目标和原则的介绍，为后续架构规划和设计提供相应的指导，以满足核心设计理念。

5.1 SASE 架构设计目标

SASE 架构的设计目标是为组织提供一个简化、安全、高效、灵活的网络和安全架构，以满足现代业务的需求，并提供更好的用户体验。SASE 安全是允许客户通过订阅方式快速赋能企业安全的一个全新的网络安全解决方案，订阅安全服务的客户包括各规模和各类型的企业、互联网及零售等，具有业务分布地域较广的特点。SASE 架构的设计目标可以从功能性和非功能性两个方面分别进行描述。

5.1.1 功能性设计目标

本小节从 SASE 建设者、SASE 客户以及 SASE 运营者视角描述 SASE 架构的功能性设计目标。

1. SASE 建设者视角

从 SASE 建设者视角来看，SASE 架构的功能性设计目标包括以下内容：

❑ 支持基础设施在多地的分布式部署，以便地域分散的客户甚至企业分支分布在全球的客户能够以最小的网络延时接入基础设施并享受服务。

❑ 支持基础设施在主流公有云上部署，以便在业务全球化开展过程中，快速利用全球已经广泛部署的公有云资源来建设安全服务基础设施。

❑ 支持多地基础设施的统一管理和运营，实现运营专家的集中投入以及对安全事件的集中响应和处置，确保 POP 节点策略一致性。

❑ 通过将所有网络和安全服务集成到一个平台，提供更简单的部署和管理方式，同时降低成本和复杂性。此外，还应提供高度可扩展和灵活的架构，以便能够轻松地应对企业不断变化的需求。

2. SASE 客户视角

从 SASE 客户视角来看，SASE 架构的功能性设计目标包括以下内容：

❑ 支持足够小的容量和性能规格的网络与安全能力分配，例如低至面向 10MB 业务流量和 1 个资产的安全服务。由于存在较小规模的客户 IT 基础设施，SASE 安全服务商应能提供与客户需求相匹配的容量和性能服务规格。

❑ 支持对在线业务的容量和性能进行平滑弹性扩展。客户在业务发展进程中，需要在不影响业务的情况下对订阅的安全能力的容量和性能进行弹性部署。

❑ 支持细粒度的安全服务的订阅能力，比如访问控制规则、恶意文件检测、跨站攻击防护等，以便能将各种安全能力组合成客户所需的基于场景的安全解决方案。

❑ SASE 用户希望能够在任何地点、任何时间、任何设备上轻松地访问企业应用和数据，并享受高速的网络连接和无缝的用户体验。

3. SASE 运营者视角

从 SASE 运营者视角来看，SASE 架构的功能性设计目标包括以下内容：

❑ 单个安全能力订阅的计算资源（如 CPU、内存）最小化，以便降低运营成本，提升服务利润。

❑ 控制单个安全能力程序 / 镜像的存储空间占用以降低系统资源，以及通过在线方式进行能力部署和更新时占用较小的带宽资源。

❏ 统一各个安全能力的公共基础库和组件，公共组件下沉至技术底座，降低重复的计算资源占用，从而降低系统整体服务的资源占用。

❏ 运营者还应注重提供全面的网络和安全监控，以便能够实时检测和响应各种威胁与攻击。运营者希望通过可靠的故障恢复和备份机制，确保服务的连续性和可用性。

5.1.2　非功能性设计目标

SASE 服务给租户企业提供全生命周期的在线服务，为了满足客户业务的延续性，同样需要重视非功能性需求设计，主要包含以下 5 个方面。

❏ **服务质量可观测性**：服务质量可观测，包含计算资源、存储资源、网络资源和服务资源的可观测，涉及 CPU 和内存使用率、存储容量和使用率、网络带宽和时延，以及服务的容器实例或应用程序的响应时间、稳定性和可用性等指标的承诺。

❏ **SASE 服务可靠性**：整体服务的可靠性，主要从 SASE 服务的 POP 节点流量接入接出、服务 POP 节点安全服务链，以及服务 POP 节点的多地灾备等方面进行架构设计考虑。通过高可靠的设计，确保 SASE 服务的持续性和可用性，如通过多数据中心、备份系统和故障转移技术等方式实现。

❏ **云端服务的多租户隔离要求**：以租户订阅的视角，对订阅的网络服务、产品即服务、安全即服务进行整体租户化隔离设计，保证租户的业务和数据安全，减少网络横向攻击的暴露面。通过数据隔离防止租户之间的数据泄露或误操作，确保租户之间的数据不会相互干扰；通过资源隔离提供租户各自独立的资源分配策略；通过管理隔离提供租户独立的管理策略。以上隔离手段需要配以安全审计和认证授权机制来实现。

❏ **SASE 服务的兼容性**：SASE 服务的兼容性包括集成兼容性、应用程序兼容性、网络兼容性和云兼容性等方面。在集成兼容性方面，SASE 服务应能将不同厂商和产品形态的网络与安全能力集成为统一服务，实现高效和无缝的工作流程；在应用程序兼容性方面，SASE 服务应能够与现有应用程序相兼容，以便用户可以继续使用他们熟悉的应用程序和工具；在网络兼容性方面，SASE 服务应能够与各种网络技术相兼容，包括传统的 WAN、LAN 和互联网等技术，以便用户可以灵活地选择他们的网络环境；在云兼容性方面，SASE 服务应能够与各种云服务相兼容，包括公共云、私有云和混合云等，以便用户可以灵活地选择他们的云环境。

❏ **基础设施合规性**：SASE 服务提供商需要确保其服务的合规性，以满足客户的合规性要求。提供商应该符合相关法规和标准，并采取适当的措施，以确保服务的安全和合规性。例如在数据隐私和安全性方面，SASE 服务提供商需要确保客户数据的机密性、完整性和可用性，服务应该符合相关的隐私和安全法规，如《中华人民共和国数据安全法》《通用数据保护条例》（General Data Protection Regulation，GDPR）、《健康保险携带和责任法案》(Health Insurance Portability and Accountability Act，HIPAA）等。

5.2　SASE 架构设计原则

确定 SASE 架构设计原则是架构设计过程中至关重要的一环。明确的 SASE 架构设计原则，可以确保架构的安全性、可靠性和性能，同时可以提高透明度、简化管理和增强灵活性，帮助架构人员设计出高质量、易于维护和可扩展的 SASE 架构，满足企业在云计算时代的网络安全访问和连接需求。

5.2.1　零信任原则

SASE 架构下，对服务资产的访问需要遵循零信任原则。零信任原则是一种基于最小化信任原则的网络安全模式，它将用户、设备、应用和数据视为不可信，为了确保访问的安全，必须先验证它们的身份和授权状态，这个验证通过评估网络访问的信任关系来实现。评估的结果会决定是否允许访问、以何种方式访问以及允许访问的范围和内容。这个过程可以建立对服务资产访问的安全访问控制机制，保护租户对订阅服务资产的管理操作和服务专家对订阅服务资产的运营操作的安全。

在 SASE 架构中，遵循零信任访问服务资产原则的作用主要有以下几点。

❏ **提高安全性**：通过强制执行身份验证和授权，可以防止未经授权的访问和恶意活动。这有助于保护敏感数据和重要资产，防止数据泄露和网络攻击。

❏ **简化访问控制**：零信任访问服务资产原则可以简化访问控制。每个用户都需要进行身份验证和授权，这使管理访问控制规则变得更加容易。这也有助于减少错误操作和人为错误，提高操作效率。

❏ **提高灵活性**：零信任访问服务资产原则使得管理员可以更灵活地控制用户访问资源的方式和范围。管理员可以根据具体需求，对不同用户和设备进行不同的授权控制，以达到最佳的安全性和效率。

❏ **降低成本**：由于访问控制和安全功能已经内置在云服务中，因此不需要购买和维护独立的安全设备与软件。这可以减少 IT 部门的工作量，并降低总体成本。

因此，遵循零信任访问服务资产原则是 SASE 架构中实现安全性和灵活性的关键。它可以提高网络安全性、简化访问控制、提高灵活性、降低成本，从而实现更高效的网络安全管理。

5.2.2 多租户隔离原则

针对多租户业务流量和数据隔离原则，SASE 服务提供商通常会在云端各地的 POP 节点上提供安全能力，以保护租户的业务流量。在租户的流量被处理后，SASE 服务提供商会将服务相关的网络和安全日志等数据存储在 POP 节点上。为了确保不同租户的流量相互隔离，服务提供商会使用接入网络设备的虚拟路由转发（VRF）和 VxLAN 等技术，对接入流量进行租户隔离，通过将接入流量导入租户各自的安全服务链，并使用不同的编排资源和链路来确保租户流量相互隔离。

此外，服务提供商还会划分租户独享的加密存储区域，以确保不同租户之间的数据隔离。这种方法可以防止未经授权的租户访问其权限范围之外的数据，从而保护租户的数据安全。多租户业务流量与数据流量隔离原则可以实现如下效果。

- ❏ **提高安全性**：通过将不同租户的业务流量和数据流量分离，可以防止一些潜在的安全威胁，比如跨租户攻击。这有助于保护敏感信息和数据，提高安全性。
- ❏ **避免数据泄露**：通过多租户业务流量与数据流量隔离，可以避免不同租户之间的数据泄露。这可以保护客户的隐私和敏感信息，避免数据泄露带来的负面影响。
- ❏ **提高可靠性**：通过将不同租户的业务流量和数据流量分离，可以提高系统的可靠性。如果一个租户的流量出现问题，不会影响其他租户的流量，从而避免出现单点故障。
- ❏ **提高性能**：通过多租户业务流量与数据流量隔离，可以提高系统的性能。对不同租户的流量进行隔离，可以减少不必要的干扰，提高系统的响应速度和性能。

因此，遵循多租户业务流量与数据流量隔离原则是 SASE 架构中实现安全性、可靠性和性能的关键。它可以提高网络安全性，避免数据泄露，提高可靠性和性能，从而实现更高效的网络安全管理和数据保护。

5.2.3 安全性原则

在 SASE 架构设计中，安全性是最重要的考虑因素。企业必须在业务的每个阶段中都考虑安全性，以防止任何威胁的产生，确保企业网络和数据的安全。针对安全性实践，业界谈论最多的是安全前移和安全左移。

安全前移是指将安全性考虑放在软件开发的早期阶段，例如在设计和编码阶段，以便在生命周期的早期就可以识别和解决潜在的安全问题。这样做可以减少在生产中发现安全漏洞的数量，并减少修复漏洞的成本和时间。安全前移强调预防性措施，鼓励开发人员在编写代码时考虑安全性，例如使用安全编码准则和工具进行静态分析、代码审查、漏洞测试等。

安全左移是指在安全事件发生前尽早识别潜在的威胁和风险，并采取预防性措施，以便在实际攻击发生之前消除或减轻损失，其主要强调预测和应对措施，包括使用情报和威胁情境分析等技术来识别潜在的攻击者和攻击方式，并采取相应的预防措施来保护系统。

虽然安全前移和安全左移有所不同，但它们都将安全性作为整个软件开发生命周期的一个关键方面，并将安全性的考虑提前到生命周期的早期阶段。这样可以帮助开发人员和安全专家更早地识别和解决潜在的安全问题，从而提高软件的安全性和可靠性。

在 SASE 架构设计中遵循安全性原则有以下作用：

❑ **提高网络安全性**：SASE 架构采用了多种安全技术，如网络防火墙、入侵检测和防御系统、虚拟专用网络（VPN）等，以提高网络的安全性。这些技术可以检测和阻止恶意流量，并确保仅授权的用户才能访问网络资源，从而提高网络的安全性。

❑ **保护应用程序和数据**：SASE 架构通过使用访问控制和身份验证技术，保护应用程序和数据免受未经授权的访问，防止数据泄露。这些技术可以确保只有授权用户才能访问应用程序和数据，从而保护其安全性。

❑ **增强设备安全性**：SASE 架构还可以保护设备的安全性，例如，通过实现终端安全策略来保护终端设备免受恶意软件和网络攻击的影响。这有助于提高设备的安全性，确保数据和应用程序不受到威胁。

❑ **提高网络可见性**：SASE 架构提供了实时的网络可见性和威胁情报，这有助于网络管理员快速识别并应对网络中的安全威胁和攻击。通过提供准确的网络可见性，网络管理员可以更快地检测和解决网络安全问题，从而提高网络的安全性。

❑ **简化安全管理**：SASE 架构通过将多个安全服务整合到一个云服务中，简化了安全管理，同时提高了安全性。这可以降低管理成本，提高效率，同时确保网络的安全性。

因此，在 SASE 架构设计中遵循安全性原则有助于保护网络、应用程序、数据以及终端设备免受各种安全威胁的攻击并减轻风险。这可以提高网络的安全性、可见性和可靠性，同时简化安全管理，降低管理成本，提高效率。

5.2.4　架构灵活原则

在 SASE 架构设计中，灵活的设计原则指的是架构的可配置性和可定制性，以便能够适应客户不断变化的业务需求和业务流量。在可配置性方面，应该可以轻松配置架构以满足不同的业务需求。这可以通过采用可编程的网络技术和 API 来实现。在可定制性方面，架构应该能够定制以适应客户的不同业务需求。这可以通过采用可编程的安全策略和服务来实现。

在 SASE 架构设计中遵循架构灵活性原则可以为企业带来以下益处。

- ❏ **支持多种部署模式**：SASE 架构可以以公共云、私有云、混合云和本地部署等多种方式进行部署，以适应不同组织的业务需求和安全要求，这使得组织可以根据实际情况选择最适合其需求的部署模式。
- ❏ **可定制化**：SASE 架构具有高度可定制性，可以根据组织的具体需求和安全策略进行定制化配置，确保组织的网络安全符合其业务需求和安全要求。
- ❏ **高可扩展性**：SASE 架构是高度可扩展的，可以随着组织的业务需求和规模的扩大而扩展，这使得组织可以轻松地增加或减少其网络和安全资源，以满足不断变化的业务需求。
- ❏ **统一管理**：SASE 架构提供了一个统一的管理平台，组织可以轻松地管理其网络和安全资源，大大简化管理工作，提高效率。
- ❏ **增强灵活性**：SASE 架构中的各个安全服务可以在云端实现，因此组织可以灵活地调整其网络和安全资源，以适应不同的业务需求和技术趋势，以及快速变化的商业环境。

因此，在 SASE 架构设计中遵循架构灵活性原则可以帮助组织适应不断变化的业务需求和技术趋势。这可以提高组织的灵活性和敏捷性，使其更快地适应市场的变化，从而保持竞争优势，提高网络和安全资源的利用效率，降低成本。

5.2.5　可观测原则

在 SASE 架构设计中，可观测原则可以从应用和资源两个角度来探讨。应用角度的可观测原则是应用程序的可见性和可监控性，以便能够在程序出现故障或安全问题时快速诊断和解决问题。资源角度的可观测原则可以帮助客户快速发现和解决计算资源、网络资源、存储资源的问题，提高资源的利用效率和性能。

从应用的可观测角度来看，可以通过日志记录、监控和分析、故障排除等方式来实现。

- ❏ **日志记录**：应用程序应该记录所有重要事件和异常，以便能够在出现故障或安全问题时快速诊断问题。
- ❏ **监控和分析**：应用程序应该可以监控其性能和行为，并对其进行分析，以便能够发现问题和改进性能。
- ❏ **故障排除**：应用程序应该具有故障排除功能，以便能够快速诊断和解决问题。

从资源的可观测角度来看，可通过对资源的监控和分析、自动化管理等方式来实现。

- ❏ **监控和分析**：应该可以监控计算资源、网络资源、存储资源的使用情况和性能，并对其进行分析，以便进行管理和优化。

❑ **自动化管理**：计算资源、网络资源和存储资源应该可以自动化地管理和调整，以便满足不同的业务需求和流量。

在 SASE 架构设计中遵循可观测原则的作用如下：

❑ **实时监控**：SASE 架构提供了实时监控网络和安全事件的功能。通过实时监控，组织可以快速识别和解决网络与安全问题，减少对业务的影响。

❑ **可视化分析**：SASE 架构提供了可视化分析网络和安全事件的工具。这些工具可以帮助组织更好地理解其网络和安全状态，从而更好地规划和优化其网络与安全资源。

❑ **自动化响应**：SASE 架构可以自动响应网络和安全事件。通过自动化响应，组织可以快速、准确地处理网络和安全问题，从而减少其对业务的影响。

❑ **数据整合**：SASE 架构可以整合不同来源的网络和安全数据。这可以帮助组织更好地理解其网络和安全状态，从而更好地制定其网络和安全策略。

❑ **预测性分析**：SASE 架构可以使用机器学习等技术进行预测性分析。这可以帮助组织预测潜在的网络和安全问题，从而提前采取措施防范潜在的风险。

在 SASE 架构设计中遵循可观测原则可以帮助组织快速识别和解决网络与安全问题，提高网络和安全资源的利用效率。同时，可观测原则也可以帮助组织更好地理解其网络和安全状态，从而更好地规划和优化其网络与安全资源，提高组织的整体效率和竞争力。

5.2.6　可伸缩原则

在设计 SASE 架构时应考虑可伸缩性，以应对业务的不断变化。架构应该具有足够的灵活性，以便能够适应新的业务需求和流量。可伸缩性的实现主要基于以下几个方面：

❑ **分布式部署**：SASE 架构将不同的网络和安全功能集成在一起，形成了一个全面的网络安全服务。为了保证系统的可伸缩性，SASE 的网络和安全业务通常以分布式的方式部署在不同的地理位置。这样做可以确保系统在处理大量流量时能够分散负载，从而避免单一节点过载的问题。

❑ **弹性计算**：SASE 架构中的不同组件都需要计算资源的支持，这些计算资源需要根据系统的负载情况进行弹性调整。为了实现这个目标，SASE 架构通常会采用自动化的资源管理工具，根据系统负载情况自动分配和回收计算资源，确保系统的可伸缩性和高效性。

❑ **容错性设计**：为了确保系统在出现故障时不宕机，SASE 架构通常采用容错性设计。这包括在系统中设置冗余节点，确保即使一个节点出现故障，系统仍然可以正常运行。此外，SASE 架构还会采用自动故障转移技术，确保在发生故障时，系统可以快速恢复。

在 SASE 架构设计中遵循可伸缩原则的作用如下：

❑ **适应业务需求变化**：SASE 架构设计中的可伸缩性可以帮助组织根据业务需求变化快速调整网络和安全资源，从而保证业务的连续性和高效性。

❑ **支持网络规模扩大**：SASE 架构设计中的可伸缩性可以帮助组织快速扩展网络规模，从而适应不断增长的网络流量和用户数量。

❑ **提高资源利用效率**：SASE 架构设计中的可伸缩性可以帮助组织更好地利用网络和安全资源，从而提高资源利用效率，减少资源浪费。

❑ **降低总体成本**：SASE 架构设计中的可伸缩性可以帮助组织更好地规划和管理其网络与安全资源，从而降低总体成本。

在 SASE 架构设计中遵循可伸缩原则可以帮助组织应对不断变化的业务需求和网络规模，提高网络和安全资源的利用效率，降低总体成本，同时提高网络和安全系统的灵活性。

SASE 业务架构设计

在进入 SASE 业务架构设计讨论之前，我们需要对企业架构有一定的了解。一个企业要想保持业务的竞争力并不断成长，必须有一种战略规划和架构来作为指导，这个架构就是企业架构。企业架构不仅关注业务，更关注整个企业的生态系统，包括人员、流程、技术和信息等各方面的因素。它可以让我们更好地理解和把握企业的目标和发展方向，帮助我们更好地组织、管理和控制企业资源，同时保证业务和技术的高度协调和一致性。

然而，要构建一个完整的企业架构并不是一件容易的事情。企业架构需要从业务架构中逐渐演进，因为它需要根据业务的需求和目标来定义企业的战略和愿景。业务战略关注的是企业的组织结构、业务流程、业务功能、业务数据和商业模式等方面，它是企业架构的基础和起点。只有站在业务战略架构的基础上，我们才能进一步考虑如何构建企业架构，并设计出相应的数据架构、应用架构和技术架构等。企业架构如图 6-1 所示。

从图 6-1 所示的三个层级可知，企业战略是企业长期发展的指导方向和决策依据。战略决定业务指的是企业制定战略后，根据战略目标和方向来确定业务的发展方向和重点。战略决定业务的内容，包括业务范围、市场定位、产品创新、合作伙伴选择等。企业战略的正确性和有效性对业务的发展至关重要，它决定了企业应该投资哪些业务领域、开展哪些产品和服务，以及如何与市场竞争对手进行差异化竞争。

6.1　企业架构中的业务架构

企业战略层决定业务架构层。企业战略层的决策确定了企业的长期目标和愿景，以及战略规划。这些决策会直接影响业务架构层的设计和发展方向。企业战略层定义了企业的使命和核心价值观。这些价值观会指导业务架构层的组织结构、业务流程、业务功能、业务数据和商业模式的规划和设计。

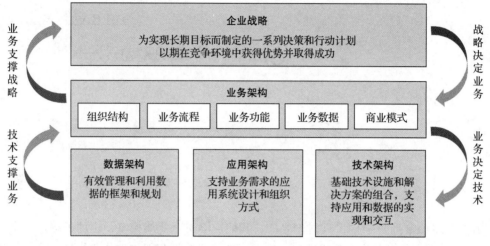

图 6-1　企业架构示意图

业务架构层定义了企业的组织结构、业务流程、业务功能、业务数据和商业模式。这些决策会对数据架构、应用架构和技术架构层的设计和实施产生影响。业务架构层确定了企业的业务需求和业务流程，这些需求将直接影响数据架构层的数据管理和数据流程设计，以及应用架构层的应用系统规划和集成方式。业务架构层还确定了企业的组织结构和商业模式，这些决策会影响技术架构层的技术基础设施规划和安全策略。

自底向上，技术架构为应用架构和数据架构提供底层的技术支持和基础设施，应用架构将技术能力转换为实际的应用系统，支持数据架构的数据处理和管理，而数据架构为业务架构提供数据基础和支持，使业务架构能够有效地实施和运作，最终实现企业战略的目标和愿景。这些层次之间形成了一个从下往上的支撑关系，确保企业战略的制定和执行与底层的技术、应用和数据能力相互配合和支持。

企业架构可以辅助企业完成业务及战略规划，是企业整体规划的核心。在业务战略方面，它定义企业的愿景、使命、目标、驱动力、组织架构、职能和角色；在技术战略方面，定义业务架构、应用架构、数据架构和技术架构，是技术战略规划的最佳实践指引。

业务架构在整个企业架构中处于承上启下的关键位置（见图 6-2）。

❑ 承上，业务架构承载了企业的战略目标和愿景，将其转化为可执行的业务计划和行动方案。它帮助企业理解战略方向并确定业务重点，为战略决策提供指导。

❑ 启下，业务架构为企业的各个业务部门和功能部门提供了清晰的指导，使其能够根据企业的战略目标来开展具体的业务活动。它为业务部门提供了统一的业务规划和流程，确保各个部门之间协同工作。

将公司战略转换为业务架构的过程，主要由业务架构师负责和参与，其通常由对企业业务和技术体系有深入理解和实践经验的人员来承担，以保障业务架构的规划合理性和流程高效性。

业务架构作为企业战略和技术实施之间的桥梁，将战略目标转换为技术需求和实施计

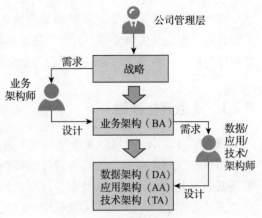

图 6-2　企业架构构建流程

划。它确保企业的数据架构、应用架构和技术架构能够满足业务需求，支持业务的高效落地。业务架构需要促进不同业务部门和功能部门之间的对齐和整合，提供一个共同的语言和框架，使各个部门能够理解彼此的业务需求和依赖关系，促进协同合作和优化业务流程。将业务架构转换为数据架构、应用架构和技术架构，主要依靠擅长数据、应用和技术的架构师与业务架构师紧密配合协同，以保障各个部门对业务架构的合理分解和完备协同。

6.2　业务架构设计框架

业务是指组织或企业为实现其目标而开展的各种活动的集合。它包括产品或服务的生产、销售、交付以及与之相关的各项运营活动。业务可以涵盖多个方面，如销售、市场营销、客户服务、供应链管理等。业务架构是描述和定义业务的结构、组织和运作方式的框架。它将业务划分为不同的领域、职能和流程，并定义它们之间的关系和交互。

本部分主要关注 SASE 业务架构，从 SASE 供应商的网络和安全服务的维度出发，旨在满足租户企业对灵活、可靠和安全的网络连接和安全保护的需求，并通过持续的运营来确保服务的有效性和持续性。

SASE 网络服务提供商提供基于云的网络架构，将租户企业的分支机构、移动用户和云资源连接在一起。同时提供灵活的网络连接选项，如 SD-WAN、VPN 组网等，以满足租户企业对应用访问的高可用性、低延迟和高带宽的需求。

SASE 安全服务提供商更为租户企业提供全面的安全保护，主要基于云端订阅，涵盖终端安全、访问控制、数据保护、威胁检测和响应等安全功能。这些服务通过云端的网络

服务、安全服务和运营服务等组件实现，为企业客户提供了综合的安全解决方案。

在 SASE 业务架构中，关键的运营活动包括网络和安全服务的订阅管理、性能监控、故障排除、安全事件响应等，此外，还包括服务级别协议（Service-Level Agreement，SLA）的制定与执行，客户支持和故障报告等运营活动。

6.2.1 业务架构蓝图

业务架构设计，可以以业务架构蓝图为框架来展开。业务架构蓝图是在组织或企业中，用于描述和规划业务方面的高级设计的模板。它提供了一个全面的视角，帮助组织理解和管理其业务方向和结构，以及业务流程之间的关系。它通过可视化和明确的方式，为组织内部成员提供了一个共同参考的框架，以促进协作、合作和沟通。业务架构蓝图主要包括以下几个部分（见图 6-3）。

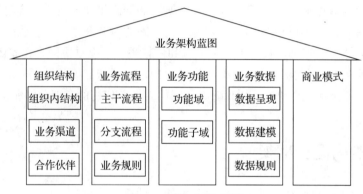

图 6-3　业务架构蓝图

1 . 组织结构

组织结构视图包括 3 个模块——组织内结构、业务渠道以及合作伙伴。

组织内结构是业务架构中的核心要素之一，它描述了企业内部各个部门、团队和岗位之间的关系和职责。组织内结构的设计需要考虑业务流程的有效性和协同性，确保不同部门之间的协作和信息流通顺畅。这包括确定领导层和管理层的角色与职责、部门的划分和职能的定义，以及沟通和决策机制的建立。

业务渠道是企业与客户之间进行业务交互的路径和方式。在业务架构蓝图中，需要明确业务渠道设计，包括直接销售、代理商、分销渠道、在线渠道等。对于 SASE 业务而言，业务渠道可能涉及在线平台、销售团队、合作伙伴等，需要确保渠道的覆盖范围和效率，以满足客户的需求并实现业务增长。

合作伙伴在业务架构中扮演着重要角色，特别是在 SASE 业务中，合作伙伴的支持至关重要。业务架构蓝图需要考虑合作伙伴的选择、合作关系的建立和管理，以及实现资源共享、技术整合和市场拓展等目标。合作伙伴可以是技术供应商、解决方案提供商、服务提供商或其他行业的合作伙伴，所有合作伙伴共同构建了一个协同合作的生态系统。

2. 业务流程

业务流程是将一系列业务活动经过一定的逻辑方式组合起来，以实现某种业务目标的过程。

主干流程是业务架构中的核心流程，它代表了企业的主要价值链或核心业务过程。这些流程通常涵盖企业的主要业务活动和关键环节，是实现企业战略目标的关键路径。针对 SASE 业务，主干流程可能包括客户需求收集、服务订购、部署和配置、运维管理等环节。

分支流程是主干流程的补充和延伸，用于处理主干流程中的特殊情况或特定需求。分支流程通常在主干流程中的某个环节或特定条件下触发，以满足不同客户或业务场景的需求。在 SASE 业务中，分支流程包括特殊需求的定制化配置、客户问题的解决、服务升级等。

业务规则是指业务过程中的规定和约束，用于指导流程的执行和判断。它们可以是企业内部的政策、标准、法规，也可以是外部的合规性要求或行业规范。业务规则确保业务流程的合规性、一致性和可控性。在 SASE 业务中，业务规则可以包括网络访问控制策略、安全审计要求、数据隐私保护规定等。

3. 业务功能

业务功能描述的是企业的业务价值链条，以及企业在提供产品或服务的过程中所涉及的一系列活动，涵盖原材料采购、产品销售到售后服务的全流程。它描述了企业如何将资源和能力转化为最终价值，并为客户带来满意的产品及服务体验。在业务架构蓝图中，价值链有助于明确企业的核心业务领域和价值创造点，帮助企业理解自身在价值链上的定位和竞争优势。

功能域是将企业的业务活动按照功能或业务领域进行分类的逻辑框架。它将企业的业务划分为不同的领域或部门，每个功能域负责特定的业务功能。例如，SASE 业务功能域可以包括 SD-WAN 网络业务、零信任内网访问、统一公网安全访问和企业等保测评等业务功能。通过功能域可以实现业务的分工与协作，并确保每个功能子域应具备的能力和责任。

功能子域是对功能域的进一步细分，是业务功能进一步拆分得到的更具体的子功能或子领域。它帮助企业更好地管理和组织业务活动，并将业务需求精确地分配到相应的子域中。例如，在 SASE 业务中，功能子域可以包括虚拟专用网络功能、防火墙、上网行为管理、威胁情报与分析功能等。功能子域的划分有助于深入理解业务的细节和特点，并为业务的实施和运营提供指导。

4．业务数据

业务数据是业务架构的数据基础，分为数据规则、数据建模和数据呈现三个关键部分。在 SASE 的业务架构中，数据规则作为基础组件，从多个数据源中导入并存储数据，按照业务分类进行整合，并进行归一化和交叉验证等处理；接着利用 SASE 的网络、安全和运营业务场景，对这些数据进行建模，从中提炼出 SASE 服务的关键事件；通过事件通告和定期报告的方式，向租户企业展示运营实时数据、闭环操作和优化建议，呈现订阅服务的效果。

5．商业模式

商业模式揭示的是企业产品、企业核心资源、客户、伙伴、渠道、成本、利润之间的本质关系，本质上是企业 SASE 战略计划中对企业业务商业模式的描述，回答企业 SASE 战略用什么方式盈利、如何盈利、开展哪些业务等问题。商业模式应明确企业的服务定位，即 SASE 服务的核心价值主张为给租户企业提供云化形态且弹性高效的网络和安全服务，并为租户企业业务和 SASE 服务场景提供可信任的连接和实战化的专家运营，以便实现快速闭环服务体验。

商业模式还需要明确企业的收入来源和收费方式。这可以包括按订阅模式收费、按使用量收费或定制化的服务费用等。企业需要考虑客户的支付习惯、市场的定价策略和竞争环境，以制定合适的收费模式，确保盈利能力和客户满意度。

商业模式还会涉及与其他企业或组织建立的合作伙伴关系。这可能涉及与网络服务提供商（ISP）、云服务提供商、安全技术供应商、渠道合作伙伴等的合作。通过合作伙伴关系，企业可以扩大自身的服务范围、增强技术能力，并获得更广泛的市场渗透。

商业模式中客户的关系管理尤为重要，这包括如何吸引和获取潜在客户、如何保持现有客户的忠诚度、如何提供良好的客户支持和售后服务等。企业需要明确客户的需求和期望，建立有效的沟通渠道，提供定制化的解决方案，以建立良好的客户关系。

商业模式需要考虑企业的成本结构，即 SASE 服务所需的资源、设备、人力等成本，这包括网络设备、云基础设施、安全技术、人员培训和运维成本等。企业需要合理控制成本，确保服务的可持续性和盈利能力。

商业模式还有一个核心要素就是价值链。价值链描述了企业在创造和提供产品或服务过程中所涉及的一系列活动，从原材料的获取到最终产品或服务的交付，以及与之相关的支持活动。这些活动组成了价值链，每个环节都为产品或服务增加了一定的价值。

价值链能够帮助企业理解和优化其产品或服务的创造和交付过程。通过对价值链的分析，企业可以深入了解各个环节对产品或服务的贡献，从而找到价值创造的关键点。这有助于企业优化资源配置、流程设计和技术创新，提高产品或服务的质量和效率，同时降低成本。优化价值链使企业能够在市场中提供更有竞争力的产品或服务，满足客户需求，获取市场份额，并获得持续增长的利润。

价值链还能帮助企业建立持续的竞争优势。通过对各个环节的分析，企业可以识别出自身在价值创造中的核心能力和差异化要素。这有助于企业明确其独特的价值主张，提供独特的产品或服务，与竞争对手形成差异化。通过持续优化和创新，企业能够在市场中建立起稳固的竞争优势，赢得客户的忠诚和信任。同时，企业还可以通过价值链的外部合作和整合，与供应商、合作伙伴建立良好的关系，形成全球化的供应链和价值网络，共同创造更大的价值。

6.2.2　业务架构设计原则

结合对业务架构蓝图的解读，我们大致了解了 SASE 业务架构设计框架应包括的几个主要部分，在正式启动 SASE 业务架构设计之前，设计者还需要关注如下业务架构设计原则。

- ❑ **综合性和一体化**：SASE 业务架构应该综合考虑网络和安全服务的需求，并提供一体化的解决方案。它应该能够集成不同的网络和安全功能，提供统一的管理和控制，以满足企业全面的网络和安全需求。
- ❑ **弹性和可扩展性**：SASE 业务架构应该具备弹性和可扩展性，以适应不断变化的业务需求和规模。它应该能够灵活地增加或减少网络和安全服务的能力，以满足不同租户的需求，并支持企业的业务增长和扩展。
- ❑ **集中化和分布式**：SASE 业务架构可以集中管理和控制核心网络和安全功能，同时也可以分布式部署在各个地点，以提供更好的用户体验和服务可用性。它应该能够在云端和边缘之间实现协同和平衡，确保网络和安全服务的高效运行。
- ❑ **安全和隐私保护**：SASE 业务架构应该注重安全和隐私保护，为企业和租户提供可靠的网络和安全服务。它应该包括强大的身份认证、访问控制、加密和数据保护机制，以防止安全漏洞和数据泄露的风险。
- ❑ **可管理和可监控**：SASE 业务架构应该具备良好的管理和监控能力，以便企业能够对网络和安全服务进行有效管理和监控。它应该提供实时的性能监测、故障排除、日志记录和报告功能，以帮助企业及时发现和解决问题。

❑ **业务驱动和用户体验**：SASE 业务架构应该以业务需求为驱动，关注用户体验和业务价值的提升。它应能支持不同类型的应用程序和服务，并提供良好的性能、可靠性和响应速度，以满足用户的期望和需求。

在 SASE 业务架构设计过程中，确定好设计的框架范围，同时遵从 SASE 业务架构设计原则，可以有效简化管理、降低成本、提高灵活性、加强安全性、提升用户体验、推动业务创新和简化合作伙伴集成。这些价值将帮助企业实现高效、安全和创新的网络和安全服务交付，并满足不断变化的业务需求。

6.3 业务架构规划

业务架构规划是为实施系统业务架构而进行的规划工作，它以业务框架为输入，旨在确保租户网络和安全服务的有效实施和运营。业务架构规划需要关注业务领域并与业务实际的使用场景紧密关联。这意味着业务架构规划必须考虑业务的实际需求、业务流程和业务活动。这需要从实际的业务运作角度出发，了解业务的关键环节、痛点和机会，以及业务涉及的各个参与者和利益相关方。通过与业务实际使用场景的紧密关联，业务架构规划可以确保解决方案的实用性和有效性，帮助企业提升业务运营效率和业务价值。

业务架构规划通常需要关注业务的多个维度，具体规划内容如表 6-1 所示。

表 6-1 业务架构规划内容

维 度	描 述
业务需求	分析和定义客户的业务需求，包括网络连接、安全性和性能等方面的要求
网络架构	设计和规划客户的网络架构，包括数据中心、分支办公室、远程办公和云连接等
安全需求	确定客户的安全需求，包括访问控制、身份验证、数据保护和威胁防御等方面
资产集成	集成客户的业务应用和资产，确保安全连接、网络安全和数据保护
运营管理	设计和实施网络和安全能力运营流程，包括日常监控、事件处置、故障排除和性能优化等
合规性	确保客户的网络和安全架构符合行业标准及相关法律法规要求

SASE 的业务领域涵盖安全接入、安全云服务、网络性能优化、威胁防御和数据保护等，同时为企业提供安全、高效和可靠的网络环境。SASE 业务场景涵盖了企业网络和安全需求的关键领域，因此 SASE 业务架构规划，除了需要覆盖表 6-1 中列出的维度之外，还需考虑各企业不同体量和业务方向，求同存异，进行全方位的差异性规划。接下来详细展开 SASE 的业务规划的思路。

6.3.1 针对客户的体量进行规划

进行 SASE 业务规划需要考虑企业规模和资源状况，按需推出贴合客户业务场景的服务，让有限的资源得到最大化利用。

小型客户可能更注重成本效益和简化部署，可以选择简化的 SASE 解决方案，如云原生的 SASE 服务，以降低成本并提高灵活性。大型客户则需要考虑可扩展性和高可用性，可以采用分布式的 SASE 业务架构，将各个地点和云服务提供商的网络节点整合在一起，以实现统一的安全和连接服务。

1. 小型客户的业务架构规划

小型客户由于安全资源有限，在规划 SASE 业务架构时需要考虑如何最大限度地利用有限资源来保障安全。为了降低成本和提高效率，客户可以选择采用公有云服务提供商的 SASE 解决方案。这种方式可以避免客户自行购买和维护昂贵的硬件和软件设备，减轻了客户的负担。

在选择公有云服务提供商时，较小的客户需要考虑数据隐私和合规问题。由于公有云服务提供商的数据中心可能位于国外，因此数据在传输过程中可能会受到网络攻击的威胁。为了保护数据的安全性，客户需要选择具有较高安全性的公有云服务提供商，并确保该服务提供商符合行业标准和法律法规的要求。

小型客户在规划 SASE 业务架构时需要关注网络性能和可用性的问题。由于小型客户的网络规模较小，因此需要确保公有云服务提供商提供的网络连接和带宽满足客户的需求。同时，客户需要考虑如何保证网络的高可用性，以避免因网络中断或其他原因导致的业务中断和损失。因此，在选择公有云服务提供商时，小型客户需要仔细考虑其服务质量和故障恢复能力。

2. 中型客户的业务架构规划

中型客户相对于小型客户来说，安全资源相对丰富。但是，在日益复杂的网络安全威胁面前，安全资源的充足并不能完全保障客户的安全。因此，中型客户需要考虑如何提高安全的可视性和响应能力。SASE 解决方案的私有云部署可以满足这一需求。

在该方案下，客户可以更好地控制数据安全。在搭建私有云 SASE 解决方案时，需要考虑数据的备份、灾备等问题。对于重要数据的备份，需要制定严格的备份策略，确保备份数据的完整性和安全性。此外，在遇到突发情况时，如何及时恢复数据也是需要考虑的问题。

为了提高安全性，中型客户需要采用多重认证、审计等安全措施。多重认证可以提高用户的身份验证安全性，确保只有授权人员能够访问敏感数据和系统。审计则可以记录和跟踪用户的操作行为，及时发现异常行为并采取相应措施。除此之外，客户还需要考虑如何快速响应安全事件，例如建立完善的应急响应机制，加强网络安全培训，提高客户的安全响应能力。

3. 大型客户的业务架构规划

大型客户通常拥有丰富的安全资源，但也会面对业务复杂性带来的安全隐患。因此，在规划 SASE 业务架构时，大型客户需要平衡不同业务部门的需求，并提供一个协同的安全解决方案。混合云 SASE 解决方案可以为大型客户提供这样的解决方案，因为它可以同时使用公有云、私有云和本地数据中心，以满足不同部门和业务的不同需求。

在规划混合云 SASE 解决方案时，大型客户需要考虑云之间的协同和集成问题。这包括如何将多个云的安全控制和审计记录集成到一个集中管理的系统中，以及如何实现多云之间的数据和应用程序的互操作性。此外，大型客户还需要考虑如何保护数据的机密性和隐私性，确保敏感数据只能由授权用户访问，并制定合适的访问控制策略。

大型客户需要考虑的另一个问题是如何应对安全威胁。混合云环境中的安全事件可能会涉及多个云平台，因此客户需要考虑如何收集和分析来自不同平台的安全日志，以及如何迅速响应安全事件。为了提高响应能力，大型客户还应该考虑使用人工智能和机器学习技术来自动化安全事件响应，以便更快速、更准确地检测和应对安全事件。

4. 不同体量客户规划差异性

不同体量的客户在 SASE 规划方向的差异点如表 6-2 所示。

表 6-2 不同体量的客户在 SASE 规划方向的差异点

维度	差异点		
	小型客户	中型客户	大型客户
业务需求	简化部署和降低成本为主要考虑因素	平衡不同业务部门需求，提供协同解决方案	处理复杂业务需求，平衡不同云平台需求
网络架构	关注网络性能和可用性，确保公有云服务商的网络满足需求	私有云部署满足安全可控性需求	混合云部署，考虑多云之间的协同和集成问题
安全策略	关注数据隐私和合规性问题，选择高安全性的公有云服务提供商	多重认证、审计等安全措施	平衡云平台安全控制和审计记录，人工智能和机器学习技术应对安全威胁
云集成	公有云服务商提供简化部署的 SASE 解决方案	私有云部署 SASE 解决方案	混合云部署，同时使用多个云平台

（续）

维度	差异点		
	小型客户	中型客户	大型客户
运营管理	需要简化管理流程和降低维护成本	为了提高可视性和响应能力，引入多重认证、审计等安全措施	集中管理系统，自动化安全事件响应
合规性	关注数据传输安全和合规问题	合规性策略和流程需要考虑	合规性策略和流程需要考虑，确保数据的机密性和隐私性

6.3.2 根据特定业务进行定制规划

不同客户可能面临特定的合规性要求，如金融行业的 PCI DSS（Payment Card Industry Data Security Standard，支付卡产业数据安全标准）或医疗行业的 HIPAA（Health Insurance Porability and Accountability Act.，健康保险携带和责任法案），因此需要强调访问控制、数据保护和审计功能。另外，不同行业的客户可能在数据隐私、网络攻击防护等方面面临不同的挑战，因此规划需要根据行业特点制定相应的安全策略和措施。

1. 客户内部网络安全

对于客户而言，在网络中建立完整的安全边界，对保障客户的信息和业务安全至关重要。在这种情况下，客户可以选择搭建自有的 SASE 架构，集成各种网络安全功能和应用，形成一个统一的安全边界。

搭建自有的 SASE 架构需要客户在内部网络中部署安全网关、防火墙、入侵检测系统等一系列安全设备，并使用 SD-WAN 技术来进行网络连接。此外，还需要使用安全管理平台，对客户内部流量进行统一管理和安全策略的应用。通过这种方式，客户可以实现对内部网络的全面监控和安全保障，有效防止各种网络攻击和安全威胁。

在 SASE 架构的设计过程中，客户需要综合考虑网络性能、安全等级、合规要求以及用户体验等多方面因素，并针对不同的业务场景和网络环境进行合理的规划和设计。在实际实施中，客户可以结合自身业务需求，选择合适的网络安全设备和技术，以确保客户网络的高效运行和安全可靠性。

2. 远程办公安全

随着远程办公的普及，客户面临的安全问题变得更加复杂。为保障远程办公的安全，客户需要建立一套完整的安全边界和远程访问机制，同时提供远程办公所需的应用和服务。这就需要采用一种高效的安全架构来保护客户网络和数据的安全。在这方面，SASE 解决方案可以为客户提供 VPN、防火墙等功能，同时也可以针对远程办公的需求提供特定的安全策略和管理。

对于远程办公的安全问题，客户可以选择公有云服务提供商的 SASE 解决方案。公有云服务提供商可以提供包括网络安全、应用安全、数据安全等服务，同时也可以根据客户的需求，提供专业的安全管理和监控。此外，公有云服务提供商还能够帮助客户降低 IT 成本，增加 IT 资源的弹性，从而提高客户的运营效率和灵活性。

3. 云安全业务

随着客户向云平台的迁移，如何保障云安全成为客户面临的主要问题。传统的安全边界已经无法满足云时代的安全需求，因此，客户可以选择搭建混合云的 SASE 解决方案来保障云安全。

搭建混合云的 SASE 解决方案，需要将不同云平台之间的安全策略集成在一起，实现云之间的协同和集成。这需要对不同云平台的 API 和安全策略进行深入了解，设计并实现一个能够集成不同云平台的安全控制平台。此外，为了保证云平台的安全性，还需要采用多重认证、审计等措施，对云平台的访问进行控制和监管，提高云平台的安全性。

在规划混合云的 SASE 解决方案时，客户还需要考虑如何保证数据的保密性和访问控制。针对这一问题，可以采用数据加密、数据分类、数据备份等技术手段，以及严格的访问控制策略来保护数据安全。同时，还需要建立监控和预警机制，及时发现并应对潜在的安全威胁。

4. 不同业务需求规划差异性

不同业务方向的客户在 SASE 规划方向的差异点如表 6-3 所示。

表 6-3　不同业务方向的客户在 SASE 规划方向的差异点

维度	差异点		
	金融行业	医疗行业	其他行业
业务需求	强调数据和交易安全性，合规性要求高，需要审计功能	强调患者隐私和医疗数据安全，需要合规性审计功能	需要根据行业特点定制安全策略，合规性需求较灵活
网络架构	内部网络需要强大的安全边界和入侵检测系统	内部网络需要保护患者数据的安全性	内部网络需要适应业务需求，可能较为灵活
安全策略	访问控制、数据保护、审计功能等安全策略重要	访问控制、数据保护、审计功能等安全策略重要	访问控制、数据保护、审计功能等安全策略根据需求确定
云集成	可能需要使用私有云服务商的 SASE 解决方案	可能需要使用公有云服务商的 SASE 解决方案	根据业务特性选择公有云、私有云或多云 SASE 解决方案

（续）

维度	差异点		
	金融行业	医疗行业	其他行业
运营管理	需要建立全面的安全监控和应急响应机制	需要建立全面的安全监控和应急响应机制	需要建立全面的安全监控和应急响应机制
合规性	需要满足金融行业的合规标准，如 PCI DSS	需要满足医疗行业的合规标准，如 HIPAA	需要根据具体行业特点，灵活满足合规性要求

在 SASE 业务架构规划中，不同体量和业务方向下企业进行取舍主要考虑成本、安全性和灵活性。因此，在制定规划思路时，需要全面考虑公司的实际情况和需求，以达到最佳的业务效果和安全性。

6.4　业务架构设计方法

SASE 业务架构设计方法能够帮助服务提供商构建一个全面而有效的网络和安全基础服务架构。通过系统化的设计方法，可以将租户业务需求与网络和安全要求相结合，实现业务和安全的高度协同。这样的架构设计能够确保租户业务的稳定性、可靠性和安全性，提高业务的运行效率和用户体验，为租户提供稳定可靠的服务基础。

SASE 业务架构需要为租户企业提供灵活性和便捷性。通过合理的架构设计，租户企业可以实现网络和安全服务的灵活部署和调整，方便敏捷地将 SASE 的订阅服务和业务进行融合。

因此，服务提供商需要选择合适的 SASE 业务架构设计规范，以确保设计的高质量和有效性。在进行业务架构设计的过程中，建议遵从业界成熟的设计规范，这样可以有效保证业务架构的输出可读、可视、可理解。表 6-4 列出了几种典型业务架构设计方法。

表 6-4　业务架构设计方法

设计方法	描述
商业模式设计方法	利用商业画布等工具分析和设计企业的商业模式，明确价值主张、客户关系、收入来源等要素，与业务流程和功能紧密关联
组织结构设计方法	以功能团队为基础构建跨部门协作模式，包括高层领导团队、业务规划团队、产品与技术团队、销售与客户成功团队、运营与交付团队、安全与合规团队以及数据与分析团队等组织部门
业务流程设计方法	通过分析和优化业务流程，实现特定业务目标的过程，与商业模式和价值链紧密关联。可采用基于价值链的设计方法或基于业务组件的设计方法
业务功能设计方法	定义和识别企业所需的核心能力和功能，确保业务流程的顺利执行，与商业模式和价值链相对应

6.4.1 商业模式设计

商业模式是企业用来创造和提供价值的框架，在进行业务架构设计时，厘清整个商业模式关系是决定项目成败的关键一环。商业模式本质上是企业战略层面需要考虑的，但由于其对业务架构有着至关重要的作用，因此放在业务架构中进行讨论。

商业模式分析是极其专业和复杂的，业界常用的方法是商业模式画布。通过商业模式画布的九宫格，我们可以将企业商业模式可视化，全面分析企业的商业情况。商业模式画布如图 6-4 所示。

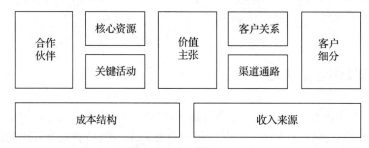

图 6-4　商业模式画布

- ❑ **合作伙伴**：需要和哪些主要上游和下游企业深度合作？合作关系分为 4 种，即战略联盟关系、竞争合作关系、新业务合作关系、供应商和购买方关系。合作的本质是资源的互换，并从合作中共赢。
- ❑ **核心资源**：拥有什么核心资源可以保障商业行为顺利执行？比如，机房资产、带宽资源、技术能力、安全积淀、金融资产等。
- ❑ **关键活动**：需要做哪些事情才能使产品和服务正常运行？比如，制造产品、解决问题、构建平台和相关的服务网络。
- ❑ **价值主张**：为客户提供什么产品、服务及价值？帮助客户解决什么问题？价值主张是企业区别于竞争对手的地方，通过各种元素提供价值，如新颖、性能、定制、设计、品牌、价格、成本、低风险、可达性和可用性等。
- ❑ **客户关系**：与客户建立什么样的关系？客户关系包括个人协助、专属服务、自助服务、自动化服务、社区、共同创造等。
- ❑ **渠道通路**：通过什么方式让产品和服务触达客户，使客户买单？渠道通路的五个阶段包括认知、评估、购买、传递、售后。
- ❑ **客户细分**：目标客户群体是谁？根据客户的不同需求和属性，对客户群体进行细分，以满足所选择的客户群体的需求。客户细分群体存在不同的类型，如大客户市场、中小客户市场、合作运营市场等。
- ❑ **成本结构**：是否在所有的商业运作过程中都考虑了成本？常见的成本结构类型有成

本驱动和价值驱动，成本结构需要考虑固定成本、可变成本、规模经济及范围经济。

❑ **收入来源**：业务的主要收入来源是什么？产生收入的方法有资产出售、使用收费、订阅收费、租赁收费、授权收费、广告收费等。

利用商业模式设计方法去设计 SASE 的业务架构，可以从以下几个方面入手。

❑ **创造价值**：首先需要了解企业内部的网络安全问题和需求，以此为基础构建 SASE 业务架构。SASE 创造的价值在于提供了一种全面、统一、云化的网络安全解决方案。在具体的实践中，可以从提供远程办公安全、多云网络和应用访问安全、数据中心安全和安全服务等方面入手，满足企业网络安全需求，为企业创造所见即所得的价值。

❑ **传递价值**：在 SASE 业务架构中，传递价值主要是指如何通过资源配置和行动来提供网络安全服务。SASE 整合了网络安全服务和应用的各种技术和资源，并将其以云服务的方式进行部署和交付，通过全球范围内的数据中心和智能边缘节点等设施，实现对企业网络安全的全面覆盖和保障。因此，在 SASE 业务架构设计中，需要考虑如何通过资源的优化配置和行动的高效协调来实现网络安全服务的传递，提高服务的质量和效率。

❑ **获取价值**：SASE 业务架构中商业模式的价值获取主要指的是通过一定的盈利模式来持续获取利润。由于 SASE 本身是一种以云服务方式提供网络安全解决方案的业务模式，因此获取价值的主要方式是基于订阅的付费模式。在 SASE 业务架构的设计中，需要考虑如何通过明确的定价策略、强大的销售渠道和优秀的客户服务来提高用户的满意度和留存率，从而获得稳定的收入。

SASE 商业模式分析，需要基于 SASE 战略规划和企业安全核心痛点进行，主要工作就是梳理得到商业模式画布九宫格。企业 SASE 安全架构的核心商业模式是网络和安全能力 SaaS 化。能力 SaaS 化可满足客户数据中心、分支节点员工安全地访问公司内部业务和互联网的需求。企业可以将安全能力以服务化的方式部署在云端，客户通过订阅的方式选购自身需要的安全能力，而无须在本地部署大量的安全物理设备，同时提供统一的运营视角，为客户提供无差别的安全体验。根据 SASE 业务整理的 SASE 业务商业模式画布如图 6-5 所示。

合作伙伴分为商业渠道合作伙伴、安全厂商、行业伙伴和代理商伙伴，它们在 SASE 解决方案的交付和推广中扮演重要角色。

❑ **商业渠道合作伙伴和安全厂商**：商业渠道合作伙伴是提供产品和服务的供应商、系统集成商和专业咨询公司等，而安全厂商则专注于提供安全技术和解决方案。它们通过提供全面的 SASE 解决方案，包括网络设备、安全技术和云服务等的解决方案，满足企业在不同阶段的需求。

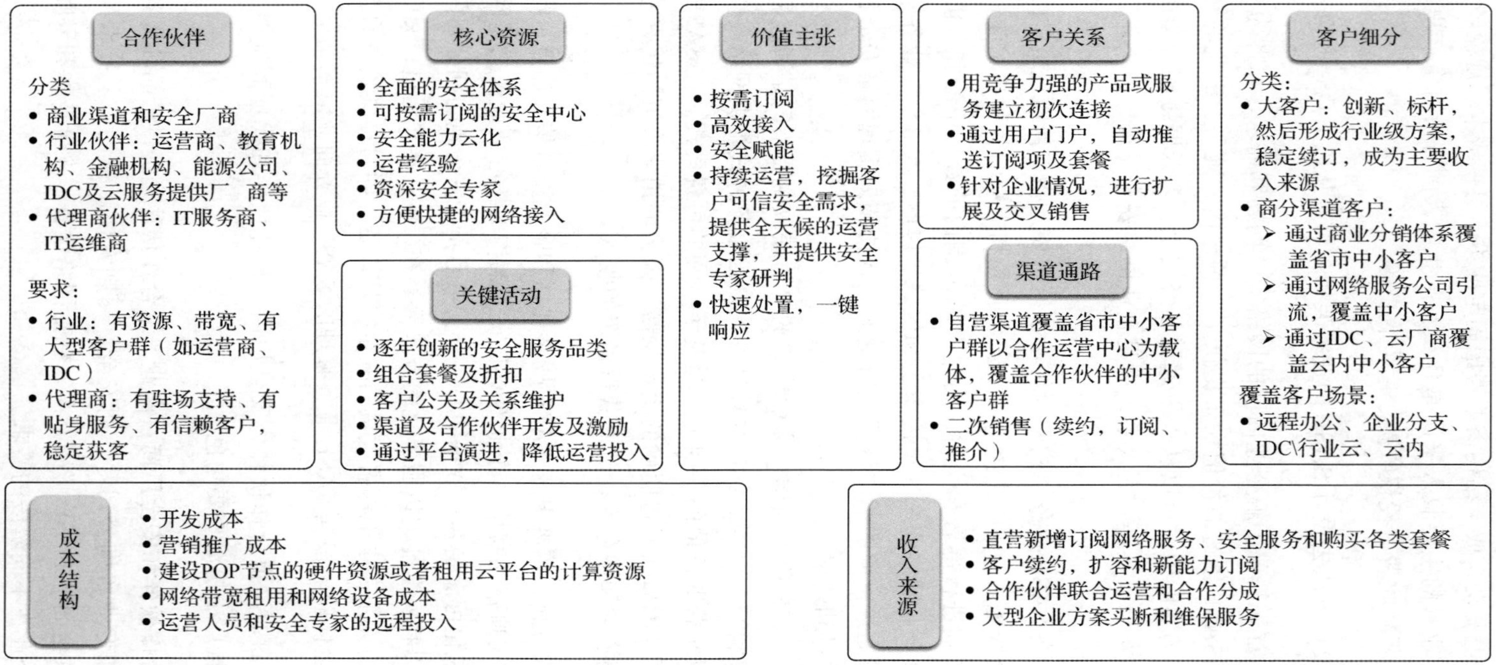

合作伙伴

分类
- 商业渠道和安全厂商
- 行业伙伴：运营商、教育机构、金融机构、能源公司等
- IDC及云服务提供厂商等
- 代理商伙伴：IT服务商、IT运维商

要求：
- 行业：有资源、有带宽、有大型客户群（如运营商、IDC）
- 代理商：有驻场支持、有贴身服务、有信赖客户、稳定获客

核心资源
- 全面的安全体系
- 可按需订阅的安全中心
- 安全能力云化
- 资深安全专家运营经验
- 方便快捷的网络接入

关键活动
- 逐年创新的安全服务品类组合套餐及折扣
- 客户公关及关系维护
- 渠道及合作伙伴开发及激励
- 通过平台演进，降低运营投入

价值主张
- 按需订阅
- 高效接入
- 安全赋能
- 持续运营，挖掘客户可信安全需求，提供全天候的运营支撑，并提供安全专家研判
- 快速处置，一键响应

客户关系
- 用竞争力强的产品或服务建立初次连接
- 通过用户门户，自动推送订阅项及套餐
- 针对企业情况，进行扩展及交叉销售

渠道通路
- 自营渠道覆盖各省市中小客户群以合作运营中心为载体，覆盖合作伙伴的中小客户群
- 二次销售（续约、订阅、推介）

客户细分

分类：
- 大客户：创新、标杆，然后形成行业级方案，稳定续订，成为主要收入来源
- 商分渠道客户：
  ➤ 通过商业分销体系覆盖市中小客户群，覆盖中小客户
  ➤ 通过商业分销公司引流，覆盖IDC、云厂商覆盖云内中小客户

覆盖客户场景：
- 远程办公、企业分支
- IDC行业云、云内

成本结构
- 开发成本
- 营销推广成本
- 建设POP节点的硬件资源或者租用云平台的计算资源
- 网络带宽租用和网络设备成本
- 运营人员和安全专家的远程投入

收入来源
- 直营新增订阅网络服务、安全服务和购买各类套餐
- 客户续约，扩容和新能力订阅
- 合作伙伴联合运营合作分成
- 大型企业方案采购和维保服务

图 6-5　SASE 业务商业模式画布

- **行业伙伴**：行业伙伴包括运营商、教育机构、金融机构、能源公司、IDC 和云服务提供商等。这些合作伙伴在特定行业拥有专业知识和资源。通过与行业伙伴合作，SASE 解决方案能够提供定制化和行业特定的支持，满足企业在特定行业中的需求。
- **代理商伙伴**：代理商伙伴包括 IT 服务商、IT 运维商等。它们代表 SASE 解决方案提供商与客户进行业务洽谈和交付。代理商伙伴拥有驻场支持和贴身服务的能力，与客户具有稳定的合作关系。它们能够提供全面的 SASE 解决方案，满足企业的需求。

核心资源旨在提供全面的安全体系、可按需订阅的安全中心、云化安全能力、丰富的运营经验、资深的安全专家支持，以及方便快捷的网络接入，以满足企业在网络安全和云化转型方面的需求。

- **全面的安全体系**：这指的是 SASE 解决方案所提供的综合安全体系，包括网络安全、数据安全、访问控制、威胁防护等多个方面。这种综合的安全体系能够帮助企业在不同层面上保护其网络和数据安全。
- **可按需订阅的安全中心**：SASE 解决方案通常提供安全中心，企业可以按需订阅所需的安全服务。这意味着企业可以根据实际需求选择适合的安全功能和服务，并根据需要进行灵活调整和扩展。
- **云化安全能力**：SASE 解决方案将安全能力云化，即将安全功能和服务通过云平台提供。这种云化的安全能力使得企业可以灵活地在云上部署和管理安全控制，提高安全性和灵活性。
- **丰富的运营经验**：SASE 解决方案提供商具备丰富的运营经验，对构建和管理安全基础设施有深入的了解。这种运营经验可以确保 SASE 解决方案的稳定性、可靠性和高效性。
- **资深的安全专家支持**：SASE 解决方案提供商拥有资深的安全专家团队，安全专家们在网络安全领域拥有丰富的知识和经验。这些安全专家能够为企业提供专业的咨询、定制化的安全策略和解决方案，确保企业的安全需求得到满足。
- **方便快捷的网络接入**：SASE 解决方案提供了方便快捷的网络接入方式，使得企业能够轻松地接入和使用安全功能。这种便捷的网络接入能够提高企业的工作效率，并保证安全控制的快速部署和适应性。

关键活动包括逐年创新的安全服务品类、组合套餐及折扣优惠、客户公关及关系维护、渠道及合作伙伴开发及激励，以及通过平台演进降低运营投入。这些活动的目标是提供更优质的安全解决方案，吸引客户、拓展市场，并在竞争激烈的安全领域取得成功。

- **逐年创新的安全服务品类**：SASE 解决方案提供商需要不断创新和改进安全服务品类，以适应不断变化的安全威胁和需求。通过引入新的安全功能和服务，企业能够提供更全面、高效的安全解决方案，吸引客户并保持竞争优势。

- ❑ **组合套餐及折扣优惠**：为了吸引客户和增加销售量，SASE 解决方案提供商可以提供组合套餐和折扣优惠。这样的策略可以促使客户购买更多的安全服务，提高客户满意度并增加收入。

- ❑ **客户公关及关系维护**：建立良好的客户关系是至关重要的，SASE 解决方案提供商需要进行客户公关和关系维护工作。通过定期沟通、提供支持和解决问题，企业可以增强客户的信任和忠诚度，促进客户的满意度和长期合作。

- ❑ **渠道及合作伙伴开发及激励**：SASE 解决方案提供商需要积极发展和管理其渠道和合作伙伴网络。通过与合作伙伴建立紧密的合作关系、提供培训和支持，并提供激励措施，企业可以扩大市场覆盖范围，增加销售渠道，并实现更好的市场份额增长。

- ❑ **通过平台演进降低运营投入**：SASE 解决方案提供商可以通过不断演进和改进平台，降低运营成本和投入。通过自动化和智能化的技术手段，提高运营效率，同时提供更好的用户体验和服务质量，从而提高企业的竞争力。

价值主张包括按需订阅、高效接入和安全赋能等方面，同时提供持续运营、快速处置和一键响应的支持。这些价值主张旨在为客户提供灵活、高效和可靠的安全解决方案，满足其不断变化的安全需求，并确保网络和数据的安全性。

- ❑ **按需订阅**：SASE 解决方案提供商提供按需订阅的服务模式，使客户能够根据实际需求选择和支付所需的网络和安全服务。这种灵活的订阅模式可以满足客户不同的安全需求，并提供有效的解决方案。

- ❑ **高效接入**：SASE 解决方案提供商提供多种网络接入方式，以满足各种网络条件下客户的需求。无论是通过公共云、专用线路还是混合云环境，客户都能够高效接入和使用安全服务，提高网络的可用性和性能。

- ❑ **安全赋能**：SASE 解决方案通过 SaaS 化的安全能力，为客户提供全面的安全保障。客户可以按需订阅各种安全功能，如防火墙、入侵检测、数据保护等，以应对不同的安全威胁和风险。这种安全赋能的方式帮助客户提升安全水平，降低安全风险。

- ❑ **持续运营**：挖掘客户可信安全需求，提供全天候的运营支撑，并提供安全专家研判。SASE 解决方案提供商通过持续的运营和服务支持，与客户建立长期合作关系。它们会持续关注客户的安全需求，提供全天候的运营支持，并提供安全专家的研判和建议，帮助客户及时应对和处理安全事件。

- ❑ **快速处置和一键响应**：SASE 解决方案提供商提供快速处置和一键响应的能力，以应对安全事件和威胁。它们可以通过自动化的流程和工具，快速检测、定位和应对安全事件，以将潜在的损失和影响降至最低。

客户关系包括用竞争力强的产品或服务建立初次连接，通过用户门户自动推送订阅项及套餐，以及针对企业情况进行扩展及交叉销售。这些客户关系策略旨在建立良好的合作关系，提供个性化的安全解决方案，并不断满足客户的安全需求，实现长期的合作和共赢。

❏ **用竞争力强的产品或服务建立初次连接**：SASE 解决方案提供商通过竞争力强的产品或服务吸引客户，可以通过市场宣传、营销活动或推广策略来实现，使客户对其产品或服务产生兴趣，并建立初步的合作关系。

❏ **通过用户门户自动推送订阅项及套餐**：SASE 解决方案提供商通过用户门户或在线平台，可以提供个性化的订阅选择，根据客户的需求和偏好提供定制化的安全功能和服务，从而简化客户订购流程，提高用户体验。

❏ **针对企业情况进行扩展及交叉销售**：SASE 解决方案提供商与客户建立持续的合作关系，并不断扩展和交叉销售其产品或服务。通过了解客户的业务需求和现有安全情况，SASE 解决方案提供商可以推荐和销售更多的安全功能和解决方案，以满足客户不断变化的需求。这种扩展和交叉销售的策略有助于提高客户黏性和增加销售额。

渠道通路包括自营渠道和二次销售渠道。这些渠道通路策略有助于扩大销售覆盖面、增加市场份额，并提高客户的参与度和忠诚度，促进业务的持续增长。

❏ **自营渠道**：SASE 解决方案提供商通过自营渠道覆盖省市中小客户群。这些自营渠道可以是直接的销售团队或销售代理商，负责与客户进行商务洽谈、产品推介和销售，可以是合作运营中心，即通过与合作伙伴建立合作关系，利用合作伙伴的资源和渠道覆盖合作伙伴的中小客户群，从而扩大销售覆盖面和市场份额。

❏ **二次销售（续约、订阅和推介）渠道**：SASE 解决方案提供商通过二次销售策略实现客户的续约、订阅和推介。续约是指与现有客户延长合同期限，继续提供安全服务；订阅是指向现有客户推出新的安全功能或增值服务，并获得额外收入；推介是指现有客户向其他潜在客户介绍和推荐 SASE 解决方案，以拓展市场和获取新客户。通过二次销售渠道，SASE 解决方案提供商可以增加客户黏性、提高客户满意度，并获取更多的业务机会和收益。

通过不同的合作和销售渠道，针对不同客户场景的定制化解决方案，可实现对各类客户的覆盖和销售，促进业务增长。

❏ **大客户**：针对具有创新能力和标杆地位的大型企业，提供定制化的解决方案，并形成行业级的解决方案。通过与大客户建立紧密的合作关系，实现稳定的续订，并成为主要的收入来源。

❏ **商业分销渠道客户**：通过商业分销体系覆盖省市中小客户，利用分销商等渠道将 SASE 解决方案推广到中小企业市场，通过建立合作伙伴关系，利用其渠道网络和销售能力，实现对中小客户的覆盖和销售。通过与网络服务公司合作，利用其服务平台和用户基础，将 SASE 解决方案引入中小客户市场。网络服务公司可以是互联网服务提供商、电信运营商等，利用其广泛的用户群体和网络服务渠道，实现对中小客户的引流和覆盖。通过与 IDC 和云厂商合作，将 SASE 解决方案提供给云内的中小客户。这些合作伙伴可以提供云计算基础设施和平台，通过与其合作，实现对云内中小客户的覆盖和销售。

成本包括开发成本、营销推广成本、建设 POP 节点的硬件资源成本或者租用云平台的计算资源成本、网络带宽租用成本和网络设备成本，以及运营人员和安全专家的远程投入成本。这些成本是支持 SASE 业务运作和提供高质量服务所必需的。

- ❑ **开发成本**：涉及 SASE 解决方案的研发费用，包括软件开发、系统集成等方面的成本。
- ❑ **营销推广成本**：用于推广和营销 SASE 解决方案的费用，包括市场调研、广告宣传、销售团队的薪酬和奖励等费用。
- ❑ **建设 POP 节点的硬件资源成本或者租用云平台的计算资源成本**：落地 SASE 解决方案需要在全球范围内建设或租用 POP 节点，以提供稳定的服务和网络接入。这涉及硬件设备的采购和维护成本，或者租用云平台的计算资源的费用。
- ❑ **网络带宽租用成本和网络设备成本**：落地 SASE 解决方案需要租用大量的网络带宽来支持用户的连接和流量传输，这涉及网络带宽租用费。此外，还需要投入网络设备（如路由器、交换机）来构建稳定的网络基础设施，这也需要一定的设备成本。
- ❑ **运营人员和安全专家的远程投入成本**：为了提供全天候的运营支持和安全服务，需要运营人员和安全专家进行远程支持和监控。这包括人员的薪酬、培训成本和管理成本。

收入来源主要包括直接销售订阅网络服务、安全服务和各类套餐，客户续约、扩容和新能力订阅，合作伙伴联合运营和合作分成，以及大型企业方案买断和维保服务。这些不同的收入来源将为 SASE 业务提供多元化的收益渠道。

- ❑ **直接销售订阅网络服务、安全服务和各类套餐**：指通过直接销售 SASE 解决方案的网络服务、安全服务和各类套餐获得收入。
- ❑ **客户续约、扩容和新能力订阅**：现有客户在合同期满后继续使用 SASE 解决方案，并根据业务需求扩容和订阅新的安全能力，这将带来新的收入。
- ❑ **合作伙伴联合运营和合作分成**：指与合作伙伴进行联合运营，共同向客户提供 SASE 解决方案，并根据合作协议中约定的分成机制分享收入。可以是与运营商、教育机构、金融机构、能源公司、IDC 或云厂商等行业伙伴合作。
- ❑ **大型企业方案买断和维保服务**：指与大型企业达成长期合作协议，为其提供定制化的 SASE 解决方案以获得收入，其中可能包括买断方案以及提供维保服务。

6.4.2　组织结构设计

在 SASE 业务组织结构设计中，一种推荐形态是以功能团队为基础构建跨部门的协作模式。以下为内部组织架构。

- ❑ **高层领导团队**：由高级管理人员组成，负责 SASE 业务的战略规划、决策和资源分配。
- ❑ **业务规划团队**：制定 SASE 业务的战略规划，包括市场分析、业务模型设计、合作伙伴策略等。
- ❑ **产品与技术团队**：负责 SASE 产品（包括网络架构、安全服务、云平台等）的研发和技术支持。
- ❑ **销售与客户成功团队**：负责 SASE 产品的销售和客户关系管理，包括市场推广、销售拓展等。
- ❑ **运营与交付团队**：负责 SASE 服务交付和运营管理，包括服务交付、服务质量、客户体验等。
- ❑ **安全与合规团队**：确保 SASE 业务的安全性和合规性，工作职责包括安全咨询、风险管理、合规监控等。
- ❑ **数据与分析团队**：负责收集、分析和利用 SASE 业务相关的数据，提供数据驱动的决策支持和业务优化。

除了内部组织，也需要关注一些外部的合作组织。

- ❑ **业务渠道**：包括提供网络设备、安全技术的供应商，提供第三方云服务的服务供应商，以及专业咨询公司等。
- ❑ **合作伙伴**：包括网络设备供应商、安全技术提供商、云服务提供商等。

无论哪种组织结构形态，都需要实现各团队的协作与合作，促进信息流动和知识共享，使 SASE 业务能够高效运行并不断适应市场变化。同时组织架构不是一成不变的，需要根据具体服务提供商的规模、业务特点和发展策略进行调整和优化，确保适应企业的需求和目标。

6.4.3　业务流程设计

业务流程是由一系列的业务活动经过一定的逻辑组合起来，从而实现某种业务目标的过程。业务流程是业务架构设计阶段非常重要的内容。业务流程关系到服务提供商各类资源的利用效率，并且会映射到 SASE 架构中的应用功能及系统集成需求的具体形态。业务流程与商业模式、价值链密切相关，可以初步理解为价值链的进一步流程细化。

业务流程与业务能力都是企业业务活动的组合，但二者的定位不同：业务能力是面向企业核心业务的，注重能力的体现，是对结果的考虑，不关注具体的流程分解；而业务流程聚焦在流程本身，是面向场景的，是对过程的考虑，通过流程将活动进行组合来解决某个问题，一个企业的业务流程往往是企业业务运作的关键。业务流程的设计方法主要有基于价值链和基于业务组件两种。

1. 基于价值链的业务流程设计方法

基于价值链的业务流程设计方法主要是从价值链的角度进行业务流程的分解，业务流程设计需要遵循价值链活动，制定统一的流程层次。业务流程一般分解为 5 个级别，如图 6-6 所示。

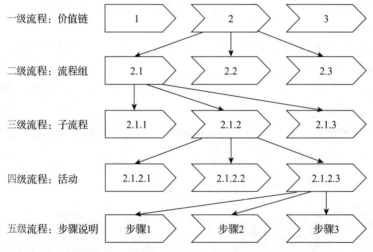

图 6-6　基于价值链的业务流程设计方法

一级流程：价值链，最高层次的业务流程，承接企业业务价值链和最高层级的业务组件，每个部分代表一个业务流程链条。

一级流程设计包括：服务规划与设计，即根据客户需求和业务目标设计 SASE 服务的架构和规划；服务采购与供应商管理，负责与供应商合作采购网络设备、安全技术和云服务；服务部署与集成，即将采购的设备和技术进行部署和集成，搭建 SASE 服务的基础架构和环境。

二级流程：流程组，对一级流程模块进行流程分解，是一组流程的集合。

SASE 业务流程包括：用户接入管理，负责管理用户接入 SASE 服务的权限和身份验证；

流量路由与加速管理，负责管理流量的路由和优化，实现负载均衡和加速技术的应用；安全检测与威胁防御管理，负责监控流量的安全性，进行实时检测和分析，识别和阻止潜在的威胁；云应用访问与安全管理，负责管理用户对云应用的安全访问和使用；事件监测与响应管理，负责监测网络和安全事件，进行实时告警和响应；数据分析与优化管理，负责收集和分析网络和安全相关的数据，提供数据驱动的决策支持和业务优化。

三级流程：子流程，包含具体子流程的组合，以及对应产出的相关业务操作。

SASE 子流程是对具体的业务操作的子流程进行组合。它包括用户身份验证、设备合规性检查、访问控制策略配置、流量路由配置、威胁检测与分析、云应用身份验证、数据收集与分析，以及事件响应与处置等多个子流程，每个子流程对应一项具体的业务操作。

四级流程：活动，代表流程的行动，体现为业务操作层面的具体动作。

在 SASE 业务流程中，活动包括验证用户身份、检查设备合规性、配置访问控制策略、设置流量路由规则、进行威胁检测和分析、验证云应用身份、收集和分析数据，以及响应和处置安全事件等活动。

五级流程：步骤说明，对完成活动的一系列步骤进行说明。

在 SASE 业务流程中，步骤说明包括用户身份验证步骤说明、设备合规性检查步骤说明、访问控制策略配置步骤说明、流量路由配置步骤说明、威胁检测与分析步骤说明、云应用身份验证步骤说明、数据收集与分析步骤说明，以及事件响应与处置步骤说明。每个步骤说明都描述了完成相应活动所需的具体步骤和操作流程。

2. 基于业务组件的业务流程设计方法

不同业务活动之间的不同逻辑组合会形成不同的业务流程，同时，不同的业务活动可以形成不同的业务能力。如果已经对企业的业务能力进行了分析，那么也可以基于业务组件来设计业务流程（见图 6-7）。

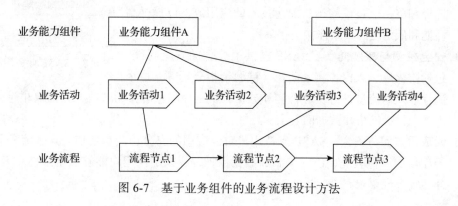

图 6-7　基于业务组件的业务流程设计方法

业务能力与业务流程不是一个维度。业务能力注重能力的体现，不关注具体的流程分解；业务流程聚焦流程本身，是面向场景的。例如，SASE 安全能力订单的核心流程可能包括订单查询、授权查询、价格计算等多个活动，而这些活动可能最终映射到不同的业务能力，如订单履约业务能力、服务规格业务能力、促销价格计算业务能力等。业务活动是业务能力组件和业务流程的"基本零件"。业务能力组件是由业务活动组成的，业务活动通过组件的标准界面与外界交互。业务流程从用户场景出发，将进行各种具体的操作，这些操作之中包含各种活动。

业务流程设计必须立足于充分的业务调研。业务调研是业务架构设计的准备阶段，可建立对企业业务的全面了解。传统网络安全架构采用基于数据中心的安全策略，数据流量需要经过数据中心的防火墙和安全设备才能进行访问。随着企业应用向云和边缘移动，这种中心化的安全策略已经无法满足现代企业对安全和性能的需求。这种演进导致了一系列的挑战，如安全性、性能、网络延迟等问题，使企业面临安全和运营上的风险。

而 SASE 的出现恰好填补了这一空白。它将安全性和网络性能集成到一体，将数据中心和边缘设备统一为一个网络，并采用云原生架构的方式进行部署。这种基于边缘的架构设计提供了更加强大的安全防御和更加优秀的性能表现，使得企业能够更加灵活、高效地应对快速变化的业务需求，提高安全性和可靠性。

通过对 SASE 业务的分析和梳理，我们可以从中提炼出 SASE 业务的主要流程，如图 6-8 所示。

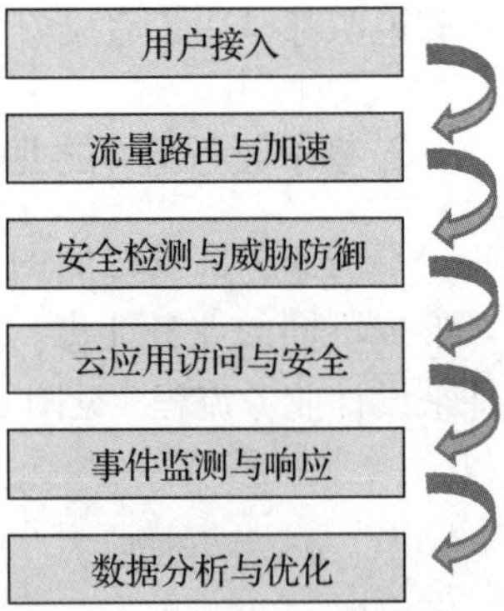

❑ **用户接入**：用户通过不同的终端设备接入 SASE 网络，例如从分支机构、移动设备或远程办公地点等接入。这个流程涉及用户身份验证、设备合规性检查和访问控制等安全措施，以确保用户接入的安全性和合法性。

❑ **流量路由与加速**：在 SASE 网络中，流量会根据不同的策略和服务要求进行路由和优化。这个流程包括流量的选择和路由、负载均衡、加速技术的应用等，以提供高性能和低延迟的网络连接。

图 6-8　SASE 业务主要流程

❑ **安全检测与威胁防御**：SASE 提供了综合的安全功能，包括防火墙、入侵检测和防御、威胁情报分析等。这个流程涉及对流量进行实时检测和分析，识别和阻止潜在的威胁，并采取相应的防御措施以保护网络和数据的安全。

❑ **云应用访问与安全**：SASE 支持用户对云应用的安全访问和使用。这个流程包括对云应用的身份验证、访问控制和数据保护等，以确保用户能够安全地使用云服务，并遵守合规要求。

- □ **事件监测与响应**：SASE 提供了实时的事件监测和响应功能，包括异常行为检测、安全事件的识别和响应等。这个流程涉及对网络和安全事件进行实时监控、告警和响应，以及进行必要的调查和处置，以保证网络的安全和稳定。
- □ **数据分析与优化**：SASE 通过收集和分析与网络和安全相关的数据，提供数据驱动的决策支持和业务优化。这个流程涉及数据的收集、存储、处理和分析，以及基于分析结果进行网络和安全策略的优化和调整，以提高网络性能和安全性。

综上，利用 SASE 业务流程设计方法来指导设计 SASE 业务架构，确保业务流程与 SASE 服务相匹配，并最大限度地满足企业的业务需求和目标，能够帮助企业更好地规划和管理 SASE 业务，提高运营效率和安全性。

6.4.4　业务功能设计

业务功能代表企业运行其业务所需的全部核心能力，是从业务视角出发，为实现特定目的或结果而可能拥有或交换的特定能力或产能，业务功能需要尽可能与商业模式和价值链对应起来。之所以说业务功能很关键，是因为它通过业务结果和价值来表达，从而确保与 SASE 战略和业务的衔接，同时促使业务与 SASE 战略保持一致。

通过进一步识别 SASE 安全的一些核心业务功能，将 SASE 核心能力分为基础能力、资源能力、网络和安全能力以及运营能力几大部分，如图 6-9 所示。

- □ **基础能力**：在 SASE 的业务调研中，我们已经深切体会到企业数字化转型中遇到的挑战。基础能力，顾名思义就是支撑 SASE 业务的基础，包含机房建设、网络专线、云平台选择、三方技术合作等，这部分属于基础设施层的建设。具有基础设施之后，需要进行 POP 节点的建设，主要考虑建设成本，可以选择公有云节点、合作运营节点或者自营的 IDC 节点等。
- □ **资源能力**：包括计算资源、网络资源、存储资源、带宽资源等。资源主要是 SASE 业务建设中需要的主要设施设备，需要根据业务的规模和开展方式提前规划，也需要考虑业务发展过程中的升级和扩容方式。
- □ **网络和安全能力**：这是 SASE 的核心部分，这部分主要是为客户提供网络和安全服务的能力支撑，是客户购买 SASE 安全能力的服务主体，包括 SD-WAN、ZTNA、FWaaS、SWG、CASB 等。
- □ **运营能力**：有了强大全面的安全能力，还需要完善的安全运营能力，主要包括：网络运营，设计和规划网络接入方式；安全运营，包括安全策略优化、安全报告提供等；运维服务，包括设备状态监控、设备故障恢复等。运营能力还需要提供灵活应用的订阅模式和计费方法。

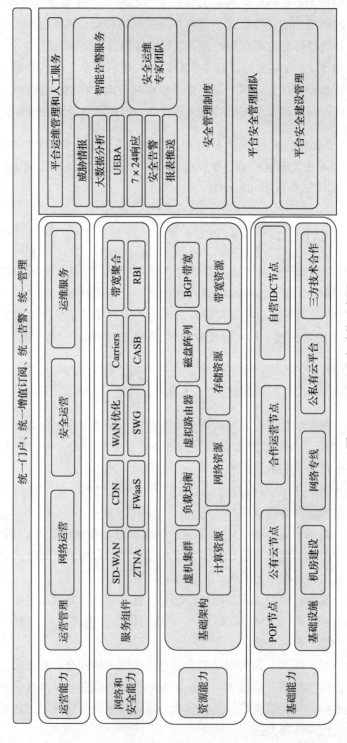

图 6-9 SASE 业务功能示意图

除上述 SASE 核心能力之外，SASE 的门户作为人机的接口，也需要重点设计。SASE 的门户用于提供统一的用户界面和功能，以便企业和用户能够方便地访问和管理各项 SASE 服务和功能。门户设计要求布局合理，使用简单，具有良好的用户体验。

- ❑ **统一门户**：作为用户访问和管理各项服务的入口，这个门户提供了集中化的控制和配置界面，用户可以通过它访问各种网络安全功能、应用程序和服务，以及查看与网络安全相关的信息和报告。
- ❑ **统一增值订阅**：用户可以通过门户订阅额外的安全功能和服务，以满足其特定的安全需求。这些增值订阅包括高级威胁防护、数据保护、访问控制等功能，用户可以根据需要进行订阅和管理。
- ❑ **统一告警**：用于监控和识别潜在的安全事件和威胁。通过集成各种安全设备和系统的日志、事件信息，门户能够生成警报和通知，帮助用户及时发现并应对安全问题。
- ❑ **统一管理**：允许管理员对企业的网络安全策略、用户访问权限和配置进行集中管理。管理员可以通过门户进行用户和设备管理、安全策略的配置和调整，以及监控和报告的生成。

为了给客户提供良好的使用体验，SASE 业务除了需要具备上述的一些能力之外，还需要提供全天候的运维和人工服务。

6.5　SASE 业务架构

设计 SASE 业务架构，必须先对整个 SASE 业务体系进行全面思考，将所有涉及的应用、功能、系统、能力、平台全部罗列出来，并进行提炼、归纳、分类。先按照常用的分类模板，或是自建模板进行大体框架的构思，然后按照分层、分模块、分功能的维度将具体的内容补充进去。

确定最终业务架构是一个迭代的过程，需要做好版本管理，并体现在架构资产库中，同时沉淀对应的各种架构视图。另外，我们还可以在这个过程中通过一些仿真或者其他 SASE 架构视图或工具，对当前业务架构进行不断验证，促进下一次迭代优化。

整合前面的分析信息和结论，我们可以尝试得出一个 SASE 业务整体架构，如图 6-10 所示。

如图 6-10 所示，SASE 业务整体架构包括业务资产、安全资源、安全管理平台等方面。SASE 业务整体架构对企业 SASE 业务的各个模块做了分解，同时呈现了它们之间的相互联系。这里展示的是顶层业务架构，也可以将其进一步分为几个层次，并通过评审与企业架构委员会和各业务负责人沟通和讨论，最终确定业务架构，为后续企业架构及项目实施提供关键的业务输入。

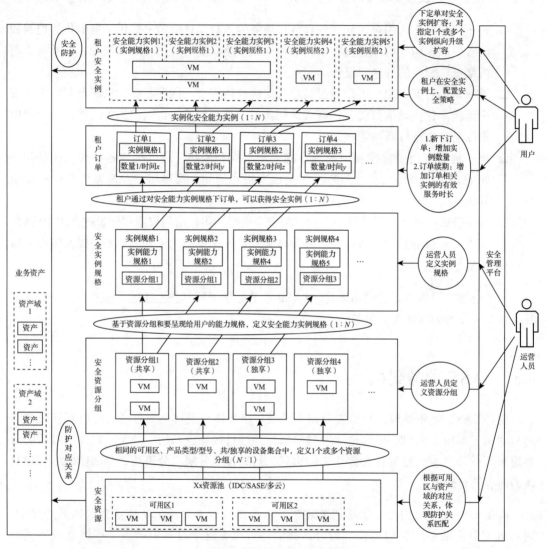

图 6-10　SASE 业务整体架构

SASE 业务整体架构是一个涵盖多个关键组件的系统，下面对其中每个组件进行详细描述。

- ❑ **安全资源**：包括所有支持 SASE 服务的基础设施和技术资源，例如网络设备、服务器、存储设备等。
- ❑ **安全资源分组**：为了更好地管理和分配安全资源，将资源分组是必要的。可以根据功能、性能和服务等级进行分组。

❑ **安全实例规格**：安全实例是安全服务的核心部分。安全实例规格包括安全服务的配置信息、物理资源占用情况、能够提供的服务能力、服务期限等，例如防火墙规格、入侵检测规格，终端安全规格等。

❑ **租户订单**：租户订单管理平台是一个全面的、可定制的业务管理平台。租户订单用于管理整个 SASE 业务流程中的订单、计费、计量等任务。

❑ **租户安全实例**：租户安全实例是安全服务的实际实现。通过租户安全实例，用户可以访问 SASE 平台的各种安全服务，例如 VPN、防火墙、入侵检测等。

❑ **业务资产**：业务资产是所有需要保护的关键数据和应用程序。在 SASE 架构中，业务资产可以通过安全实例和其他安全服务来保护。

❑ **安全管理平台**：安全管理平台是一个全面的安全管理系统，用于监控、分析和管理整个 SASE 平台的安全事件和日志。安全管理平台是确保 SASE 安全性和可靠性的关键组成部分。

SASE 业务架构中的各组件，通过基础能力、资源能力、网络和安全能力以及运营能力的协同联动，实现对企业应用的全面保护，提升了网络安全的可靠性和效率。同时，这种工作机制也能够实现网络安全的快速响应和灵活性，为企业提供高质量的服务保障。

至此，企业 SASE 安全的业务架构已初步成形。当然，SASE 业务架构设计是一个非常复杂的过程，特别是大型前沿的安全框架，业界没有成熟的架构可供借鉴，需要不断打磨和调整，也需要经历多次迭代和优化。本章的 SASE 业务架构设计只作为参考和引导，企业需要根据自身的战略目标进行分解和拆解，形成符合企业特点的 SASE 安全架构，指引各项安全工作发展和落地。

第 7 章

SASE 应用架构设计

SASE 应用架构的核心是通过建模将业务流程转化为应用系统层面的应用框架及应用模型，它反映了应用功能如何支撑 SASE 业务运行及未来业务发展。SASE 应用架构是 SASE 业务架构、技术架构、数据架构，以及 SASE 服务提供商的业务组织等的成果体现方式。

SASE 应用架构设计的本质是设计建模的过程，即从业务架构中抽象出对应的业务能力，进一步对其进行领域的划分、模型的抽象设计，逐层剥离抽象，最终推演出用户可使用的应用架构。应用架构设计的过程实际上就是建立相应的模型、构建应用整体框架的过程。

7.1 应用架构设计框架

SASE 应用架构是一个按规范和约束对 SASE 的业务能力进行拆分，并由不同应用、系统承接的结构载体，并实现将拆分后的应用以一种技术上更有序的方式进行组织，生产出满足客户业务场景需求的应用活动功能关系。本节将从应用架构设计框架（见图 7-1）展开，探讨应用架构设计的整体思路。

SASE 应用架构设计框架包括 SASE 应用核心设计、SASE 应用架构设计方法和 SASE 应用架构设计。SASE 应用核心设计围绕领域模型进行应用服务和应用功能的拆解和识别，并通过应用架构设计方法构建应用架构。在设计过程中，还需遵循 SASE 应用架构的原则和规范。

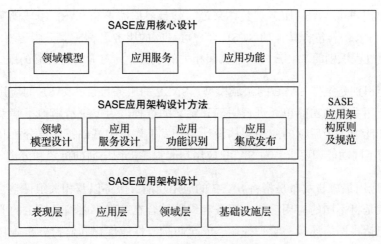

图 7-1　应用架构设计框架

1. SASE 应用核心设计

SASE 应用核心设计是指对 SASE 应用架构的核心功能进行设计，包括领域模型、应用服务、应用功能。SASE 应用核心设计的目的是确保 SASE 应用架构的核心功能可以满足客户的业务需求，在应用核心设计的过程中，需要考虑不同的业务需求和场景，如前文提到的内网访问安全场景、公网访问安全场景、专项服务场景等，同时结合实际的技术实现方案，确定应用系统的应用服务和应用功能。

2. SASE 应用架构设计方法

SASE 应用架构设计方法包括领域模型设计、应用服务设计、应用功能识别和应用集成发布。领域模型设计是根据业务需求和领域知识，对 SASE 业务领域进行设计和建模，以满足业务的要求。应用服务设计是根据 SASE 的架构原则，将业务功能划分为不同的服务单元，并定义它们之间的接口和交互方式。应用功能识别是对 SASE 应用中的功能进行识别和定义，包括对安全服务、网络服务、运营服务的明确定义。应用集成发布是将不同的应用和服务集成到统一的 SASE 应用系统中，并进行发布和部署，以实现应用的整体功能。这些设计方法在 SASE 应用架构设计中起着关键作用，帮助实现网络和安全服务的融合，为企业提供简洁、统一的解决方案。

SASE 领域模型设计是在 SASE 架构中开发和定义特定领域的过程。这涉及根据业务的需求和目标，设计出与特定领域相关的模型。领域模型设计需要考虑到 SASE 领域的需求和特点，并根据这些需求和特点来构建相应的模型。

SASE 应用服务设计是根据 SASE 业务架构所提及的业务流程、SASE 的领域模型等相关内容设计出用户可订阅的服务。具体来说，就是根据需求和 SASE 领域模型设计，创建 SASE 的服务目录，其包含具体的 SASE 客户可订阅的服务名称、服务内容、SLA 指标等。根据领域建模过程识别的 SASE 核心领域和相关的子域设计对应的可订阅的服务。

应用功能识别是根据 SASE 的领域模型、SASE 的服务目录、SASE 的应用服务进行分类识别，对应用系统的功能单元进行明确和定义的过程。为了更清晰地了解系统中所提供的功能范围和能力，为后续的应用架构设计和开发工作奠定基础，需要分析和理解组织内部应用程序的不同功能和要求，对 SASE 应用功能程序进行全面的拆解和分类。

SASE 的应用集成与发布是指将 SASE 的应用功能、服务以及相关组件整合并发布的过程。应用集成是将不同的应用功能、服务和组件结合在一起，以满足特定的业务需求和安全要求。这包括将网络连接、管理控制、安全防护、性能优化和监控分析等功能集成为一个统一的解决方案，发布后为企业提供综合的安全访问服务。

3. SASE 应用架构设计

SASE 应用架构设计是指对 SASE 应用架构的具体系统框架进行设计，包括系统架构的构图、模块划分、分层、应用接口设计、安全性设计等方面。利用分层的架构设计模式，应用架构自底向上通常可划分为基础设施层、领域层、应用层和表现层。

在应用架构设计过程中，需要考虑应用核心设计的功能模块和服务确定各个模块之间的交互方式和系统构建。将这些功能实体通过应用集成框架有机整合至统一的运行系统，将这些服务通过服务集成框架构建满足客户需求的可订阅的服务。同时，需要考虑应用系统的安全性，并将安全性考虑纳入 SASE 的开发、构建、部署、发布、维护的生命周期中。应用系统设计需要与业务架构、数据架构和技术架构等方面协同工作，确保系统设计符合整体架构设计要求。

7.2　应用核心设计

SASE 应用核心设计如图 7-2 所示。

- ❑ **领域建模**：SASE 领域描述 SASE 系统的范围和边界，DDD（Domain-Driven Design，领域驱动设计）将业务上的问题归属在特定的边界内，而这些边界内部就聚合为领域。为了降低业务理解和系统实现的复杂度，在设计建模的过程中会将 SASE 的领域进一步划分为更细粒度的 SASE 业务子域。
- ❑ **应用服务设计**：SASE 应用服务设计是指根据客户的业务需求和领域模型，创建符合 SASE 架构的服务目录及对应的服务。这些服务要构建基于不同客户场景的订阅服务，需要考虑如何在这些领域为客户提供可订阅的服务，这就需要在 SASE 服务接口设计时考虑上层访问者的调用。

❑ **应用功能识别**：SASE 介于用户和企业资源之间，为企业提供全面、敏捷和灵活的网络、安全、运营服务。也就是说，SASE 的核心应用业务功能是提供内聚的网络功能服务和网络安全功能服务及运营服务，后文将从这些方面展开应用服务，描述业务应用功能及其子功能。在进行应用功能识别的过程中，需要将应用系统的功能进行分类和整理，并设计相应的功能模块，便于更好地组织和管理 SASE 应用的功能。通过模块化的设计，可以提高应用的可维护性和扩展性。在对应用功能进行识别后，需要对领域模型进行闭环分析和确认。

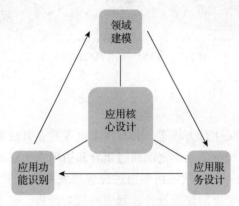

图 7-2　SASE 应用核心设计

通过对业务建模、服务目录识别、应用服务设计、核心功能的设计和优化，最终实现满足业务需求、提高应用稳定性和可用性的目标。在设计过程中，需要考虑多个方面，除了上面提到的领域建模、应用服务设计、应用功能识别等核心设计外，还需要兼顾考虑与业务架构、数据架构和技术架构等进行协同工作，以确保应用系统的设计符合整体架构设计的要求。

7.3　应用架构设计方法

只有深刻理解 SASE 的业务场景，厘清 SASE 应用的边界范围，挖掘 SASE 领域的业务知识，识别合理的上下文，才能合理定义应用功能、服务边界、确定架构的层次，在过程中逐渐形成领域概念，然后将这些概念抽象为领域模型，例如通用域、支撑域及 SASE 的核心域。从 SASE 的核心域推导出服务目录，根据服务目录拆分出具体的网络、安全、运营服务。基于服务推导出应用架构所需的应用功能主要有网络功能和安全功能，其中运营服务所对应的功能基于网络功能和安全功能。SASE 应用架构设计方法如图 7-3 所示。

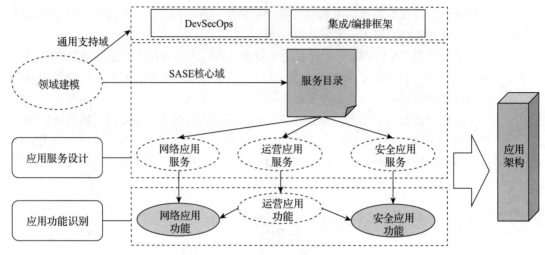

图 7-3   SASE 应用架构设计方法

7.3.1　领域模型设计

领域模型具备自己的属性行为状态，并与现实世界的业务对象相映射。领域模型之间具备明确的职责划分，领域对象元素之间通过聚合和引用来关联相应的业务规则，同时反映通用语言所表达的领域知识。领域模型通过提炼领域对象，定义领域对象之间的关系、属性和行为。领域模型属于应用建模设计过程中的核心产物，在领域建模的过程中也需要遵从一些建模的参考原则。领域建模应遵从的原则如下：

❑ 依据该模型与边界内其他模型或角色关系的紧密程度，比如当该安全域内模型变化时，其他网络域的模型是否需要改变，该数据是否通常由当前上下文中的角色在当前活动范围内使用。

❑ 服务边界内的业务能力职责应单一。SASE 的网络域、运营域与安全域职责单一，网络域、安全域、运营域的模型不放在同一个上下文中。

❑ 划分的安全子域和网络服务域、运营服务域需满足正交原则。各领域及各子域的名字或描述在上下文中保持互相独立。

为了降低业务理解和系统实现的复杂度，在设计建模的过程中会将 SASE 的领域进一步识别为更细粒度的业务子域，子域根据 SASE 的业务领域范围，如网络接入、智能选路等，进行安全的检测和防护等。基于网络和安全的日志、流量的分析、响应等运营的功能属性，SASE 领域又可以划分为 3 个子域。

❑ **核心域**：决定应用和系统核心的应用功能单元，它是决定业务是否成功的主要因素，比如 SASE 的核心域是可提供给用户满足不同业务需求的应用服务领域，这些领域可根据各功能属性的分类，分别内聚为网络域、安全域和运营域。

❑ **通用域**：同时被多个子域使用的通用功能子域是通用域，比如应用集成、服务集成的框架等。

❑ **支撑域**：既不包含核心业务的功能，又不包含通用功能的子域，但该功能子域又是必需的，也就是支撑域，如安全开发运维一体化领域。

领域建模的整个过程可大致分为 SASE 业务建模和 SASE 应用建模。业务建模已在前面的章节中详细描述，应用建模是在业务建模的基础上，完成业务需求到应用系统模型之间的映射，最终设计出可供用户使用的系统模型。应用建模强调职责，如 SASE 为用户提供网络连接的职责、为用户提供安全防护的职责、为合作运营方提供安全可运营的职责。同时，应用建模也强调依赖关系，如用户首先有网络连接，才能将各业务有机连接起来。安全防护需要对基础的网络有依赖关系，运营对网络和安全有依赖关系等。应用建模过程的核心是提炼核心的概念并构建模型，合理地划分这些模型层次、模型之间的边界，控制模型的粒度。

根据 SASE 的需求及特点，构建业务活动与应用的关系（见图 7-4）。在 SASE 的用户环境中，首先，需要基于网络设备、网络连接、安全策略等对象构建基础的网络连通或者基于客户现有网络进行流量牵引或编排。其次，在网络拓扑的各个威胁风险点进行流量检测、访问控制、应用识别、身份认证等安全能力的部署。最后，基于网络和安全的基础能力，以租户、运营人员的角度基于日志、监控等对象进行统筹运营，构建 SASE 的安全防护体系。

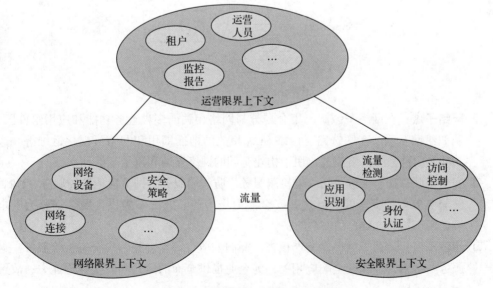

图 7-4　领域对象及实体关系视图

根据功能组件的识别和划分，梳理和映射网络、安全、运营之间的逻辑关系（见图 7-4），网络与安全之间以流量为媒介进行关联，运营与网络、安全为互相依赖的关联关系。通过领域建模的过程，识别出核心域为网络子域、安全子域和运营子域的聚合关联视图，以更好地理解各个子域之间的关系和交互。

基于以上原则和业务架构设计的输入，对 SASE 应用功能聚合进行的边界划分如下：

- ❑ **核心域**：网络子域、安全子域、运营子域。
- ❑ **通用域**：应用集成、服务集成、数据要求。
- ❑ **支撑域**：DevSecOps。

SASE 领域模型如图 7-5 所示。SASE 域作为核心域，可以进一步划分为安全、网络和运营三个子域。通过收集和整理与网络、安全、运营相关的信息，初步识别出应用服务及其相关的界限上下文，形成初步的领域模型。

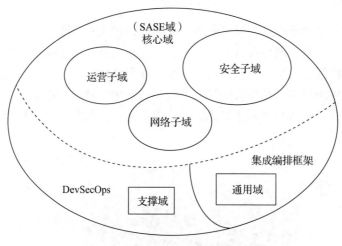

图 7-5　SASE 领域模型

- ❑ **网络子域**：在网络子域中，聚合划分与网络相关的多种业务功能和应用组件服务，例如组网互联、互联选路、网络 SLA 相关的即插即用和网络可视化运维等。这些功能和组件都与网络相关，用于构建基础的网络连通和流量牵引。
- ❑ **安全子域**：安全子域包括入侵检测服务、防火墙服务、网页应用防护服务、URL 过滤服务等传统安全能力。这些安全能力作为产品或服务提供，聚合划分为安全子域，用于构建 SASE 的安全防护体系。
- ❑ **运营子域**：运营子域提供资产核查、漏洞响应、等保合规、安全态势等服务。这些服务与运营管理和安全响应相关，为企业提供全面的运营和安全管理能力，故聚合为运营子域。

❑ 通用域和支撑域：除了核心域和子域，还应考虑通用域和支撑域。通用域包括应用集成、数据管理要求和服务框架等功能，用于支持各个子域的功能集成和应用开发。支撑域基于 DevSecOps 的理念，涵盖持续交付、监控审计、安全运维等能力，用于支持 SASE 应用的开发、部署和运维。

综上所述，通过 SASE 领域模型可以清晰地描述 SASE 领域中的核心域和子域，以及它们之间的关系，这有助于更好地理解业务需求和设计 SASE 应用架构。

7.3.2　应用服务设计

应用服务设计基于 SASE 领域的模型，对需要对外提供服务的 SASE 核心域进行设计，即对 SASE 域的三个重要的子域——网络子域、安全子域、运营子域对应的业务进行服务目录的梳理并设计对应的应用服务，以及明确服务接口设计的相关事项。应用服务集成框架如图 7-6 所示。

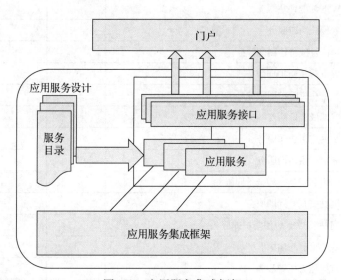

图 7-6　应用服务集成框架

1. 服务目录

服务目录对网络、安全及运营领域进行更细粒度的功能服务评估和定义，主要从范围、复用度、能力要求、易用性、边界等维度进行综合考虑和确认，定义对应的服务目录清单，如表 7-1 所示。

表 7-1 服务目录清单

服务目录				
服务类别	服务名称	服务范围	服务有效期	服务 SLA
网络即服务	移动接入服务（SDP 与 VPN）			
	固网接入服务（SD-WAN 与连接器）			
	流量接入服务（DNS 引流与专线引流）			
	多云接入服务（主流公有云与私有云）			
	网络冗余服务（链路冗余、POP 冗余、控制冗余）			
	流量 QoS（配置优先级、限速规则、保证带宽）			
	智能选路服务（链路负载均衡与网络质量选路）			
	网络加速服务（优质链路加速与多种应用加速）			
安全即服务	防火墙即服务			
	主机漏洞评估服务			
	Web 漏洞评估服务			
	入侵检测即服务			
	全流量威胁检测即服务			
	Web 应用防护即服务			
	云堡垒机防护即服务			
	终端威胁检测与响应即服务			
	私网应用访问服务			
	公网应用访问服务			
运营即服务	网络和安全态势全景即服务			
	网站安全监测即服务			
	网站云 Web 应用防护即服务			
	威胁检测与响应服务			
	订阅能力托管服务			
	互联网资产核查服务			
	轻量化渗透测试服务			
	外部攻击面管理服务			
	漏洞扫描订阅服务			
专项运营服务	等保合规建设服务			
	勒索病毒防治服务			
	挖矿主机治理服务			
	紧急漏洞应急响应服务			

2. 应用服务

运营服务可基于网络服务和安全服务进行构建，因为只有构建了相应的网络服务、安全服务后，才能基于此进行运营，从而为客户提供有业务价值的服务。这些领域的服务的具体形式以对应的服务接口呈现，让更上层的服务使用者可以调用网络应用服务、安全应用服务、运营应用服务等 SASE 应用架构的核心能力。服务目录清单与应用服务的关系如图 7-7 所示。

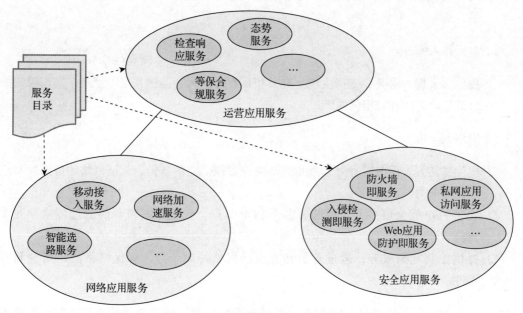

图 7-7　服务目录清单与应用服务的关系

（1）网络应用服务

根据表 7-1 中所示的网络即服务，如移动接入、固网接入、流量接入、多云接入、网络冗余、流量 QoS、智能选路、网络加速等服务可进行以下典型设计。

1）移动接入服务。

❑ 提供基于 SDP 的移动接入服务，实现安全的远程访问和连接。
❑ 提供 VPN 接入服务，通过加密的隧道连接，确保移动设备与企业网络之间的安全通信。

2）固网接入服务。

❑ 提供 SD-WAN 接入服务，优化固网连接的性能和可靠性。

❑ 提供连接器服务，用于建立安全的连接，并支持不同的接入方式，如以太网、DSL 等。

3）流量接入服务。

❑ 提供 DNS 引流服务，将流量通过 DNS 解析引导至安全云平台进行处理，有效抵御 DDoS 攻击等威胁。
❑ 提供专线引流服务，通过专线通道接入，保证企业的流量快速、稳定地进入云平台。

4）多云接入服务。

❑ 提供多云接入服务，支持主流公有云和私有云的无缝连接和集中管理，实现跨云平台的安全访问和数据传输。

5）网络冗余服务。

❑ 提供链路冗余服务，通过多条物理链路或虚拟链路的备份，保证网络的可用性和故障切换能力。
❑ 提供 POP 冗余服务，通过部署多个 POP 节点，实现数据流量的就近传输和冗余备份。
❑ 提供控制冗余服务，通过备份和冗余的网络控制节点，确保网络的稳定性和可靠性。

6）流量 QoS。提供流量 QoS 服务，通过配置优先级、限速规则等方式，对不同业务流量进行分类、控制和保证带宽，确保重要业务的优先传输。

7）智能选路服务。提供智能选路服务，通过链路负载均衡和网络质量选路算法，实现流量的动态分配和就近传输，提高网络性能和可靠性。

8）网络加速服务。

❑ 提供优质链路加速服务，通过优化网络传输路径和采用加速技术，提高网络连接和响应的速度。
❑ 提供多种应用加速服务，针对不同的应用场景和需求，对特定应用进行加速优化，提升用户体验和工作效率。

（2）安全应用服务

根据表 7-1，识别到的安全服务包括防火墙即服务、主机漏洞评估、Web 漏洞评估服务、入侵检测即服务、全流量威胁检测即服务、Web 应用防护即服务、云堡垒机防护即服务、终端威胁检测与响应即服务、私网应用访问服务、公网应用访问服务等功能。

❑ **防火墙即服务**：提供防火墙即服务，包括配置和管理防火墙规则，监测和阻止网络攻击，保护网络安全。

❑ **主机漏洞评估服务**：提供主机漏洞评估服务，通过扫描和分析主机的安全漏洞，及时发现和修复潜在的威胁，提升主机的安全性。

❑ **Web 漏洞评估服务**：提供 Web 漏洞评估服务，对 Web 应用程序进行扫描和评估，发现和修复潜在的漏洞，防止 Web 应用遭受攻击。

❑ **入侵检测即服务**：提供入侵检测即服务，实时监测网络和系统的异常行为，及时发现和响应入侵事件，保障网络的安全。

❑ **全流量威胁检测即服务**：提供全流量威胁检测即服务，对网络流量进行全面的检测和分析，及时发现和阻止各类网络威胁。

❑ **Web 应用防护即服务**：提供 Web 应用防护即服务，通过安全策略和技术手段，保护 Web 应用免受各种攻击，如 SQL 注入、跨站脚本等。

❑ **云堡垒机防护即服务**：提供云堡垒机防护即服务，对云环境中的堡垒机进行管理和防护，确保堡垒机的安全运行和访问控制。

❑ **终端威胁检测与响应即服务**：提供终端威胁检测与响应即服务，通过终端安全软件和检测工具，对终端设备进行威胁检测和应急响应。

❑ **私网应用访问服务**：提供私网应用访问服务，通过安全隧道和访问控制，实现对企业内部私有网络中应用的安全访问和连接。

❑ **公网应用访问服务**：提供公网应用访问服务，通过安全代理和访问控制，实现对公网上应用的安全访问和连接。

（3）运营应用服务

运营应用服务包括运营即服务和专项运营服务两个方面。根据表 7-1 对运营领域的服务进行识别，包括网络和安全态势全景即服务、网站安全监测即服务、网站云 Web 应用防护即服务、威胁检测与响应服务、订阅能力托管服务、互联网资产核查服务、轻量化渗透测试服务、外部攻击面管理服务、漏洞扫描订阅服务、等保合规建设服务、勒索病毒防治服务、挖矿主机治理服务、紧急漏洞应急响应服务。

❑ **网络和安全态势全景即服务**：提供网络和安全态势全景监测与分析服务，通过实时收集、分析和可视化网络数据，帮助企业全面了解网络和安全状况，及时发现潜在威胁。

- **网站安全监测即服务**：设计网站安全监测服务，定期检测和扫描企业网站的安全漏洞和风险，及时发现并修复潜在的安全隐患，提升网站的安全性。
- **网站云 Web 应用防护即服务**：提供网站云 Web 应用防护服务，通过使用先进的防护技术和策略，保护企业网站免受各种网络攻击和恶意行为的侵害，确保网站的可用性和安全性。
- **威胁检测与响应服务**：设计威胁检测与响应服务，利用先进的安全监测工具和技术，实时监控网络活动，快速发现和应对各类安全威胁，确保网络安全和业务连续性。
- **订阅能力托管服务**：提供订阅能力托管服务，帮助企业管理各类安全订阅服务，包括威胁情报、漏洞信息等，确保及时获取和应用最新的安全资讯和防护措施。
- **互联网资产核查服务**：设计互联网资产核查服务，对企业的互联网资产进行全面扫描和核查，发现和修复存在的漏洞和风险，保护企业资产的安全。
- **轻量化渗透测试服务**：提供轻量化渗透测试服务，模拟真实攻击场景，评估企业系统和应用的安全性，发现潜在的漏洞和弱点，并提供修复建议。
- **外部攻击面管理服务**：设计外部攻击面管理服务，帮助企业全面了解和管理外部攻击面，包括公开信息、暴露的服务等，及时发现和防范可能的攻击。
- **漏洞扫描订阅服务**：提供漏洞扫描订阅服务，定期对企业系统和应用进行漏洞扫描，及时发现和修复存在的漏洞，提升系统的安全性。
- **等保合规建设服务**：设计等保合规建设服务，根据国家相关法规和标准要求，帮助企业评估和改善信息系统的安全性，确保企业达到等保合规要求。
- **勒索病毒防治服务**：提供勒索病毒防治服务，通过采取高效的防护措施和安全策略，防止勒索病毒对企业数据和系统的威胁，保护企业的业务连续性。
- **挖矿主机治理服务**：设计挖矿主机治理服务，帮助企业检测和清除恶意挖矿程序，保护企业计算资源不被非法挖矿行为利用。
- **紧急漏洞应急响应服务**：提供紧急漏洞应急响应服务，对发现的紧急漏洞进行快速响应和修复，减少漏洞造成的潜在危害。

3. 应用服务接口

完成服务目录的制定及服务设计之后，要让这些服务产生真正意义上的业务价值，需要通过服务接口形式提供给上层调用，如提供给上层门户或第三方平台调用。

SASE 服务接口设计视图如图 7-8 所示。接口设计时需要考虑以下几个方面：

- 设计接口版本管理策略，如确定接口类型（如 RESTful、SOAP 等）。
- 确定接口传输协议，如确定接口请求方法——设计请求参数和响应数据格式（如

JSON、XML 等）。

❏ 设计接口安全策略，确保接口数据传输的安全性，如使用 SSL/TLS 协议加密数据
传输。

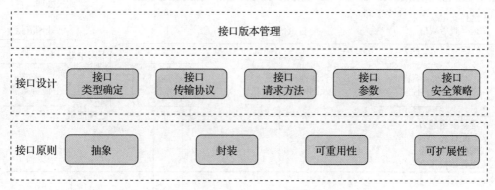

图 7-8　SASE 服务接口设计视图

在设计应用接口时，需要对接口进行适当的抽象和封装，确保接口的可重用性和可扩
展性，同时需要考虑接口的性能、稳定性和安全性。在接口设计完成后，需要进行充分的
测试和验证，确保接口的正确性和可用性。

4. 应用服务集成框架

在构建前文提到的 SASE 服务场景，如内网访问安全场景、公网访问安全场景、专项
服务场景的相关方案时，需要将前面设计定义的服务通过应用服务集成框架承载，以完成
场景方案级的服务设计。SASE 应用服务集成框架如图 7-9 所示，主要包含的关键组件和功
能要求如下。

❏ **云 SOC 平台**：支持租户订阅安全服务用户界面，提供服务类型和服务规格的订阅
接口，同时支持将租户服务类型、服务规格进行存储和管理。

❏ **资源池控制器及网络引流器**：支持租户的服务类型和服务规格转换为服务映射的安
全能力、计算资源以及服务链编排策略；支持租户服务包含租户网络能力、安全能
力计算资源以及服务链策略进行存储和管理，并同步到安全能力服务底座的管理节
点；支持租户网络的设置和引流相关策略，将业务流量引流至安全能力服务底座相
应接口。

❏ **能力服务底座**：支持根据网络、安全能力和其所需的计算资源，创建租户安全能力
实例，根据服务链编排策略创建安全服务链。

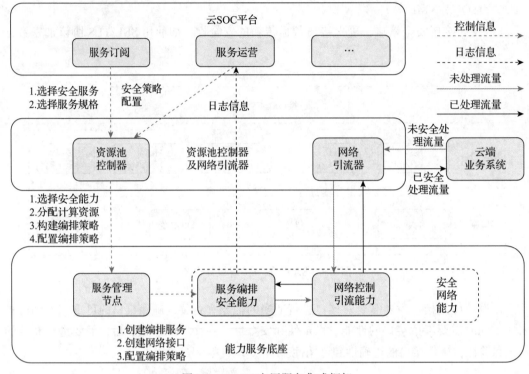

图 7-9　SASE 应用服务集成框架

7.3.3　应用功能识别

SASE 为企业提供全面、敏捷和灵活的网络、安全、运营服务，从与运营相关的应用服务对应的功能层面来讲，应用功能识别主体上也是由网络和安全的应用功能实体承载，如图 7-10 所示。

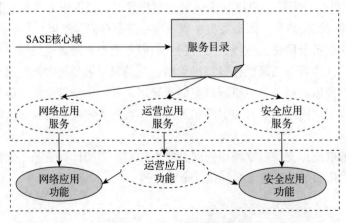

图 7-10　应用功能识别视图

1. 网络应用功能

SASE 网络应用功能，可以从功能、特点和作用出发进行分类，这样的分类有助于清晰地描述和组织 SASE 网络应用功能的不同方面，使其更易于理解和管理，可以更好地选择和实施适合自身需求的网络功能，以构建高效、安全、可靠的网络。涉及的网络应用功能（见图 7-11）有：网络接入互联、网络管理控制、网络性能优化和网络监控分析。

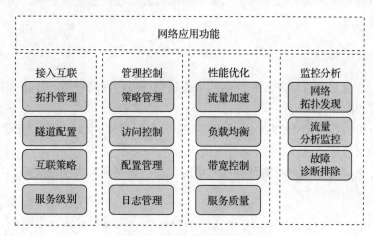

图 7-11　网络应用功能视图

1）接入互联功能。

❏ 拓扑管理：管理和维护不同站点、用户和应用之间的网络拓扑关系。
❏ 隧道配置：配置安全的虚拟专用网络（VPN）隧道，实现站点之间的安全通信。
❏ 互联策略：定义和管理网络互联的策略，包括站点间的访问控制、路由选择等。
❏ 服务级别：即互联服务级别协议（SLA）管理，支持各种网络互连协议，如 IPSec、GRE、MPLS 等，基于这些协议进行管理和监控互联服务的性能指标和保证的服务级别协议。

2）管理控制功能。

❏ 策略管理：定义和管理网络访问策略，包括访问控制列表（ACL）、防火墙策略等，控制网络访问权限。
❏ 访问控制：实施身份验证、授权和访问控制，确保合法用户的安全访问和数据保护。
❏ 配置管理：配置和管理网络设备的参数和功能，包括路由器、交换机、防火墙等。
❏ 日志管理：收集、存储和分析网络设备和用户的日志数据，以进行安全审计和事件调查。

3）性能优化功能。

❏ 流量加速：通过压缩、缓存、请求重定向等技术，提高网络流量的传输速度，减小响应时间。

❑ 负载均衡：将网络流量均匀地分配到多个服务器上，实现负载的均衡和资源的优化利用。

❑ 带宽控制：对网络流量进行带宽控制和流量调整，确保关键应用的优先传输和资源保证。

❑ 服务质量：定义和管理不同应用或流量的优先级和服务质量要求，实现差异化的服务质量保障。

4）监控分析功能。

❑ 网络拓扑发现：自动发现和绘制网络拓扑图，显示网络设备、连接和拓扑关系，帮助管理和故障排除。

❑ 流量分析监控：实时监测和分析网络流量，包括流量大小、流量类型、流量来源等，以便识别异常流量和威胁。

❑ 故障诊断排除：检测网络设备和连接的状态，识别和解决网络故障，保证网络的可靠性和可用性。

根据这些功能点可以细化 SASE 架构中的网络功能，提供具体和全面的功能拆分，以满足不同企业的网络需求和应用场景。

2. 安全应用功能

通过将 SASE 的安全应用功能按照终端、边界、应用、数据和监控与分析进行分类，可以从不同角度和层次全面考虑企业网络的安全需求，并为每个维度提供相应的安全保护措施。这样的分类有助于提高安全控制的可理解性、可管理性和可扩展性。SASE 安全应用功能有终端安全、边界安全、应用安全、数据安全、监控分析等，如图 7-12 所示。

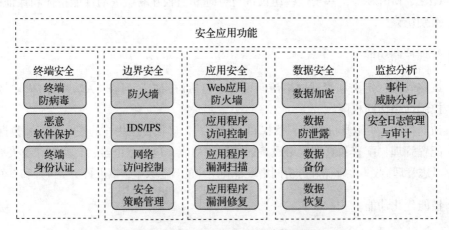

图 7-12　SASE 安全应用功能视图

1）终端安全。

❏ 终端防病毒与恶意软件保护：检测和阻止终端设备上的病毒、恶意软件和恶意链接。
❏ 终端身份认证：对终端设备进行身份验证，确保只有合法设备可以访问网络资源。

2）边界安全。

❏ 防火墙：监控和控制网络流量，阻止未经授权的访问和恶意活动。
❏ 入侵检测与防御系统（IDS/IPS）：检测和阻止网络中的入侵尝试和攻击。
❏ 网络访问控制（NAC）：对网络设备和用户进行身份验证和授权，控制网络访问权限。
❏ 安全策略管理：定义和管理边界安全策略，包括访问控制、安全策略规则等。

3）应用安全。

❏ Web 应用防火墙（WAF）：保护 Web 应用免受常见的 Web 攻击，如跨站脚本攻击（Cross-site Scripting，XSS）和 SQL 注入。
❏ 应用程序访问控制：对应用程序进行身份验证和授权，限制对应用程序的访问权限。
❏ 应用程序漏洞扫描与修复：扫描应用程序中的漏洞，并及时修复以防止攻击。

4）数据安全。

❏ 数据加密：对敏感数据进行加密，确保数据在传输和存储过程中的安全性。
❏ 数据防泄露（DLP）：监测和防止数据泄露以及敏感数据的意外外泄。
❏ 数据备份与恢复：定期备份数据，并能够在数据丢失或灾难恢复时快速恢复数据。

5）监控分析。

❏ 事件威胁分析：实时监测和分析网络中的安全事件和威胁，及时发现和应对安全威胁。
❏ 安全日志管理与审计：收集、存储和分析网络设备和系统的安全日志数据，进行安全审计和调查。

根据这些安全功能点可以细化 SASE 架构中的安全功能，提供更具体和全面的安全防护措施，以适应不同企业的安全和风险场景需求。

7.3.4　应用功能集成

要将各个离散的 SASE 应用功能集成为一个有机运行器，以下几个关键要素需要考虑：应用功能列表、应用功能集成、应用服务总线和应用适配器。它们在实现应用集成和构建整体应用架构过程中起到重要作用，如图 7-13 所示。

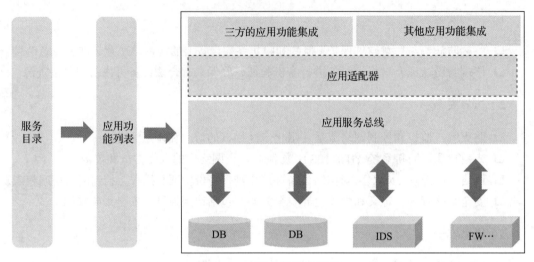

图 7-13　应用功能集成视图

❑ **应用功能列表**：服务功能列表是对应于服务目录的一系列功能列表的映射，一个服务可以由一个或者多个应用功能实体进行组装实现，用于管理和维护可用的服务功能。它提供了一个清单，列出了可用的应用功能和其他相关信息，包括功能描述等。

❑ **应用功能集成**：应用功能集成是将应用功能列表中不同的应用功能模块通过应用服务总线连接。通过应用功能集成，不同的功能模块可以共享数据、协同工作，并形成一个有机的整体。例如，防火墙的整体功能由多个独立的安全功能模块集成，要实现集成，可由访问控制、应用规则识别、威胁检测、URL 过滤等功能联动、融合来实现。总体来看，SASE 架构中的应用集成是将服务功能列表的应用功能按需在系统中运行起来，应用功能集成将不同功能模块相互连接和协同，基于应用服务总线实现模块之间的通信和交互，以及通过应用适配器实现不同应用和系统的接口转换，以此来实现 SASE 架构中应用功能集成的敏捷性、灵活性、可扩展性。

❑ **应用服务总线**：应用服务总线是实现应用功能集成的关键组件，它提供了应用功能模块之间相互通信和交互的机制。应用服务总线可以作为应用功能的中介，协调不同模块之间的消息传递、数据共享和事件触发，使得应用集成更加灵活和可扩展。通过应用服务总线，不同的功能模块以松耦合的方式进行集成，减少 SASE 业务功能因场景需求变化带来的应用功能变更触发的耦合性和依赖性，便于 SASE 业务功能的扩展和快速集成。

❑ **应用适配器**：在 SASE 架构中，应用适配器起到了连接不同应用功能模块和服务总线的作用。它可以将不同的数据格式、协议和接口转换为统一的标准，使得不同的应用功能模块可以无缝集成并相互交互。为 SASE 服务提供商及三方安全能力的集成提供了技术保障。

1. SASE 应用功能集成与发布

在 SASE 应用开发和管理过程中，应用功能列表、应用功能集成、服务目录、应用服务集成和应用构建发布之间存在交互关系且相互作用，如图 7-14 所示。

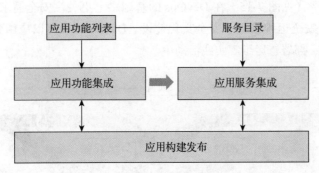

图 7-14　应用功能集成与发布

❑ **应用功能列表**：是对应用所需功能和特性的明确描述和定义。它提供了一个清晰的指导，确保开发人员了解应用的功能范围和要求，以便进行后续的设计和实现工作。

❑ **应用功能集成**：是将不同的功能组件整合到一个统一的 SASE 应用系统中的过程。通过应用功能集成，各个功能组件可以协同工作，实现 SASE 应用的整体功能。应用功能集成需要参考应用功能列表，确保所有所需的功能都得到合理集成和实现。

❑ **服务目录**：提供了一个描述应用服务的机制。服务目录有助于开发人员了解和访问可用的应用服务，从而在应用开发过程中对应用服务进行有效调用和集成。

❑ **应用服务集成**：可确保 SASE 应用能够与其他应用服务、系统进行有效集成。通过应用服务集成，不同的应用服务可以相互配合工作，实现数据共享、功能扩展和系统协作。应用服务集成需要参考服务目录中所描述的应用服务，确保应用服务正确集成，实现满足业务场景需求的功能和业务方案。

❑ **应用构建发布**：是将开发完成的 SASE 应用功能、应用服务转化为可执行、可部署的形式的过程。它涉及代码的编译、打包、版本控制，以及自动化测试、部署和发布流程。应用构建发布的过程需要参考应用功能列表和服务目录，确保应用的构建过程满足功能需求，并能够正确地集成和调用相关的应用功能、应用服务。

2. SASE 应用及服务构建发布上线

DevOps（Development 和 Operations）是一组过程、方法与系统的统称，用于促进开发、技术运营和质量保障部门之间的沟通、协作与整合。一直以来，DevOps 所强调的都是通过优化的技术框架、敏捷的开发流程，在切实保障产品可靠性的基础上，大幅缩短开发周期、大幅提升系统的部署频率和部署效率。DevOps 重点就是快速交付。SASE 的服务功能种类多，需要快速构建各种能力并发布，以应对 SASE 客户快速变化的业务需求。

DevSecOps 框架（见图 7-15）在 DevOps 的基础之上更关注安全需求、持续集成交付、安全审计和监控、安全运维管理、安全文化建设。DevSecOps 可以应用到 SASE 的安全开发、持续集成交付、部署、运维等实践活动中。

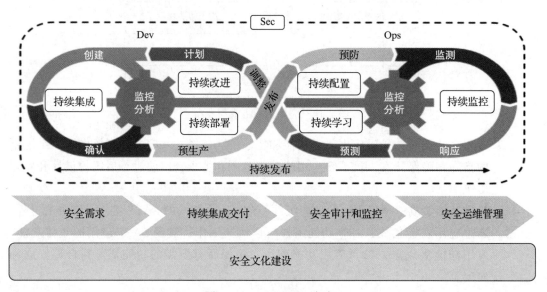

图 7-15　DevSecOps 框架

- ❑ **安全需求**：包括采用安全编码和开发实践、适当的访问控制措施、身份认证和会话管理、安全配置管理等。这些实践旨在减少应用程序的安全漏洞和弱点，确保只有授权用户能够访问系统和资源，并限制敏感数据的访问权限。采用安全编码规范和最佳实践，处理异常情况并记录安全事件和操作日志。通过遵循这些实践，可以降低安全风险，保障用户和敏感数据的安全。同时，可以将 SASE 的终端安全能力应用于安全开发实践活动中，例如应用程序的开发和部署，需要采取安全编码和配置策略，确保应用功能相关程序在终端设备上的安全运行。
- ❑ **持续集成交付**：确保代码、配置和依赖的安全性至关重要。为此，可以采取一系列安全措施来保护软件交付管道的安全。首先，引入自动化的安全代码扫描、漏洞扫描和静态代码分析工具，以及时发现潜在的安全漏洞和弱点，并提供修复建议。其次，建立自动化的安全测试和验证流程，包括安全功能测试、渗透测试和安全配置验证等，确保系统在不断变化的环境中具备必要的安全性。此外，加强持续监控和日志分析，及时检测和应对安全事件。通过这些综合的安全措施，可以提高持续集成和持续交付过程的安全性，减少潜在的安全风险，确保交付的软件具备可信赖的安全性。通过持续集成和持续交付的方式，可以更高效地在 SASE 的 POP 节点进行部署和迭代升级。

❑ **安全审计和监控**：安全审计和监控是保障应用安全的重要措施，需要建立适当的审计和监控机制，实时监测安全事件、异常访问和潜在攻击行为，并采取相应的措施进行响应和修复。在 DevSecOps 中，持续安全监测和反馈至关重要，在应用架构设计中，应考虑集成安全监测工具和技术，实时监控应用的安全状态，例如漏洞、攻击和异常行为等。通过持续安全监测，可以及时发现并应对安全威胁，确保应用的安全性和可靠性。此外，应建立安全事件响应机制，确保及时响应和处置安全事件，并进行事后的安全事件分析和总结，以改进应用的安全性。同时，加强团队的安全意识和培训，提高开发人员对安全问题的敏感性和应对能力。通过综合的安全审计和监控措施，可以保障应用的安全性，并为持续交付提供可靠的安全保障。

❑ **安全运维管理**：安全的运维管理确保在应用程序的部署、配置和管理过程中采取适当的安全措施，以降低系统被攻击的风险。首先，应实施安全的网络配置，包括网络隔离、防火墙配置和访问控制策略，以防止未授权的访问和网络攻击。其次，进行操作系统和应用程序的补丁管理，定期更新和升级操作系统和应用程序，修补已知的安全漏洞，以保持系统的安全性。应实施安全的凭证管理，包括使用强密码策略、定期更改密码、限制账号权限等，以防止未经授权的访问和身份泄露。在运维过程中，还应实施安全的备份和恢复策略，定期备份数据并测试恢复过程，以应对数据丢失或系统故障。建立安全审计和监控机制，对系统进行日志记录和事件监测，及时发现异常行为和安全事件，并采取相应的响应措施。通过综合的安全运维管理，可以保护为客户提供 SASE 服务的应用系统免受或少受攻击，确保系统的可靠性和持续安全性。

❑ **安全文化建设**：DevSecOps 强调整个团队的参与和责任共担，这不仅是安全团队的责任。在 SASE 应用开发的全生命周期，建立安全意识和安全文化至关重要。通过为开发人员、运维人员和其他相关人员提供培训和教育活动，增强团队成员的安全意识和技能，促进安全意识渗透到开发、测试和运维的方方面面，并建立安全文化和责任意识。

7.4　应用架构设计

前文阐述了 SASE 应用架构的领域建模、应用服务设计、应用功能识别等核心内容，也从应用及服务管理角度阐述了应用集成、应用服务集成、应用服务构建发布上线等内容。

接下来对 SASE 应用架构设计进行描述。应用架构设计包括系统架构的构建、框架模块划分、应用架构核心功能设计、安全性考虑等方面。

要设计 SASE 应用架构，就要从 SASE 领域模型、SASE 应用服务及应用功能、应用功能的集成、应用服务的集成框架等关键内容进行整体分析。通过分析应用架构中展示层、核心功能层、通用层、基础设施层的组成要素，再结合前文介绍的领域模型和应用服务设计、应用功能识别的合理性，就可完成偏差分析，从而确保后续架构设计中设计、开发、测试、运维、运营等相关干系人可以清楚 SASE 应用架构的定位与演进。

SASE 应用架构（见图 7-16）是业务架构和技术架构之间的桥梁，用于完成 SASE 业务架构向技术架构的衔接或映射，应用架构为业务架构提供业务活动的结构载体，为数据架构提出相应的数据要求，为技术架构的实现提供有效输入。SASE 应用架构的总体视图有以下几个层次：基础设施层、通用层、核心功能层和展示层。

❑ **基础设施层**：包括硬件服务器、裸金属、私有云基础设施、公有云基础设施、对象存储、数据库，以及这些基础设施之上的系统底座等。
❑ **通用层**：包括应用功能集成框架、应用服务集成框架、数据要求。应用功能集成框架分为应用服务总线、应用适配器、基于服务目录的应用功能列表、应用功能集成等。应用服务集成框架由应用服务通信、应用服务管理、应用服务监控、应用服务治理等构成。数据要求部分包括数据汇聚、数据清洗、数据分类、数据标签、数据呈现、数据加密等。
❑ **核心功能层**：包括网络、安全、运营三大类核心应用服务。这些服务可以融合组成不同场景的服务方案，如零信任内网访问、统一公网访问、等保合规专项等。网络部分涉及的核心应用功能有组网互联、选路、SLA 与网络质量保障等。安全部分有安全类的数据防泄露（DLP）、入侵检测（IDS）、防火墙（FW）、Web 应用防护（WAF）等。运营部分有态势感知、等保、云托管服务等。有了 SASE 应用架构核心层这些核心的服务，可以灵活地构建专项或综合应用服务方案以快速满足客户场景业务要求。
❑ **展示层**：包括 SASE 服务提供商运营门户、合作运营门户、租户门户等。这些门户视图可通过 PC 端客户端、小程序、手机 APP 等方式供客户选择使用。

此外，SASE 应用架构还包括应用架构设计的原则和开发运维一体化的相关内容，基于高内聚、低耦合、单一原则、可重用、可扩展等应用架构设计原则，基于 DevSecOps 的安全持续集成交付、监控审计、全生命周期的安全文化建设等。

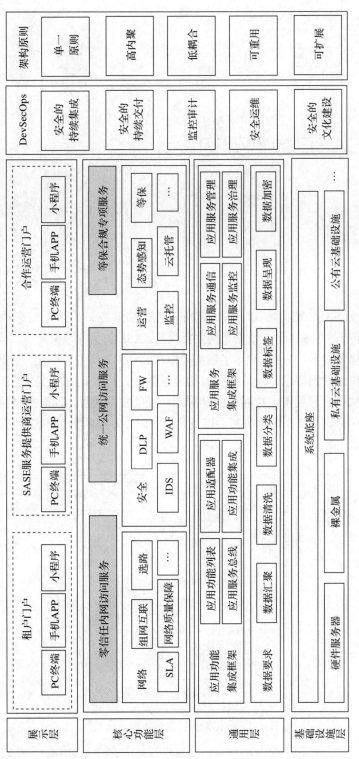

图 7-16　SASE 应用架构

SASE 数据架构设计

数据架构作为 SASE 架构的重要组成部分，是连接业务架构与应用架构的纽带，是 SASE 架构非常重要的组成部分。数据架构主要描述 SASE 架构的数据资产、分层组织、数据呈现之间的结构和关系。图 8-1 展示了数据架构在 SASE 架构中的位置。数据架构需要对接整个 SASE 架构的数据要求，对应业务架构中业务能力、业务流程、业务活动的数据支撑，以及应用架构中领域模型、应用服务和应用功能的数据映射，同时通过技术架构的分布式计算、分布式存储、知识图谱分析，以及建模知识库等技术能力，提供底层数据存储、分析及处理的技术支撑。

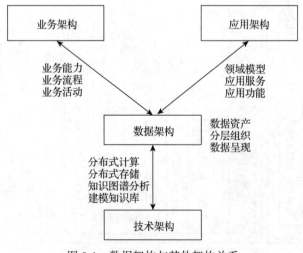

图 8-1　数据架构与其他架构关系

数据架构需要基于业务架构、应用架构和技术架构，对业务数据的完整性和一致性提供有效的保证。数据架构是业务架构和应用架构在数据层面的呈现，并依据数据架构对技术架构进行设计指导和输入。

8.1　数据架构设计框架

可遵循数据架构设计框架（见图 8-2）来开展 SASE 数据架构设计工作。

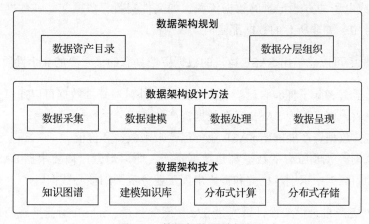

图 8-2　数据架构设计框架

数据架构设计框架在逻辑上可分为数据架构规划、数据架构设计方法和数据架构技术三部分。数据架构规划主要从 SASE 服务的网络、安全和运营整体服务的角度对数据资产进行梳理，形成 SASE 服务的数据资产目录。这一过程涉及将数据逐级录入数据库并进行存储，然后进行数据中台的建模和挖掘，最终呈现多维度的租户态势，以构建数据分层组织。

数据架构设计方法按照阶段可划分为数据采集、数据建模、数据处理和数据呈现。通过这一过程，实现数据在 SASE 服务中的输入、分析、处理和输出的全生命周期闭环流转，从而构建统一的数据架构。

数据挖掘的知识图谱和建模知识库等相关技术，以及分布式存储和分布式计算等技术是数据架构设计的技术底座。这些技术支持数据的存储、处理和分析，确保数据在 SASE 服务中的有效管理和应用。

综上，数据架构规划对 SASE 服务的数据资产进行整理和组织，数据架构设计方法确保了数据在 SASE 服务中的完整流转，而数据架构技术则提供了必要的技术支持，使数据架构能够高效运行和应用。

8.2 数据架构规划

数据架构规划是从 SASE 整体角度出发，基于业务目标、业务架构及应用架构的规划输入，进行数据架构规划的过程，规划内容主要包括数据资产目录和数据分层组织两部分。

8.2.1 数据资产目录

数据资产是指由业务运营者所有或者通过合法途径获取，且能够为业务运营带来经济利益，以物理或电子的方式记录的数据资源，如文件资料、数据文档和数据库文件等。在 SASE 运营服务中，并非所有的数据都能构成数据资产。

从以上概念中可以总结出 SASE 运营的数据资产具有的最重要的 3 个性质。

❑ **可控**：运营者除了拥有自己运营产生的数据外，对外部数据可以通过可靠、合法的途径获取，也可作为 SASE 运营数据资产的一部分。
❑ **有价值**：数据资产能够给 SASE 业务运营带来效益和价值。
❑ **需要甄别**：并非所有的数据都是数据资产，所以运营厂商要根据 SASE 业务特点，在海量的数据中识别、挖掘和提炼出属于业务范围的核心数据资产。

SASE 数据资产目录框架设计可通过 SASE 服务目录、SASE 运营呈现两个维度建立模型，梳理 SASE 数据资产并形成数据资产目录。

SASE 服务目录总体上可以分为三类：网络即服务、安全即服务和运营即服务。其中网络即服务和安全即服务，通过订阅具体的网络能力和安全能力，为租户企业提供网络服务和安全服务的业务监控、运营效果及优化建议。运营即服务通过运营专家对订阅的运营专项服务，进行运营监控、处置效果以及整改推荐。基于以上分类设计出 SASE 数据资产目录中的多种面向 SASE 业务的租户企业的数据资产，其详细内容如图 8-3 所示。

图 8-3 SASE 数据资产目录

网络全局态势采用实时监控的方式，向租户企业呈现其业务网络和所订阅网络服务的整体态势，包括与网络拓扑、流量分布、链路状态和服务质量等相关的实时数据。网络服务报表以周、月、年为周期进行统计，得出业务流量统计及排名、带宽峰值及平均占用率、跨区域组网个数、网络访问质量等统计数据。网络优化建议采用定义邮件和主动电话的方式，对租户企业的实际运营情况进行反馈，并结合实际的业务发展趋势对可能产生的业务网络需求进行梳理并向其推荐合适的网络服务。

安全全局态势通过主动通告的方式，对租户企业的网络资产状态和业务流量情况进行全方位获取，包括对访问终端、网络流量和业务服务端的安全事件进行实时告警和呈现。安全服务报表以周、月、年为周期进行统计，对租户企业安全事件的地域分布、资产分布、业务分布和威胁分布进行多维度统计呈现。安全治理建议针对已经识别的租户企业频繁的安全事件，以及外部的安全威胁情报等信息，向租户企业推荐已有和新推出的新型安全服务。

运营事件态势基于云端运营专家，对租户企业网络和安全事件的识别、分析、处置和记录的全生命周期的响应过程，进行实时通告，以便告知租户企业业务运营事件和提升运营体验。运营服务报表以周、月、年为周期进行统计，将云端专家的处置个数、专家级别、响应时间和运营效果进行主动呈现，充分体现 SASE 运营服务的价值。运营专项推荐即专家针对租户企业的网络和安全需求进行主动识别，结合不断推出的运营专项服务进行匹配和推荐，并可按需提供短期免费试用等服务，以便租户企业更好地体验专项服务的优势和亮点。

8.2.2　数据分层组织

SASE 业务数据自底向上可划分为数据采集层、数据共享层、存储分析层和数据应用层，如图 8-4 所示。

图 8-4　SASE 业务数据分层

在数据采集层，原始业务产生的数据和外部导入的数据被采集并存储在存储硬件上。

数据采集方法包括对业务日志的被动接收、环境数据的主动输入和业务情报的关联搜索。

在数据共享层，采集的数据经过数据共享、数据传输、数据交换和数据集成等过程，进行纠错、除重和归一化处理，形成准确且标准的数据集合。

在存储分析层，对采集的数据进行汇聚分析和数据挖掘，推导出满足 SASE 业务服务所需的网络、安全和运营业务数据集合。

在数据应用层，按照 SASE 服务的分类，即网络服务、安全服务和运营服务，将数据资产进行呈现和应用，以满足相应的业务需求。

这样的数据分层结构有助于有效管理和应用 SASE 业务的数据，从原始数据采集到数据存储、分析和应用，实现全面的数据生命周期管理和价值实现。

8.3 数据架构设计方法

SASE 数据架构的主要目标是在对核心数据资产（如业务数据流量等）进行有序管理，提供安全服务并发挥数据的价值，从而为 SASE 安全运营厂商带来经济效益。

通过建立合理的数据架构，SASE 安全运营厂商能够有效管理和处理核心数据资产，包括对业务数据流量的采集、存储和分析。这样的有序管理能够为安全服务提供必要的数据支持，帮助厂商更好地监测和防御网络安全威胁。

同时，SASE 数据架构还通过应用数据挖掘和分析技术，发挥数据的潜在价值。通过对数据的深度挖掘，安全运营厂商可以获取关键的安全洞察和威胁情报，从而提供更准确和有效的安全服务。

这种数据驱动的安全运营模式可以为 SASE 安全运营厂商带来经济效益。通过合理管理和利用核心数据资产，安全厂商能够提高服务质量和效率，满足客户的安全需求，并在竞争激烈的市场中获得竞争优势，进而实现商业成功。

数据架构设计方法的目标是完成数据在 SASE 业务包含的网络即服务、安全即服务和运营即服务过程中，对业务数据的输入、分析、处理及输出的全生命周期闭环流转。整个过程主要通过四个阶段完成，即数据采集、数据建模、数据预处理和数据呈现，进而构建统一的数据架构的设计过程。

8.3.1 数据采集阶段

数据采集阶段主要包含多源数据采集、多地数据传输、汇聚数据预处理及数据持久存储等过程。数据采集阶段的主要数据处理流程如图 8-5 所示。

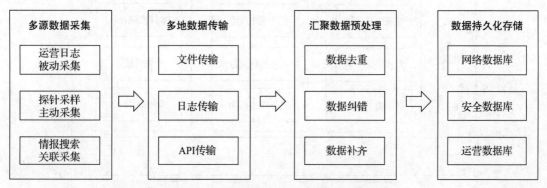

图 8-5   数据采集阶段的主要数据处理流程

多源数据采集指对 SASE 的网络能力、安全能力和运营能力产生的服务日志数据进行定期被动收集和存储。同时，通过业务探针和业务监控方法对租户企业的业务数据进行主动采样和提取，并定期对与网络和安全相关的情报数据进行关联搜索和标识。

完成多个数据源的信息采集和提取后，需要通过多地数据端将数据汇聚到统一的数据中心进行持久化存储。数据汇聚方式包括文件传输、日志传输和 API 传输，分别采用网络协议（如 FTP、HTTPS、TCP/UDP），syslog 方式的流量日志、安全日志和操作日志，以及 HTTPS API 和 kafka API 等方式进行传输。

多地数据汇聚之后，需要进行清洗处理。这包括对重复数据的比对识别和去重处理，剔除异常操作导致的错误数据，并采用默认填写和逻辑补充的方式处理数据不全的部分，以保障数据的完整性。

最后，根据业务类型（网络、安全和运营）对数据进行筛选，并进行分类和标签标识，将不同业务数据导入不同的数据库和文件进行持久化存储。为确保数据存储的可靠性，采用分布式存储方式，并满足数据异地灾备的业务需求。

8.3.2   数据建模阶段

数据建模主要针对不同业务服务，对持久化存储的各类数据进行集中提取、分析，然后进行推理和挖掘，提取出服务效果数据。整体数据建模流程如图 8-6 所示。

数据提取解析是将数据库和文件中的数据，按照结构化和非结构化的方法进行解析，并通过数据总线的方式，在数据消息队列中进行归一化处理，并依据时间顺序导入数据建模的处理步骤。

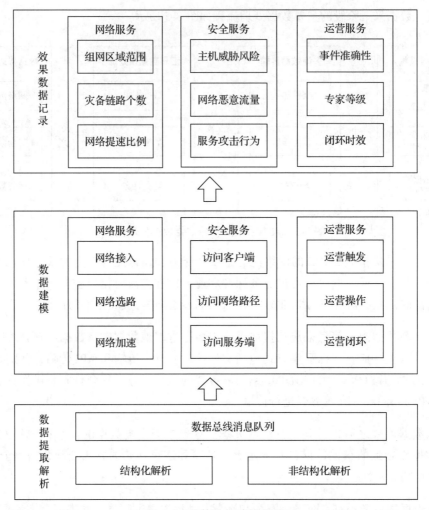

图 8-6　整体数据建模流程

　　数据建模是数据架构设计的核心，即在数据分析和推理过程中，应用知识图谱和构建知识库的技术方法，依据 SASE 服务特性进行数据挖掘和分析。本节依据 SASE 的服务分类进行数据建模，在网络服务方面，以业务流量的 TCP/IP 的五元组为关键字，从网络接入地点、接入方式、接入吞吐、协议类型、转发路径、流出吞吐和流出地点角度进行网络数据汇聚，并按照网络服务核心指标，针对网络接入、网络选路和网络加速等三个维度进行数据建模；在安全服务方面，利用安全服务中产生的安全日志和告警信息，按照安全服务的核心指标，针对访问客户端、访问网络路径、访问服务端等三个维度进行数据建模；在运营服务方面，利用运营服务的人力投入和操作记录，按照运营服务的流程，针对运营触发、运营操作、运营闭环三个维度进行数据建模。

　　服务效果数据记录，是对 SASE 订阅服务给租户企业带来的业务提升效果数据进行的记录。对于网络服务的应用效果数据，主要记录组网区域范围、灾备链路个数、网络提速比例等。对于安全服务的应用效果数据，主要记录主机威胁风险、网络恶意流量和服务攻击行为等。对于运营服务的应用效果数据，主要记录事件准确性、专家等级、闭环时效等。

8.3.3　数据预处理阶段

在数据建模完成，将 SASE 服务数据转换成 SASE 服务的应用效果数据之后，需要对应用效果数据进行预处理，数据预处理过程如图 8-7 所示。

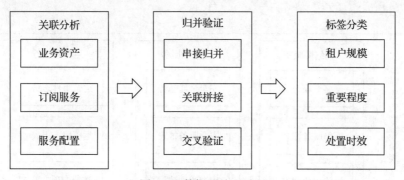

图 8-7　数据预处理过程

数据预处理包括关联分析、归并验证和标签分类三个步骤。在关联分析中，多维度分析网络、安全和运营事件数据，结合订阅 SASE 服务的租户企业的业务资产、订阅服务和服务配置，进行关联分析，生成 SASE 的网络、安全和运营事件，并进行记录。

归并验证阶段将网络、安全和运营事件进行串接归并，对事件个数进行整体精简。例如，将同一企业资产在同一时间发生的网络事件、安全事件和运营事件进行关联拼接，同时，通过交叉验证三个事件，识别和筛选误报的单个事件，提高事件的准确性。

标签分类阶段根据租户企业规模、事件重要程度、事件处置效果和事件闭环时间等维度对网络、安全和运营事件进行标签分类和排序。这样可以提供多维度查询使用 SASE 服务产生的事件。

8.3.4　数据呈现阶段

数据呈现阶段涉及两个层面：基于网络、安全和运营维度的服务数据呈现；基于典型业务场景的数据呈现，包括零信任内网访问场景、统一公网安全访问场景和企业等保测评服务场景等。数据呈现的两个层面如图 8-8 所示。

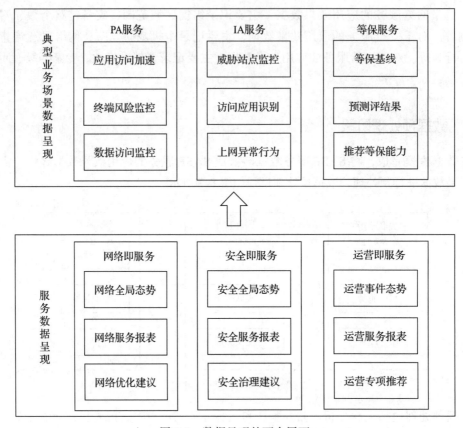

图 8-8　数据呈现的两个层面

基于网络、安全和运营维度的服务数据呈现，提供了网络即服务、安全即服务和运营即服务的数据呈现。网络即服务和安全即服务通过订阅方式，向租户企业提供网络服务和安全服务的业务监控、能力效果监控和优化建议。运营即服务则通过运营专家对订阅的运营服务进行监控、处置和整改推荐。

在基于典型业务场景的数据呈现中，提供了零信任内网访问场景（PA 服务）、统一公网安全访问场景（IA 服务）和企业等保测评服务场景（等保服务）的数据呈现。零信任内网访问场景涉及业务应用的访问加速效果、访问终端的风险监控以及对内网应用和数据的越权访问和异常访问的监控。统一公网安全访问场景主要监控内网对互联网威胁站点的访问，识别访问的应用类型，并控制频繁下载大文件和上传多个文件的异常上网行为。企业等保测评服务场景涉及等保测评目标的等保基线呈现，包括等保目标资产、等保二级或三级以及测评生效周期等信息。通过预先测评、演练、评估具备的网络、安全和运营能力，并根据测评结果进行服务的修正和推荐，以满足租户企业选择合适的服务类型、适配业务需求和测评要求。

8.4 SASE 数据架构

SASE 数据架构基于对核心数据资产的有序管理，提供安全服务，发挥数据的价值。通过为租户企业提供直观的数据呈现服务和服务体验，该数据架构旨在提高租户企业对 SASE 服务厂商的满意度，为 SASE 安全运营厂商带来更多的经济效益。SASE 数据架构整体设计如图 8-9 所示。

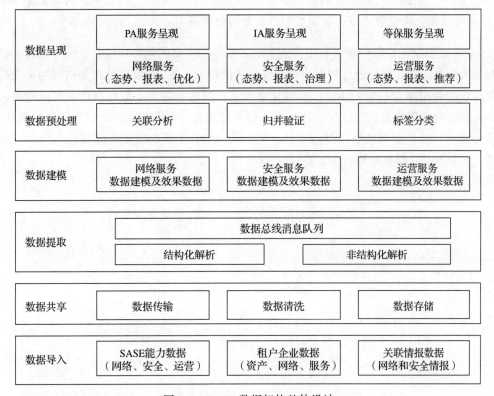

图 8-9 SASE 数据架构整体设计

SASE 服务的数据架构采用自底向上的设计思路，从数据的获取到数据的呈现进行分层设计。具体来说，数据架构包括以下几个部分。

- ❑ **数据导入**：通过 SASE 订阅能力获取多源数据，包括 SASE 能力数据、租户企业数据和关联情报数据，并将其统一导入系统。
- ❑ **数据共享**：通过网络协议、syslog 和 API 等方式进行数据传输，并进行数据清洗和错误处理。采用分布式存储技术，实现高可靠的数据持久化存储。
- ❑ **数据提取**：对存储的数据进行结构化和非结构化解析，将信息按时间顺序放置在数据总线消息队列上，以便后续的数据处理模块进行快速提取和消费。

- ❑ **数据建模**：对预处理的数据进行建模，按网络服务的关键指标、安全服务的对象和风险维度，以及运营生命周期的不同阶段进行数据建模，形成网络、安全和运营维度的事件。
- ❑ **数据预处理**：对提取的数据进行关联分析和拼接、交叉验证和归并，按租户、服务类型和服务时间等维度进行标签分类。
- ❑ **数据呈现**：根据 SASE 服务的订阅能力，基于网络、安全和运营三个维度呈现数据。同时，根据特定的业务场景，如零信任内网访问、统一公网安全访问和企业等保测评服务，提供整体方案以满足租户企业的业务需求。

SASE 数据架构设计的意义在于实现 SASE 服务的全面优化和卓越安全性。通过多源数据的导入、共享和提取，经过数据建模和预处理的精细加工，SASE 数据架构可为企业提供直观高效的数据呈现和服务体验，使得企业能够更好地利用核心数据资产，实现网络、安全和运营维度的事件监控与优化。此架构不仅可提高租户企业对 SASE 服务厂商的满意度，也可为安全运营厂商带来更多经济效益，同时为 SASE 服务的成功实施和运营提供可靠的基础，推动 SASE 服务向更高水平发展。

第 9 章 | Chapter 9

SASE 技术架构设计

技术架构就是我们常说的软件架构或系统架构，技术架构设计是将业务需求和应用功能转变为技术实现的过程。技术架构可以帮助我们梳理系统边界，识别系统需求、系统风险和问题优先级，确定技术方案和路线，让团队之间达成共识且相互约束，并指引团队适应业务和技术的变化。SASE 技术架构以 SASE 业务架构中的业务需求、业务能力、业务流程为指导，是从 SASE 应用架构和数据架构的具体形态导出的对 SASE 基础设施、网络和安全服务等进行整体部署的一组技术设计方案，能够支撑 SASE 服务的技术开发与高效交付运营。

9.1 技术架构设计框架

SASE 技术架构设计框架用于指导 SASE 技术架构设计工作。SASE 技术架构设计框架由技术架构规划、核心技术架构、基础设施和技术架构标准原则几部分构成（见图 9-1）。

❑ **技术架构规划**：对 SASE 技术架构统一规划的指导，包括架构模式、架构方法和架构制图。

❑ **核心技术架构**：SASE 核心技术架构涉及网络架构、安全架构和平台架构。网络架构包括 SD-WAN 网络架构、VPN 网络架构等；安全架构包括面向安全方案的 PA、IA、ZTNA 架构，以及面向安全产品即服务的 FW、IPS 等架构；平台架构用于构建 SASE 管理平台，涉及运营平台、租户平台、运维平台等方面，这些类型的平台在技术架构上主要由开发平台、数据平台、移动平台、中间件、开发工具及应用框架等构成。

❑ **基础设施**：包括网络基础设施、安全基础设施及云基础设施。这些基础设施不是完全独立的，例如在通过云基础设施构建安全资源池的场景下，云基础设施也可以是安全基础设施的一部分。

❑ **技术架构标准原则**：一些通用的架构设计原则可用于指导 SASE 技术架构设计，包括通用设计原则、服务开发设计原则、架构制图原则等。

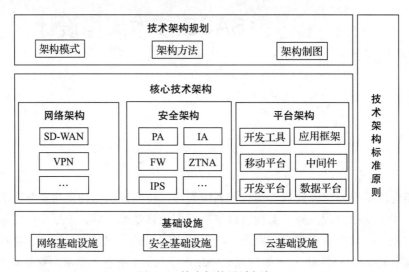

图 9-1 技术架构设计框架

9.2 技术架构规划

SASE 技术架构规划包括架构设计模式、架构设计方法和架构制图。架构设计模式是针对具体场景问题的通用解决方案，利用可复用的架构设计模式可以提升 SASE 系统架构的设计效率和设计质量。架构设计方法是对具体架构设计的指导，说明技术架构设计可采用的方式和途径。架构制图指在系统设计过程中，使用图形的表示方法来描述和展示 SASE 系统结构和组成部分之间的关系，帮助开发人员和相关利益者更好地理解系统设计和各组件之间的交互关系，典型的架构制图采用的是 UML 制图并结合"4+1"视图模型的方法。本节主要针对架构设计模式和架构设计方法展开描述。

9.2.1 架构设计模式

技术架构常用的设计模式既包括一些传统模式，如分层架构、事件驱动架构、分布式架构、SOA 架构，也涉及一些近年来比较盛行的模式，如微服务架构、云原生架构、服务网格架构、无服务架构等。在进行 SASE 技术架构设计时，需要考虑自身组织的设计和研发能力，结合具体的 SASE 业务规划和技术特点，选择合适的架构设计模式。以下几种架构设计模式（见图 9-2）在设计中可以重点关注，包括分布式架构设计模式、微服务（Microservice）架构设计模式和事件驱动架构设计模式。

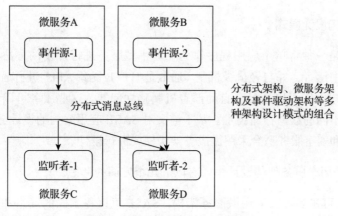

图 9-2　需要关注的架构设计模式

1. 分布式架构设计模式

SASE 架构的设计目标是为组织提供一个简化、安全、高效、灵活的网络和安全架构，以满足现代企业的安全需求，并提供更好的用户体验。SASE 架构的核心思想是将网络安全和 WAN 连接能力推向边缘，以实现更好的性能、可扩展性和用户体验。

SASE 架构采用分布式架构设计模式可基于以下方面进行考虑。

- ❏ **边缘化安全功能**：SASE 的关键特征是将安全功能部署在网络的边缘节点，如云服务提供商的边缘节点、分支机构的边缘设备等。这样做可以更快地将安全功能应用于用户流量，并减少延迟。分布式架构允许将安全功能分散在各个边缘节点上，以更好地服务于用户。
- ❏ **全球性的网络连接**：SASE 架构支持全球性的网络连接，使得用户可以通过服务提供商的全球网络进行访问。采用分布式架构可以在全球范围内部署多个边缘节点，确保用户能够就近接入，并获得低延迟和高性能的连接。
- ❏ **弹性和可扩展性**：分布式架构使得 SASE 能够实现弹性和可扩展性。由于 SASE 的服务可以在云化环境中部署，可以根据需要动态地增加或减少资源。这意味着 SASE 服务建设方可以根据实际需求进行扩展，而不需要一次性投资大量的硬件设备。
- ❏ **高可靠性**：采用分布式架构可以增加 SASE 系统的可靠性。通过在多个边缘节点上部署相同的服务和功能，即使某个节点发生故障，其他节点仍然可以继续提供服务，从而保证业务的连续性和可靠性。

综上，SASE 架构设计采用分布式架构能够提供高可靠性、可扩展性、低延迟以及简化的管理和部署。

2. 微服务架构设计模式

微服务架构是一种将单个应用程序作为一套小型服务进行开发的方法，每种应用程序都在自己的进程中运行，并与轻量级机制（通常是 HTTP 资源 API）进行通信。这些服务是围绕业务功能构建的，可以通过全自动部署机制独立部署。这些服务可以用不同的编程语言编写，并使用不同的数据存储技术。基于前文对 SASE 应用架构的设计分析，SASE 对外提供的网络服务和安全服务适合采用微服务架构模式进行设计。

SASE 架构采用微服务架构设计模式有以下几个方面的考虑。

- ❑ **模块化和可扩展性**：采用微服务架构，SASE 可以将不同的网络和安全功能划分为独立的服务。这些服务可以根据需要独立部署、扩展和升级，从而实现更好的模块化和可扩展性。例如，SASE 可以将防火墙、Web 应用防护、入侵检测等功能划分为独立的服务，根据实际需求进行部署和扩展。
- ❑ **独立开发和部署**：微服务架构使得不同的开发团队可以独立开发和部署各自的服务，而不会相互干扰。在 SASE 的情景中，不同的网络和安全功能可以由不同的团队负责开发和维护，使得整个架构更加灵活和可维护。
- ❑ **故障隔离**：微服务架构的一个重要特点是故障隔离。当一个服务发生故障时，其他服务不会受到影响，整个系统可以继续运行。在 SASE 中，如果某个网络或安全功能服务发生故障，其他服务仍然可以正常运行，从而确保业务的连续性和可靠性。
- ❑ **实现技术多样性**：采用微服务架构，SASE 可以使用不同的技术栈和编程语言来实现不同的服务。这种灵活性使得 SASE 能够选择最适合每个服务的技术，提高开发效率和系统性能。

使用微服务架构思想设计 SASE 技术架构，可以提高系统的模块化程度、可扩展性、可用性和容错性，同时也可以降低开发和运维的成本，使系统更加灵活和可维护。

3. 事件驱动架构设计模式

SASE 架构需要对网络和应用程序进行实时监测和处理，需要对各种事件进行处理和响应。采用事件驱动架构设计模式可以使系统更加灵活，尤其在分布式架构模式下，通过异步处理事件，可提高系统的性能和可伸缩性。

SASE 技术架构采用事件驱动架构设计模式有以下几个方面的考虑。

❑ **异步和实时处理**：SASE 涉及多个网络安全服务，例如防火墙、Web 应用防护、全流量检测等。这些服务需要实时地对网络流量进行检测、分析和处理，以提供快速且可靠的安全保护。采用事件驱动架构可以通过异步处理事件来进行高效实时处理，使得系统能够快速响应和处理各种安全事件。举例来说，当 SASE 的入侵检测系统检测到网络流量中的异常行为时，它可以将该事件作为一个安全事件进行处理。事件驱动架构能够将这个安全事件发送给相关的安全服务，以便进行进一步的分析和响应。这种异步的事件处理方式可以有效提高系统的吞吐量和响应速度。

❑ **松耦合和可扩展性**：SASE 技术架构需要处理大量的网络流量和安全事件。采用事件驱动架构可以实现服务之间的松耦合，每个服务只须关注自己感兴趣的事件，而不需要依赖其他服务的状态。这种松耦合的设计使得系统更加模块化和可扩展，可以根据实际需求动态地增加或减少安全服务。在 SASE 业务场景中，企业通常会在不同的地理位置部署安全服务节点，用于提供网络安全保护。采用事件驱动架构可以将安全事件发送到最近的节点进行处理，从而减少网络延迟并提高用户体验。同时，当需要增加新的安全服务节点时，可以通过简单地添加新的事件处理器来扩展系统，而不需要对现有的服务进行修改。

❑ **可靠性和容错性**：事件驱动架构具有自动重试和错误处理机制，可以有效地处理系统中可能出现的故障和错误。在 SASE 业务场景中，如果一个安全服务节点发生故障或出现错误，事件驱动架构可以将事件发送到其他可用的节点进行处理，从而确保系统的连续性和稳定性。此外，事件驱动架构还可以通过记录和重放事件的方式实现数据的可靠性，确保安全事件不会丢失或被错误地处理。

综上，SASE 技术架构设计采用事件驱动架构模式可以提供异步和实时处理、松耦合和可扩展性，以及可靠性和容错性。这些特性使得 SASE 系统能够高效、灵活地处理大量的网络安全事件，满足不断增长的网络安全需求。

进行总体架构设计时，可以将上述三种架构模式结合使用，分别解决分布式设计问题、服务化设计问题以及其中涉及的同步与异步的消息通信问题。通过合理的设计模式的组合，可以提高系统的可维护性、可扩展性、安全性和性能。

9.2.2　架构设计方法选择

架构设计模式是对一类问题的抽象设计方法的总结，而架构设计方法在 SASE 架构设计中，是面向一类具体的问题可以考虑采用的具体设计方法描述。设计方法和设计模式是具体和抽象的关系，针对某一种设计方法，可以采用一种或多种设计模式。

以下分别面向微服务设计、轻量化设计和可编排设计进行 SASE 架构设计方法的描述，如图 9-3 所示。

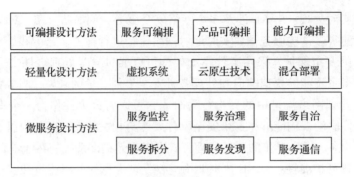

图 9-3　SASE 架构设计方法

1. 微服务设计方法

SASE 的微服务设计，涉及服务拆分、服务通信、服务监控、服务发现、服务治理和服务自治等几个方面的内容。

（1）服务拆分

当采用微服务架构设计 SASE 时，需要对 SASE 服务做适当拆分，按照类型服务可分为对内提供的系统服务，如系统管理、配置管理等服务，以及对外提供的安全服务、网络服务和运营服务，这些服务均可以通过微服务方式进行部署。拆分原则可以根据功能边界、可扩展性、自治性和解耦合等因素来进行。例如，可以将防火墙、Web 应用防护、入侵检测系统等划分为不同的微服务。每个微服务都应该有一个清晰的职责，并且可以独立部署、扩展和升级。

（2）服务通信

SASE 微服务架构中，服务之间需要进行通信以实现协同工作和数据交换。这里介绍几种常见的微服务通信方式和机制。

1）**同步通信**：这是最常见的微服务通信方式之一，其中一个服务直接调用另一个服务的 API 来进行通信。调用方发送一个请求，然后等待响应，这种通信模式称为请求—响应模式。同步通信适用于需要即时响应并需要进行请求和响应的情况。常见的同步通信机制包括使用 HTTP/HTTPS 协议进行 RESTful API 调用、使用 RPC（远程过程调用）框架进行方法调用等。

2）**异步通信**：在异步通信模式下，发送请求的服务不需要等待响应。相反，它可以继续处理其他任务，而无须阻塞。异步通信适用于需要解耦和增强可伸缩性的场景。常见的异步通信机制包括消息队列、事件驱动架构和发布—订阅模式。

❑ **消息队列**：通过使用消息代理如 RabbitMQ、Apache Kafka、ActiveMQ 等，微服务可以将消息发送到队列，其他服务可以异步地从队列中读取消息并进行处理。这种通信方式非常适合处理大量的消息和实现解耦。

❑ **事件驱动架构**：微服务可以通过发布事件的方式来通信。发送方发布事件，而接收方可以通过订阅事件来接收和处理它们。这种模式适合于解耦和实现高度可扩展的系统。

❑ **发布—订阅模式**：在发布—订阅模式中，发布者将消息发布到一个主题，订阅者可以选择订阅感兴趣的主题并接收相关消息。

SASE 中的服务可以同时使用同步和异步的 API，实现一对一或一对多的服务之间的通信。典型场景如：服务状态监控服务通过某服务 API 接口获取该服务运行参数信息，可以采用一对一的同步模式通信。而当健康检测服务模块检查到某服务异常时，则可采用异步方式发布该服务异常的事件消息，从而订阅该事件的其他服务可以接收该事件做平滑或可靠性处理，如服务管理模块进行服务降级处理。

（3）服务监控

SASE 架构是一个分布式的系统，每个节点上都运行着多种安全业务，为了保证业务的连续性和用户的体验，需要对服务的各项指标进行监控。需要监控的指标可能包括服务可用性、服务 CPU 负荷、服务内存占用、服务存储状况、服务响应时间等其他服务关键指标。

在每个节点上，需要有一个监控服务，负责本节点所有其他服务的监控以及节点系统资源的监控，监控服务收集各类状态数据存到日志中，同时转发到系统的管理服务。系统管理服务收集到状态数据中，进行归类和聚合，并通过报表对用户进行全方位展示。系统管理服务同时对监控服务进行管理。

对具体业务服务来讲，建议满足以下功能：

❑ 跟踪服务请求的响应时间，以及调用的错误率等。
❑ 知晓上下游服务的健康状态，包括上下游的响应时间和错误率。
❑ 收集自身运行指标，存储和上报。
❑ 关注底层操作系统的资源使用，调整自身容量规划。

对于支撑各服务的系统，需要满足以下功能：

❑ 聚合 CPU 之类的主机层级的指标以及服务级的指标，统一呈现。
❑ 统一数据和日志的存储方式和格式，提供足够的存储空间。
❑ 提供统一的工具对日志进行查询和审计，并实现仪表盘告警。

❑ 提供标准化的服务标识关联策略。

（4）服务发现

在一个拥有众多服务的 SASE 系统中，需要关注每个服务究竟在何处，或者说每个系统环境下有哪些服务在运行，它们的运行状况如何等。使用服务发现机制来管理和跟踪 SASE 系统中的微服务。微服务设计中，常见的服务发现解决方案包括基于 DNS 的服务发现、服务注册与发现（如 Consul、Etcd）和容器编排工具（如 Kubernetes）等。

通过服务发现，微服务可以自动注册和注销，同时也可以动态地发现和调用其他微服务，实现服务之间的通信和协作。

（5）服务自治

对于一个需要提供持续服务的 SASE 业务系统来说，任何故障都可能引发严重的后果，因此需要构建一个弹性自恢复的系统。要确保服务持续可用，需要经历服务监控、发现问题、处置问题、服务恢复等几个阶段。发现问题有几种方式：服务自身的健康检查，发现逻辑层面的问题；服务监控对系统资源的监控，发现系统问题如 CPU、网络等；服务监控定期收集各服务的运行状态，通过对收集的数据进行分析，可以发现服务挂死、服务崩溃等问题。

所有发现的问题，需要统一上报给节点的服务管理，服务管理进行综合决策和恢复处置，如果是一个多节点的部署场景，也可以按需汇总给节点管理的角色。服务管理根据配置的恢复策略，分层级进行错误处置操作。服务容错机制可抽象为三层（见图 9-4）：服务内部处置层级、服务外部处置层级及操作系统处置层级。

第一层级为服务内部处置层级。

❑ **超时**：需要给服务之间的调用设置一个超时时间，防止长时间的调用等待。
❑ **熔断**：服务管理在发现服务高负荷运行时，根据配置策略对此服务进行熔断操作。首先切换到此服务的流量调度，如果有其他对等服务处于正常状态，将流量牵引过去。同时会持续监控此服务的负荷，当其恢复正常后，逐步将流量恢复。

第二层级为服务外部处置层级。

❑ **重启**：服务出现异常，服务自身无法恢复，那么服务管理会给此服务发送重启的请求，让服务自身优雅重启。如果服务连续几次都没有正确响应指令，那就证明服务已处于假死状态，例如已成为僵尸进程，这个时候服务管理可以对此服务进行强制重启。

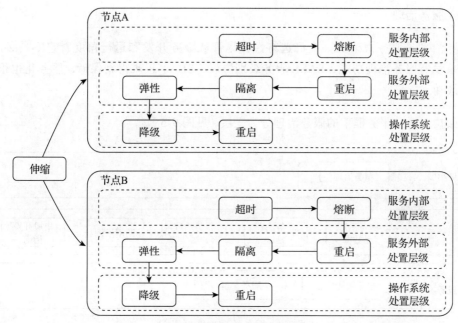

图 9-4　服务容错机制层级图

- **隔离**：在对一个服务多次采用重启策略（例如 3 次）后，若服务还是无法正常恢复，那么服务管理可以将此服务停掉，并将其从服务链中删除，同时上报重大错误事件。
- **弹性**：在对一个服务隔离后，如果策略可以对此服务进行扩展，那么服务管理会拉起一个对等的服务，可以在本节点，也可以跨节点，根据配置和节点的资源状况确定。同时更新整个服务链的路径。

第三层级为操作系统处置层级。

- **降级**：节点服务管理发现节点的资源不足时，会尝试收集资源占用最多的进程和服务，根据服务优先级对资源进行回收（暂时停止低优先服务等），等到资源恢复正常后，再将相应的服务恢复。
- **重启**：系统出现严重故障，如网络中断，资源占用高无法自动恢复时，需要对整个节点进行系统级重启。

在一个节点重启后也无法正常工作时，需要停止此节点接入系统，并在资源许可的情况下，启动备用节点进行服务提供，实现弹性伸缩。这个策略也适用在系统突然出现高峰值业务访问流量时，自动迅速增加服务节点，扩展服务资源。

以上所有的故障和采取的处置方式，都需要以日志的形式详细记录，供后续的问题排查和审计。

（6）服务治理

服务治理是服务框架的一个可选特性，尽管从服务开发和运行角度看它不是必需的，但是如果没有服务治理功能，SASE 服务级别协议（SLA）很难得到保障，服务化也很难真正实施成功。

从架构上看，服务框架的服务治理分为三层（见图 9-5）。

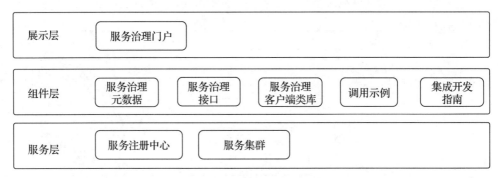

图 9-5　服务治理功能层级图

第一层为服务治理展示层，它主要由服务治理门户组成，提供可视化的界面，方便服务运维人员进行治理操作。

第二层为服务治理组件层，它主要由服务治理元数据、服务治理接口、服务治理客户端类库、调用示例以及集成开发指南组成。服务治理组件需要提供集成开发指南，指导使用者如何在开发环境中搭建、集成和使用服务治理组件。

第三层为服务治理服务层，它通常由一组服务治理服务组成，可以单独部署，也可以与应用合设。考虑到健壮性，通常选择独立集群部署。治理服务的可靠性由分布式服务框架自身来保证，治理服务宕机或者异常，不影响业务的正常使用。服务治理服务通常并不随服务框架发布，治理服务是可选的插件，单独随服务治理框架交付。

2. 轻量化设计方法

SASE 技术架构轻量化的目标包括满足租户订阅最小性能规格需求、满足安全能力性能挡位最优计算资源需求，以及支撑未来业务发展的平滑扩展。SASE 技术架构采用轻量化设计方法可以让 SASE 服务最大限度地在有限资源内为更多企业提供更细粒度的服务，同时降低 SASE 总体运营和运维成本。

以 SASE 安全资源池为例，面向多租户服务的资源共享代替资源独享是实现轻量化的重要技术手段。针对 SASE 安全资源池，实现 SASE 轻量化的典型技术方案如表 9-1 所示。

表 9-1　实现 SASE 的轻量化典型技术方案

技术方案	描述
虚拟系统	云化多租户主流方案，典型是以虚机方式部署安全能力，面向整体产品的"一虚多"的虚拟化技术
云原生应用及容器技术	服务对应的安全能力采用容器技术，通过资源池控制器进行统一编排调度
混合部署（虚拟系统＋容器）	采用虚拟系统与安全能力容器化相结合方式部署

（1）虚拟系统

在讨论虚拟系统之前，首先介绍一下基于虚拟机的服务部署的优势。

❑ **虚拟机镜像封装了技术栈**。此模式的一个重要好处是虚拟机镜像包含服务及其所有依赖项。它消除了错误来源，确保正确安装和设置服务运行所需的软件。一旦服务被打包为虚拟机，它就会变成一个黑盒，封装服务的技术栈。虚拟机镜像可以无须修改地部署在任何地方。用于部署服务的 API 称为虚机管理 API。部署变得更加简单和可靠。

❑ **隔离的服务实例**。虚拟机的另一个好处是每个服务实例都以完全隔离的方式运行。毕竟，这是使用虚拟机技术的主要目标之一。每台虚拟机都有固定数量的 CPU 和内存，不能从其他服务中抢占资源。

❑ **使用成熟的云计算基础设施**。将微服务部署为虚拟机时，可利用成熟且自动化的云计算基础设施。部分云环境会试图以避免机器过载的方式在物理机上调度虚拟机，同时还能提供有价值的功能，如跨虚拟机的流量负载均衡和自动扩展。

虚拟系统是典型的一需多技术方案，在防火墙产品上有较多应用。如 FortiGate 防火墙的 VDOMs（Virtual Domains，虚拟域），华为防火墙和绿盟防火墙的 VSYS（Virtual System，虚拟系统）。对于其他安全能力，也可采用一需多的方式实现对多租户的支持。

通常虚拟系统的管理涉及多个管理员（见图 9-6），从而实现不同的虚拟系统为不同的租户提供相应能力的目标，例如根系统管理员负责创建虚拟系统及其对应管理员账号，分配虚拟系统资源；虚拟系统管理员负责虚拟系统的管理和配置。

（2）云原生应用及容器技术

容器是一种更现代、更轻量的部署机制，是一种操作系统级的虚拟化机制。容器通常包含一个或多个在沙箱中运行的进程，这个沙箱将它们与其他容器隔离（见图 9-7）。

在容器中运行进程，就像在自己的机器上运行一样。它可以有自己的 IP 地址，可消除端口冲突，每个容器都有自己的根文件系统。容器运行时使用操作系统机制将容器彼此隔离。创建容器时，可以指定它的 CPU 和内存资源，以及依赖于容器实现的 I/O 资源等。容器运行时强制执行这些限制，并防止容器占用其机器资源。使用 Docker 编排框架（如 Kubernetes）时，分配容器的资源尤为重要。这是因为编排框架使用容器请求的资源来选择运行容器的底层机器，从而确保机器不会过载。

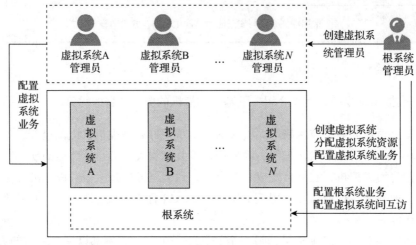

图 9-6　虚拟系统的管理

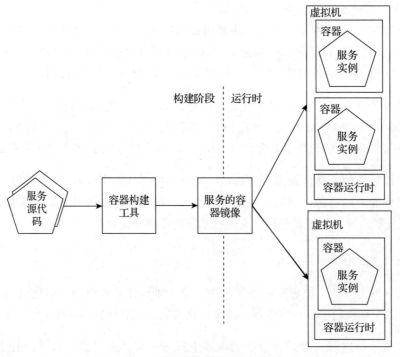

图 9-7　容器构建及运行示例

在 SASE 多租户场景下，可实现容器即租户能力，不同租户的安全能力均以容器方式运行，接受控制器的统一编排和调度（见图 9-8）。通过容器技术的应用，可实现 SASE 轻量化场景设计。

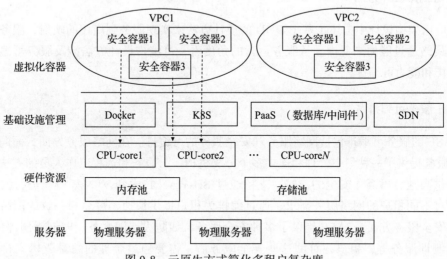

图 9-8　云原生方式简化多租户复杂度

（3）混合部署

混合部署就是采用虚拟系统结合容器化的方式部署，部分安全能力以安全虚机方式部署，并通过 VSYS 虚拟系统方式为多租户提供服务。同时，通过不同租户独享的安全容器方式，为租户提供安全服务，如图 9-9 所示。

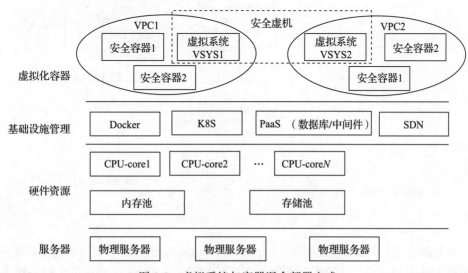

图 9-9　虚拟系统与容器混合部署方式

轻量化架构设计除了考虑降低系统资源使用量、简化服务化架构，还需关注如何提高系统的可维护性和可扩展性，从而降低总体服务成本，满足运营业务的 SLA 要求。

3. 可编排设计方法

在应用架构设计中描述了基于 DDD 的设计方法来实现服务到应用的映射，服务映射后的应用最终通过能力来支撑。从服务运营的角度看，可编排设计方法涉及服务可编排、产品可编排和能力可编排。

（1）服务可编排

SASE 的服务可编排包括网络服务和安全服务的可编排。在网络服务方面，面向租户的 SASE 服务提供了一种集中管理和连接多个分支机构、云服务和远程工作人员的方法。这包括了提供高速、可靠、安全的连接，支持通过 SD-WAN 技术和 VPN 等协议进行的网络连接。针对不同租户的网络服务需求，通过编排为租户提供快速、可靠和一致的网络服务交付。在安全服务方面，SASE 提供了多种安全服务，如防火墙即服务、Web 漏洞评估服务、入侵检测即服务等，租户在订阅这些安全服务后，需要通过合理的编排逻辑安排业务处理顺序，以便保障安全业务的有效性和高效处理。典型的，可通过 SFC（Service Function Chain，服务功能链）方式进行租户业务编排。SFC 是指定义和实例化一组有序的服务功能，通过控制网络流量的处理顺序，高效灵活地为用户提供所需的服务。IETF（The Internet Engineering Task Force，互联网工程任务组）对服务功能链进行了标准化定义，对架构框架、使用场景、路由转发和报文格式等进行了详细阐述（见图 9-10）。

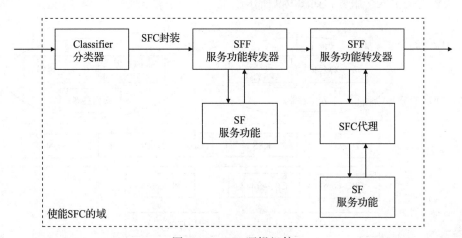

图 9-10　SFC 逻辑组件

在服务功能链中，服务功能路径（Service Function Path，SFP）是指数据包必须按照指定顺序转发的限制规范，而数据包在网络中实际访问 SFF 和 SF 的顺序称为呈现服务路径

（Rendered Service Path，RSP）。从 SFP 到 RSP，是一个从抽象定义到具体实现的逐步细化的过程。以 SASE 的公网应用访问服务为例，对租户访问 Internet 的流量进行安全防护，经过安全服务链调度，租户业务流量先后经过 A、B、C 三个已订阅的安全服务的处理。

（2）产品可编排

传统网络中，网络功能的执行通常与硬件设备强耦合，而 NFV（Network Functions Virtualization，网络功能虚拟化）将网络功能的软件执行与其运算、存储及使用的网络资源之间解耦。NFV 所需要的运算、存储和网络资源统称为网络功能虚拟化基础设施（NFVI）。解耦后的虚拟网络功能（VNF）运行在 NFVI 上，可以根据需要进行迁移、实例化、部署在安全资源池的不同位置，而不需要安装新的硬件设备。

SASE 的产品可编排设计可以参考 NFV 的 MANO 总体架构（见图 9-11），MANO 由网络功能虚拟化编排器（NFVO）、虚拟网络功能管理器（VNFM）及虚拟化基础设施管理器（VIM）组成。MANO 内部功能模块之间，MANO 与运营和业务支撑系统（OSS/BSS）、网元管理器（EMS）、虚拟网络功能（VNF）、网络功能虚拟化基础设施（NFVI）之间均由管理接口实现连接。对应在 SASE 编排架构下，安全产品以 VNF 虚拟网络功能形式运行，NFVO 通过编排不同的 VNF 形成安全服务，并管理 NFV 与 NFVI 资源和映射关系。

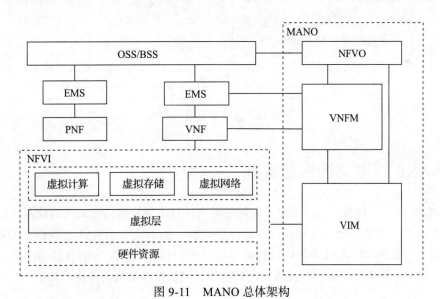

图 9-11　MANO 总体架构

（3）能力可编排

能力编排是比产品编排更细粒度的编排方式，能力是对外提供的有价值的功能，其载体是具体的组件。因此，能力的粒度可以控制到原子能力级别，通过原子能力或原子能力的组合对外提供服务。这些能力通过单独或聚合的方式支撑上层服务，对应 DDD 中服务层到领域层的映射。微服务架构中服务到服务之间的通信越来越重要，随着服务的增多，需要通信通道在可靠性、安全性及可用性上的保障，因此服务网格（Service Mesh）成为微服务架构的典型实践，其中 Envoy、Istio 是探索服务网格架构的典型代表。有别于传统互联网主要以暴露端口直接对外提供服务的方式，SASE 场景的安全服务可以通过安全服务映射的安全能力组件之间的先后传递来处理业务流量，因此微服务架构中服务网格的架构设计思想仍然可用在安全服务的架构设计中。能力的可编排通过内部的实现逻辑，如 CSMA（Cyber Service Mesh Architecture，安全服务网格架构）方式实现领域层的安全能力编排，为租户提供网络及安全服务的能力支撑（见图 9-12）。

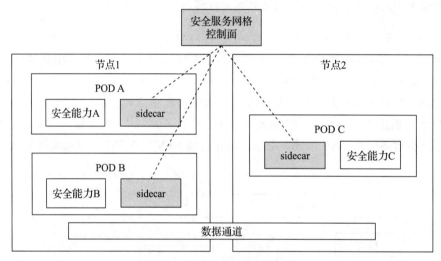

图 9-12　安全服务网格架构

9.3　SASE 技术架构构建实践

SASE 架构是一种基于云服务模型的网络架构，技术架构将传统的网络技术、安全技术与云技术结合，提供安全、高效和灵活的网络架构。基于技术架构设计框架的说明，前文的设计模式和设计方法对技术架构设计进行高层次的指导，下文将结合基础设施、网络架构、安全架构、管理平台架构的描述，完成整体 SASE 技术架构的构建。

9.3.1　基础设施

SASE 硬件基础设施是构建 SASE 服务的基础，从支撑的上层能力划分，可分为网络基础设施、安全基础设施和云基础设施。这几类基础设施虽然可以独立存在使用，但相互之间并不是完全独立的，例如对外提供安全服务的安全资源池的基础设施可以基于云基础设施来构建。

- ❑ **网络基础设施**：SASE 架构需要具备网络功能的硬件设备，例如路由器、交换机、负载均衡器等。这些设备用于构建基础网络架构，管理数据包的转发、路由和流量控制等功能。SD-WAN 是 SASE 的一个关键组成部分。SD-WAN 设备用于在广域网中提供分布式的、可靠连接，并优化网络性能。SD-WAN 设备通常包括 AC 控制器、边缘 CPE 和汇聚 CPE，用于管理和配置广域网连接、负载均衡和流量路由。
- ❑ **安全基础设施**：安全基础设施既包括传统安全设备如防火墙、入侵检测与防御系统、Web 应用防护等，也包括基于云基础设施构建的安全基础设施，如安全资源池。
- ❑ **云基础设施**：SASE 的关键特征之一是将网络和安全功能从传统的本地设备转移到云端。因此，SASE 基础设施需要依赖云服务提供商的硬件设备和基础设施，例如云数据中心、云服务器、虚拟化平台等。这些设备提供了计算和存储资源，以支持 SASE 架构中的虚拟化和云原生应用。通过构建 SASE 安全资源池支持基于云的安全服务交付，如 SASE 等保服务。

随着云计算和大数据等技术的发展，超融合架构已经成为云基础设施的一个重要趋势。因此在云基础设施的选择上，对于自建基础设施的场景，超融合是一种可选的架构。具体来说，超融合架构的优势如下。

- ❑ **简化管理**：超融合架构将计算、存储和网络功能整合在一起，大大简化了管理流程。管理员可以通过一个界面来管理整个数据中心，而不必单独管理每个设备。
- ❑ **提高灵活性**：超融合架构的计算、存储和网络功能是紧密集成的，可以根据需要进行快速扩展。这意味着数据中心可以更快地响应业务需求，并且更容易实现资源共享和重复利用。
- ❑ **降低成本**：超融合架构消除了传统数据中心中许多硬件设备之间的复杂互联，降低了数据中心的物理空间和能源成本。此外，超融合架构采用了虚拟化技术，可以更好地利用硬件资源，减少了硬件采购和维护成本。

超融合架构已成为数据中心硬件基础设施的一个重要趋势，越来越多的组织正在采用这种技术来提高其数据中心的灵活性、可扩展性和管理效率。在 SASE 云基础设施建设中，超融合架构是一种可选的技术方案。

9.3.2　网络架构

SASE 网络架构可以以分层抽象方式从 SASE 架构中提取。SASE 网络架构在层次结构上可以分为基础设施层、网络能力层、网络服务层和展示层，如图 9-13 所示。

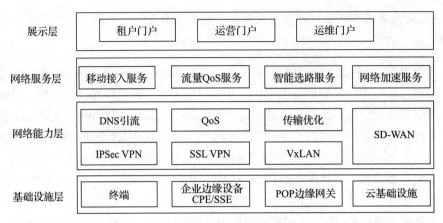

图 9-13 SASE 网络架构

SASE 架构是分布式架构，SASE 基础设施涉及分布式架构下需要集成的各种网络硬件基础设施，包括终端、企业边缘设备、运营商 POP 边缘网关及云基础设施。

SASE 网络能力一方面作为基础设施支撑上层业务开展，包括零信任内网访问、统一公网安全访问、企业等保测评服务在内的 SASE 典型应用场景均需要通过 SASE 网络能力的支撑。另一方面，一些网络能力也会通过网络即服务的方式对外提供服务。典型的网络能力包括 MPLS、IPSec VPN、SSL VPN、VxLAN 等网络隧道能力，以及针对网络的选路、加速和优化能力等。对于多分支互联场景，通过 SD-WAN 部署来实现网络加速和传输优化。企业边缘部署支持 SD-WAN 纳管的 CPE，或带有边缘安全防护功能的 SSE 设备。

当用户订阅了网络即服务时，网络服务的相关信息需要通过门户方式呈现给租户及运营和运维人员。

总体而言，SASE 网络架构会将流量引导至最终用户或终端附近的分布式入网点（POP），而不是将所有流量发回中央数据中心进行检查和加密。POP（要么由 SASE 服务提供商拥有，要么在第三方供应商的数据中心建立）使用云交付的安全服务（如 SASE 安全资源池）来保护流量，然后将用户或终端连接到公有云和私有云、软件即服务 (SaaS) 应用、公共互联网或任何其他资源。此外，网络架构的一些能力如 SD-WAN 可以通过网络即服务的方式提供，满足用户业务在网络方面的需求。

9.3.3 安全架构

SASE 安全架构同样是分布式架构，通过企业边缘部署的 CPE 融合网络安全能力，提供低延迟的网络安全响应；通过 SASE 资源池提供安全访问控制和身份验证，保障用户的网络安全，包括使用防火墙、入侵检测系统、Web 应用防护系统等；同时通过安全设备的日志上报，安全管理平台对安全日志进行分析研判，支持安全产品及运营服务。这样可以帮助企业及时发现并应对网络威胁和攻击，提高网络安全性和响应能力。

SASE 安全架构逻辑上可分为基础设施层、安全能力层、安全服务层和展示层，如图 9-14 所示。

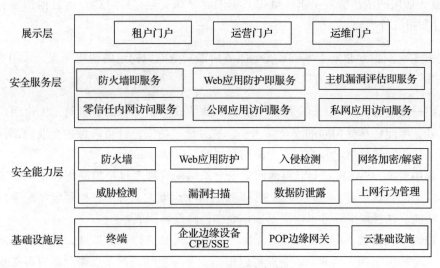

图 9-14　SASE 安全架构

可以认为 SASE 安全架构与 SASE 网络架构具有相同的基础设施，因为安全能力可以延展到用户边缘。

安全能力层包括构建上层安全服务的相关能力，如防火墙能力、漏洞扫描能力、入侵检测能力等。

安全服务层即提供给用户的可订阅安全服务，根据业务架构和应用架构设计的服务目录进行明确。按照自上而下的原则进行服务化设计时，安全服务层需能够提供相应服务的支撑。安全服务由两类构成，一类是基于解决方案的安全服务，如零信任内网访问服务（ZTNA）、公网应用访问服务（IA）、私网应用访问服务（PA）等，另一类是基于产品的安全服务，如防火墙即服务、主机漏洞评估即服务等。以零信任内网访问服务（ZTNA）为例，ZTNA 是一种从不信任并持续验证所有用户和实体的方法，不论用户和实体是在网络外部还是已经在网络内部。经过验证的用户和实体被授予完成其任务所需的最低访问权限。所有用户和实体在上下文发生变化时，都会强制其重新验证，并且会逐个数据包对每次数据交互进行验证，直至连接会话结束。ZTNA 本身不是一种安全产品，而是一种使用多种技术实现的网络安全方法，其中包括身份和访问管理（IAM）、多因素认证（MFA）、用户和实体行为分析（UEBA）以及各种威胁检测和响应解决方案。

展示层包括租户门户、运营门户和运维门户等针对安全服务的相关内容。当用户订阅了安全服务时，安全服务的相关信息需要通过门户方式呈现给租户及运营、运维人员。

SASE 安全架构设计还需要考虑用户体验、性能以及合规性需求，确保 SASE 架构不会对用户的网络连接和应用程序访问产生不必要的延迟或性能下降。在合规性和数据隐私方面，应遵守适用的法律法规要求，确保数据的隐私和安全，这可能包括数据加密、访问控制、审计和报告等措施。

SASE 安全资源池是基于 SASE 安全服务所需安全能力构建的池化资源，采用 SASE 资源池构建的 SASE 安全能力有以下好处。

- ❑ **统一安全性**：SASE 安全资源池提供一致的安全策略和保护机制，无论用户位于何处，都能够享受相同的安全性水平。这种统一的安全性可以保护企业内部网络、分支机构和远程用户，减少安全漏洞和风险。
- ❑ **集中管理**：SASE 安全资源池使得安全策略的管理变得更加简化和集中。通过一个统一的管理平台，租户和 SASE 服务运营及运维人员可以轻松管理和配置网络安全功能。这种集中管理可以提高操作效率，降低管理成本。
- ❑ **弹性和灵活性**：SASE 安全资源池可以根据需要进行弹性扩展，以满足不断增长和变化的网络和安全需求。企业可以根据业务需求和流量量级来调整资源的规模，从而保持性能和安全性的平衡。
- ❑ **优化性能**：SASE 安全资源池将网络、安全功能与云原生架构相结合，可以提供更高效的性能。通过使用云服务提供商的全球网络基础设施和加速技术，SASE 可以实现就近接入和数据传输优化，提供更低的延迟和更好的用户体验。

9.3.4　管理平台架构

SASE 管理平台对 SASE 网络服务、安全服务及运营服务进行集中管理，涉及基础设施、系统底座、能力中台、服务层及门户层多个层级的设计，如图 9-15 所示。

- ❑ **基础设施**：管理平台可在硬件、虚拟机及云环境中运行。
- ❑ **系统底座**：云原生底座、大数据平台、分布式与缓存等中间件构成管理平台的系统底座，根据前文设计模式分析，通过构建分布式云原生底座来支撑跨地域的业务开展。通过大数据平台支撑海量日志数据收集、分析和处理，支撑上层安全服务，并通过缓存来提高性能和可靠性。
- ❑ **能力中台**：包括网络管理、安全管理、设备管理、日志管理及 SD-WAN、编排和响应（SOAR）等中台能力模块。采用能力中台的设计方式，可以轻松添加、移除、替换和升级 SASE 管理平台的功能模块，使 SASE 管理平台快速适应业务需求和市场变化，同时增强系统的可扩展性和可维护性。

❑ **服务层**：SASE 服务包括网络服务、产品服务及运营服务涉及的微服务构成。网络服务提供 SD-WAN 组网能力；产品服务包括基于安全设备的产品即服务能力，主要通过具体的安全产品核心能力来提供，如防火墙即服务（FWaaS）、Web 应用防护等服务等；运营服务如通过 SASE 资源池提供的 SASE 等保服务等。

❑ **门户层**：SASE 管理平台提供租户门户、运营门户及管理门户功能。租户门户主要提供租户相关运营界面，提供服务管理、态势感知、事件管理、资产运营、配置管理等相关能力；运营门户提供工单管理、运营事件管理、订单管理、租户管理等相关能力；管理门户提供 SASE 管理平台的管理能力。

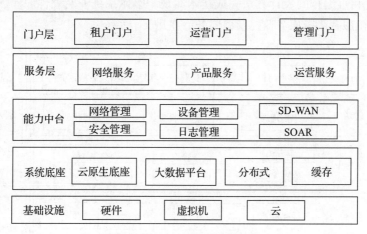

图 9-15　SASE 管理平台架构

9.3.5　构建 SASE 技术架构

SASE 技术架构总体视图可以参考图 9-16。

1）**管理平台层**：SASE 管理平台对 SASE 网络服务、安全服务及运营服务进行集中管理，涉及系统底座、能力中台、服务层及门户层。

2）**资源层**：主要涉及如下部分。

❑ **终端设备**：在 ZTNA 架构下，对所有终端和用户进行严格的访问控制策略，因为终端连接到网络的入口，任何未经授权的终端都可能导致安全漏洞和数据泄露。

❑ **网络设备**：企业边缘 CPE 负责将用户流量路由到 SASE 服务中心，并实施安全策略，企业边缘 CPE 可以是硬件设备或虚拟设备。SASE POP 边缘设备是 SASE 服务的一部分，它是放置在云服务提供商的数据中心和企业网络之间的设备，负责将用户流量路由到 SASE 服务中心并实施安全策略。SASE POP 边缘设备是高可用的设备，可以提供 VPN、流量优化和负载均衡，以及发挥 SD-WAN 的 SDN POP 网关设备的作用。作为网络设备，也会在边缘部署安全策略，如 CPE 进一步演进成为SSE 的安全产品。

❑ **安全设备**：安全设备是指可以独立部署提供服务的硬件或虚拟化设备，可以部署在企业边缘或 POP 边缘及 POP 节点内，部分安全设备可以通过服务方式对外提供产品即服务的订阅。

❑ **SASE 安全资源池**：SASE 安全资源池是安全能力的集合，如防火墙、入侵检测和防御、Web 应用防护、全流量威胁检测等功能，对外提供一致的安全服务和集中管理。SASE 安全资源池技术架构可采用高性能微服务架构搭建，同时采用服务化、轻量化和可编排的设计方法完成技术实现。整体系统涉及硬件底座、微服务底座、SASE 微服务、微服务监控及微服务治理几个子系统。

图 9-16　SASE 技术架构总体视图

3）**基础设施**：基础设施层支撑资源层和管理平台层的实现，典型的如基于云服务提供商的硬件基础设施，能够提供足够的带宽、处理能力的数据中心，以及部署在企业边缘的硬件或虚拟化 CPE 设备、部署在 POP 边缘的硬件网络和安全设备等。

4）**微服务治理**：SASE 微服务治理包括服务注册与发现、流量控制、灰度发布等内容。基于微服务架构构建的 SASE 微服务治理及 SASE 安全资源池都涉及微服务治理内容。

5）**故障监控**：为了帮助运维人员及时发现和解决故障，提高 SASE 服务质量，满足 SLA 要求，保障用户的安全和服务体验，在 SASE 架构中对故障监控进行针对性设计是非常必要的。故障监控包括数据采集、异常分析、故障预测和根因诊断等相关内容设计。

实践篇

第 10 章

SASE 服务规划实施

SASE 架构设计完成后，接下来需要进行 SASE 服务规划、基础设施部署，以及业务和服务融合上线使用。SASE 服务规划的实施需要由专业的建设团队制定详细的实施计划，分阶段建设上线。本章从 SASE 服务规划、业务建设、基础设施建设和服务上线实施等方面深入探讨 SASE 服务的实现方法和建设过程。

10.1　SASE 服务规划设计

SASE 是一种网络能力和安全能力融合的服务，为客户提供随时随地、即插即用的订阅式服务，并能够提供对应 SLA 服务质量和安全运营闭环能力。本节主要介绍 SASE 业务建设规划、基础设施建设规划和服务部署规划的相关内容。SASE 服务规划设计逻辑视图如图 10-1 所示。

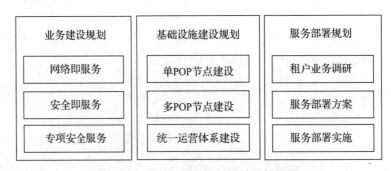

图 10-1　SASE 服务规划设计逻辑视图

10.1.1　业务建设规划

SASE 业务建设规划是根据企业在网络质量、业务安全和持续运营等方面的需求，对 SASE 的网络能力、安全能力和运营能力从企业视角进行建设规划。在规划过程中，需要考虑诸多因素，包括企业的网络拓扑、业务需求、服务可用性和成本控制等。同时，SASE 服务类型的不断更新和演进也为规划带来了不少挑战。

国内企业的业务资产在建设和运营初期，通常都没有考虑全局的网络安全架构设计，故需要在已经建设好的业务资产的前提下，快速平滑地将 SASE 业务服务和企业业务资产部署上线。在这种情形下，企业业务资产和 SASE 的基础设施通常都部署在不同的地域，所以多地域进行组网是 SASE 需要首先解决的问题。这就需要保障业务资产和 SASE 的基础设施的网络联通性，同时也需要对联通网络的安全性和可靠性需求进行识别和考虑。在进行多地域组网时，可以通过专线或专网进行异地的组网，确保数据和流量能够安全高效地在不同地域间传输。然后，需要对组件的跨地域的网络进行安全保障，实现多地域的安全连接，确保数据传输过程中的机密性和完整性，通过建立虚拟专用网络（VPN）或采用 SASE 提供的连接器等安全连接功能来实现。在安全组网完成后，则需要对网络进行性能和可靠性的优化，考虑到跨地域网络传输延迟和带宽等问题，需要优质的链路及 QoS 等技术来优化网络性能，以确保 SASE 业务流量能够在不同地域中高效稳定地传输。同时，通过建立冗余和备份机制，可确保即使在某个地域出现故障或中断，SASE 业务仍能持续运行，这提高了服务业务流量的可靠性和连续性。

SASE 的网络即服务建设，是为租户企业进行业务资产梳理和 SASE 服务组网提供网络服务，主要访问路径上的主体、客体和转发网络，针对客户端、服务端和转发节点提供订阅网络组件支持。客户端接入组件可以根据客户端的类型提供不同方案，如移动终端接入采用代理软件，固网终端接入采用边界网关，实现访问客户端接入 SASE 服务节点。服务端接入组件根据服务端的类型提供应用代理连接器和边缘网关连接器，实现访问服务端接入 SASE 服务节点。转发网络则采用 SD-WAN 网络和专线网络在多服务节点之间提供优质链路服务。

在完成企业资产和 SASE 的基础设施组网联通之后，就需要建设 SASE 节点的安全能力，即提供安全即服务。SASE 安全即服务的构成方式不仅涉及安全技术的组合和整合，还需要结合实际用户的安全需求，提供符合其需求的服务模式。SASE 安全即服务通过将传统的安全产品能力转换为云原生的安全能力，给租户企业提供随时订阅、弹性使用的服务体验。根据安全产品能力的应用场景进行分类，可划分为资产识别、终端安全、网关安全和安全审计四类安全即服务，并将安全能力以云化的方式，提供给租户企业订阅和应用。

网络即服务和安全即服务完成建设并提供订阅服务之后，还不能直接帮助客户解决所有安全风险和问题，此时还需要针对客户场景提供端到端的专项安全解决方案，即提供专项安全服务。专项安全服务建设主要根据客户不同的安全场景需求，提供一站式的安全运营服务，直到客户业务场景的安全威胁和风险实现闭环。在施行《中华人民共和国网络安全法》和《信息安全技术网络安全等级保护基本要求》2.0 版本等法律法规之后，针对客户业务场景，等保安全服务的需求成为我国安全市场刚需。随着非法组织利用控制资产进行比特币获取的"挖矿"行为的猖獗，运营商、金融等关键行业先后发布对于企业资产被用作"矿机"的安全风险检查和整改策略，针对挖矿的专项安全服务也成为应对该场景安全处置和持续治理的有效手段。

同时，SASE 业务建设规划也存在困难和挑战，主要体现在技术、业务和组织三个方面。在技术方面，SASE 服务的集成需要考虑多种网络设备、安全设备和云服务的复杂性，需要确保各个服务能够兼容、互通，同时保证网络连接的稳定性和可靠性；在业务方面，SASE 服务的规划需要充分考虑企业的业务特点和发展趋势，需要与企业的业务流程紧密结合；在组织方面，SASE 服务的规划需要充分考虑组织结构和人员资源的情况，需要确保各个部门的合作和协同，实现统一的业务和安全管理。

10.1.2　基础设施建设规划

在面向租户企业的 SASE 业务建设完成之后，需要进行 SASE 基础设施的建设，以便保障 SASE 业务的有效落地、持续发展和演进。基于 SASE 基础设施建设优先级和对业务的阶段推进的考虑，可将建设分为三个阶段：单 POP 节点建设、多 POP 节点建设以及统一运营体系建设。

在 SASE 业务发展的初级阶段，客户群体聚焦于小微型的租户企业，为租户企业提供方便的试用渠道和直观的功能理解，获取行业知名度和原始客户群体是该业务阶段的业务重点。该阶段基础设施建设的目标是通过高性价比的建设方案，解决基础设施的有无问题。针对 SASE 服务目录所需要的最小网络资源和安全资源，在中小型租户企业需求最旺盛的地理区域建设单个 POP 节点，提供 SASE 的线上服务。

在 SASE 业务发展的中期阶段，已经积累了一定体量的小微企业，需要拓展大中型企业群体，并将服务重点转向提供服务订阅的有效性、日常运营的稳定性和故障应急的可靠性，树立 SASE 服务的行业标杆和积累固定存量租户企业。该阶段的基础设施建设的目标是通过多地域的服务能力建设，持续提升服务的关键质量指标。通过单点 POP 节点的建设实践和经验总结，进行多地快速复制和实施，在不同地理区域建立多个 SASE 基础设施点，通过互联互通的方式为用户提供全国或全球一体化的安全服务。

在 SASE 业务发展成熟阶段，客户群体范围已经覆盖各层次体量的企业，且租户企业存量具备规模性，此时需要将服务建设的重心从完善基础设施建设转换到持续运营效率的提升，将运营制度体系化、运营流程工具化、运营团队专家化，遵循"降本增效"优化理念，在保障服务质量的同时，持续提升运营效率，不断提高运营团队的专业能力。

10.1.3　服务部署规划

在 SASE 的业务建设和基础设施建设完成后，基本满足了接入租户业务的条件，接下来就是对租户的业务上线进行规划。此步骤需要针对纷繁复杂的租户企业的 IT 业务和互联网资产进行调研，并根据租户企业的网络安全需求，为客户推荐合适的网络即服务和产品即服务，并基于专项安全服务有针对性地提供一站式安全服务。最后和客户业务运营团队一起，针对订阅的 SASE 服务和客户的业务进行联合调试，使客户业务与 SASE 服务融合后上线，并执行交付验收相关工作。

在 SASE 服务上线规划中，需要考虑多个方面，如业务需求、客户诉求、服务调试、用户体验等。其中业务需求是最重要的考虑因素，需要明确业务目标、服务内容和应用场景等，以便确定 SASE 服务的上线计划和具体实施方案。此外，还需要对网络架构进行分析和规划，确保 SASE 服务能够与企业现有网络环境兼容并协同工作。安全策略也是重要的考虑因素，需要根据企业风险评估和合规要求制定相应的安全措施和管理政策。最后，还需要关注用户体验和服务质量等方面，以确保 SASE 服务的使用效果和用户满意度。

在 SASE 服务上线之前，进行租户业务调研是为了深入了解潜在客户的需求和要求。这个阶段的目标是收集并分析潜在客户的业务类型、规模、行业特点以及他们面临的安全挑战。通过与潜在客户的沟通，了解他们对于网络安全的期望和需求，以便为他们提供个性化的 SASE 解决方案。此外，还要调查潜在客户现有的网络架构和安全措施，以确定如何最好地集成 SASE 服务，确保服务能够与他们的环境相适应。

在完成租户业务调研后，制定 SASE 服务部署方案是确保服务成功上线的重要步骤。这个阶段的目标是设计 SASE 服务的整体架构和功能，包括网络基础设施、安全网关、云服务等。根据业务调研的结果，制定相应的部署计划，明确不同阶段的实施步骤和时间表。在设计方案时，还要考虑到安全性和可扩展性，确保 SASE 服务能够满足客户的需求，并能够适应未来的业务增长和安全挑战。

SASE 服务部署实施是将制定好的部署方案变成现实的过程。在这个阶段，目标是按照制定的部署计划，将 SASE 服务部署到客户的网络环境中，并确保其正常运行。这可能涉及硬件和软件设备的部署和配置、系统测试和演练，以验证服务的性能和安全性。在部署过程中，还要为客户提供培训和支持，确保他们能够正确使用和管理 SASE 服务。同时，要对服务的性能进行监控和评估，及时发现和解决可能出现的问题，确保服务的稳定和高效运行。

通过 SASE 租户业务调研、SASE 服务部署方案和 SASE 服务部署实施这三个关键步骤的有序展开，可以确保 SASE 服务成功上线，并为客户提供安全、高效的网络访问和连接体验。这样的规划和实施过程有助于满足不断变化的租户企业需求，并确保 SASE 服务在市场中取得成功。在进行 SASE 服务上线规划时，需要注意避免以下误区：首先，不要过度集中在技术层面而忽略了业务需求；其次，要避免在规划阶段考虑不够全面，导致后续实施出现困难和问题。因此，应在上线规划阶段充分考虑业务需求、安全需求、性能需求等多方面因素，并从多个角度评估方案的可行性和可持续性，以确保上线规划的顺利实施以及后续业务的正常开展。

10.2　SASE 业务建设

本书在前文中阐述了 SASE 的网络架构、安全架构等关键技术架构，在此架构基础之上通过集成网络与安全功能，SASE 能够为客户提供全球统一的网络和安全服务，实现全面、高效的网络安全防御能力。本节将从 SASE 的网络服务、安全服务和专项服务三个方面展开与业务建设相关的设计。业务建设所涉服务跟前文介绍的服务目录的内容有所区别，服务目录的各个服务更多是面向单个服务能力的阐述，而本节的业务建设相关的服务更多是从满足客户业务场景的维度考虑，是为满足客户业务场景的建设服务，包括：网络即服务、安全即服务和专项安全服务。

在网络即服务建设方面，SASE 需要提供灵活且安全的远程接入方式，本节将从客户端接入、服务端接入和 POP 节点组网等三种方式展开说明；在安全即服务建设方面，为了全面保护客户的业务安全，构建完善的安全防护体系，提高对不同威胁的应对能力，本节将从资产安全即服务、终端安全即服务、网关安全即服务和安全审计即服务等内容进行详细介绍；在专项安全服务建设方面，业务建设指根据客户特定的业务场景，针对特定的安全需求提供定制化的解决方案，帮助客户有效地应对特定类型的安全威胁。通过使用专项安全服务，可以增强客户业务场景的安全防御能力，针对不同类型的攻击和威胁提供更加精准和有效的防御方案。本节主要从云等保安全专项服务、挖矿治理专项服务展开讨论。

10.2.1　网络即服务建设

SASE 服务利用云计算、SDN 等技术，将网络和安全的服务进行了整合，可以动态地对网络流量进行管理和优化，从而提供更为高效、灵活、可靠的网络服务。SASE 网络即服务提供了一种全面的网络解决方案，可以根据实际需求动态地调整服务节点、网络带宽、QoS 等服务参数，同时还能保障网络的安全性和稳定性，这些特点使得 SASE 网络即服务成为企业实现数字化转型的必备工具。

SASE 的安全服务部署，需要业务和服务的组网先行，否则纵使 SASE 有再强再全的安全能力，客户的业务也无法有效接入。当前网络状态下，SASE 的网络即服务主要可以提供以下接入方式。

1. 客户端接入

客户端接入涵盖移动终端接入和固网终端接入两类接入场景。员工移动办公，主要使用移动设备和 PC 等终端，包括手机、平板电脑等。针对这种办公场景，SASE 需要提供安装在终端设备上的客户端软件来实现网络的安全接入，如图 10-2 所示。

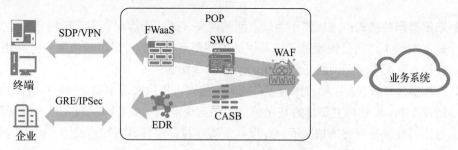

图 10-2　SASE 客户端接入模式

客户端的核心功能就是建立客户设备和 POP 节点之间的安全隧道，包含设备认证、网络流量分流、私网 DNS 解析、流量代理及加密模块。隧道的建立可以采用传统的 VPN，也可以选用 GRE 或者时下比较流行的 SDP。客户端可以实现根据需要被保护的应用来选择性转发其对应的流量，对其他应用访问不造成影响。将防护流量和非防护流量区别对待，这样既能保障安全防护，又能降低对用户体验的影响。

客户端可以根据 SASE 统一控制器的调配来控制流量转发路径，控制器会实时监控所有 POP 节点的负载和健康情况，并动态告知客户端目前最优的访问路径。在这种架构下，不需要额外配置负载均衡器，网络流量会均衡到控制器所控制范围内的各个 POP 节点。

客户端是运行在员工终端设备上的软件程序，对终端设备有一定的依赖，除了上述的功能性需求外，客户端还需要支持一些非功能性需求。客户端要求能在多个主流终端上部署运行，这就要求客户端有广泛的兼容性，能兼容 iOS、Android、Windows、Linux 等操作系统。随着我国信创产业的发展，部分用户的客户端也要求能适配欧拉、麒麟等国产操作系统。客户端还要求资源占用尽可以低，不能抢占系统太多资源。最后，客户端要能安全部署，随时随地升级，这样才能大大降低运营和运维的成本。

2. 服务端接入

在解决了客户端到 POP 节点的连接问题后，接下来需要考虑的就是如何打通 POP 节点到客户业务系统的连接。在当前复杂的业务形态下，客户的业务系统分散在各种网络和区域，将这些系统接入 SASE 体系，需要做全面的场景梳理和分析，确保实现的方案能够尽可能适应更多的场景。

通常来说，POP 节点和业务系统的连接，可以采用类似客户端的隧道模式，这样可以基本涵盖所有的场景，无论业务系统在公有云、私有云还是 IDC 数据中心等位置。此方案可以将客户业务系统看成一个终端的客户端，选择连接到最佳的 POP 节点，完成网络打通。

针对业务端进行接入主要有如下两种模式。

❑ **连接器网关模式**：连接器作为站点间的网关，适用于等保、多云等场景，主要目的是保护员工访问公网流量，以及保护内网资产安全，打通客户内网资产路由通路。此模式只需要保证网络互通即可，如图 10-3 所示。

❑ **连接器代理模式**：连接器作为客户端侧的代理，提供云端主动访问客户资产的连接，适用于 PA 场景，主要目的是保护员工访问企业内网业务，打通客户内网资产代理通路。在网络可通的情况下，此模式需要连接器组件具备代理能力，对内网业务进行反向代理，如图 10-4 所示。

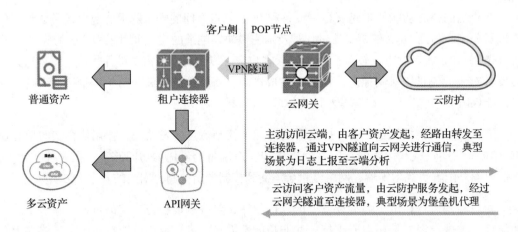

图 10-3　SASE 连接器网关模式

当然，如果 POP 节点或者业务系统部署在公有云上，也可以利用公有云提供的网络连接功能来实现连接，当前主流的方式有亚马逊的 Transit Gateway、阿里云的 CEN、华为云的 CC 等。运用公有云连接来实现网络打通相对简单，无须额外自主开发网络接入相关组件，该方案相对成熟和稳定，当然也有不足之处，即这些服务都需要收费，而且是按流量收费，在跨区域通信的情况下，费用会更高，也会给 SASE 建设带来一些困难和阻力。

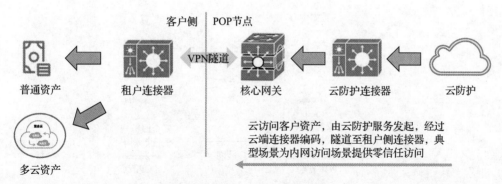

图 10-4　SASE 连接器代理模式

以上两种业务端接入模式都需要一个或者多个 CPE 设备来打通网络连接，CPE 可以根据不同的场景提供多种服务形态，比如物理设备、虚拟化镜像、容器镜像以及软件安装等，同时也要求能统一管理和快速运维。

由于建立的网络隧道要直通客户的业务系统，所以对于隧道除了要考虑安全性，还要考虑如下因素：一是集中管理，所有的网络隧道都需要一个控制器进行管理和运维，包括配置管理、地域管理、监控管理、故障管理等，集中管理可以保障客户业务的连续性，并对多地业务进行负载均衡；二是性能目标，每个客户不同的业务之间的重要性都有差异，对带宽的需求也不尽相同，针对重要的业务，必须优先保障隧道，可以对业务流量设置优先级，在高峰期针对低优先级的流量，采取限流和熔断等处理方式，等峰值降低之后进行恢复。总之，隧道的网络服务质量会直接影响 SASE 服务质量和客户的 SLA，必须重点设计和实现。

3. POP 节点组网

对云 SASE 的运营方来说，除了对接客户的业务和终端，众多 POP 节点的相互连接和组网也是需要重点考虑的方面。POP 节点的组网主要包含自营节点组网和非自营节点组网两个层面，虽然 POP 节点的归属权不同，但是在组网的技术方案层面并没有太大的差异，我们先来了解它们的共性。

POP 节点通常由机房、公有云、私有云、数据中心等方式组成，共同接受 SASE 管控平台的统一控制调度（见图 10-5）。从功能层面来说，在网络方面通过部署在各地的节点，依靠引流等手段，提供给用户就近接入 SASE 网络的能力，同时依靠 POP 节点间的协同，实现容灾能力和最优路径选择能力；在安全方面，POP 节点对流量进行检查，并实现零信任认证、异常流量分析和行为审计等功能。

POP 节点通常位于公有云中，或者靠近公有云的网关中，以实现对云资源的低延迟安全访问。无论哪个节点都有足够的资源来满足用户的请求。SASE 软件可以确定流量到达其端点时使用的最佳路径。

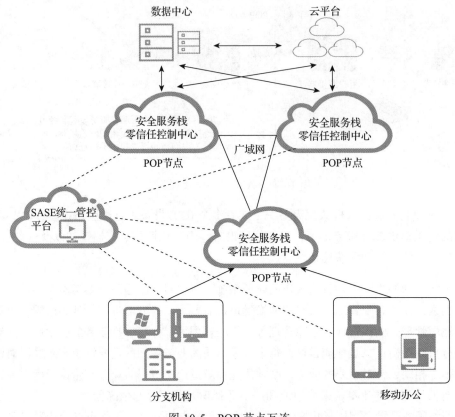

图 10-5　POP 节点互连

　　SASE POP 节点自身的组网采用了类似 SD-WAN 的技术，或者说 SASE 可以基于 SD-WAN 技术来实现 POP 节点的高速高效互联。与 SD-WAN 以数据中心为中心的架构不同，SASE 采用的是分布式架构，对于 SD-WAN，云集成只是一个功能，而不是一个关键组件。在支持云的 SD-WAN 中，用户通过互联网连接到虚拟云网关，使网络更易于访问，并支持云原生应用程序。

　　自营节点和非自营节点组网虽然有很多的共同性，但是终究还是有一些差异点的。非自营节点由于归属权不在自己手中，因此控制权也会相应比较弱，这样在组网层面也对 SASE 建设和运营提出了一些挑战。在这种场景下，组网必须考虑更多的安全和策略管理，在安全层面需要充分地将非自营节点和自营节点做好网络的隔离，防止网络滥用和各种横向攻击；在策略层面需要严格分权分域，对各种访问严格鉴权，防止越权操作。

10.2.2　安全即服务建设

　　SASE 安全即服务由多种安全技术和功能组合而成，并通过云原生技术和全球化的 POP

节点部署，为用户提供统一的安全管理平台，让用户可以基于需求选择不同的安全功能模块，满足其安全需求，同时也提供灵活的计费模式，为用户带来更加实际的经济效益。因此，SASE 安全即服务的构成方式不仅涉及安全技术的组合，还需要结合实际用户的安全需求，提供符合其需求的服务模式。SASE 的安全服务通常是基于具体的单个安全的能力来搭建的，然后将这些安全能力进行方案组合，打造为四大类的安全即服务产品。

1. 资产安全即服务

资产安全是每个客户关注的重点，资产包括了客户的主机设备、网络设备、对公业务、对私业务等。资产安全即服务涵盖了资产识别、资产分类、资产扫描等。

以扫描服务为例，SASE 扫描器位于 SASE 的云端 POP 节点，在确保和客户业务网络互通后，客户可以按需对自身的业务发起安全扫描，可以按照业务网页和业务主机两个层面发起扫描动作，通过运营中心的租户界面查看扫描报告，根据报告结果进行业务的安全加固或者寻求安全专家服务，如图 10-6 所示。

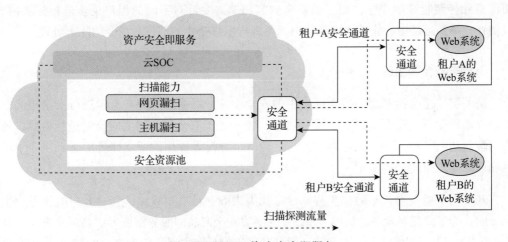

图 10-6　SASE 资产安全即服务

这里需要特别强调的是，扫描操作是一个敏感性非常高的行为，为了防止对非自身所属业务发起未经授权的扫描，引起法律纠纷，需要对扫描的资产进行严格的确认，保证资产的所属权，同时要求客户书面确认授权。

2. 终端安全即服务

终端类安全服务主要是防护客户的终端资产，包括员工的办公电脑、手机、平板以及业务主机等。终端安全的主要服务内容有终端杀毒、终端检测和响应（EDR）、终端沙箱微隔离等。终端安全产品即服务需要在被防护的终端设备上安装客户端软件，终端安全产品即服务的部署逻辑如图 10-7 所示。

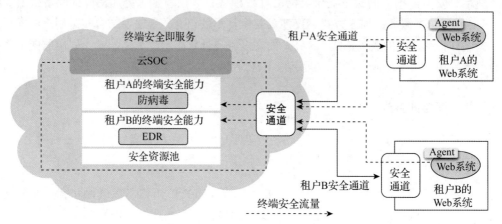

图 10-7　SASE 终端安全即服务

在终端类安全服务建设过程中，涉及终端安全的客户端与云端运营中心的平台进行威胁信息和控制指令的交互，而终端安全的客户端需要针对不同的租户企业进行标签内置，以便在云端的运营中心能够利用其租户标签进行租户企业的信息和指令的隔离处理。

3. 网关安全即服务

网关类安全是指利用串接在网络中的安全设备，对途经的业务流量进行安全检测，例如防火墙即服务、安全 Web 网关即服务等，由于此类安全服务需要对流量进行检测，还需要对流量进行策略控制，如阻断、放行、延时、导流等操作，所以部署形态必须介于访问侧和业务侧之间。

基于网关类安全产品的位置特殊性，此类服务一旦发生故障，会对客户的业务产生重大影响。为了降低对业务的影响，SASE 的网关安全产品即服务需要考虑高可靠方案、负载均衡方案，以及故障 bypass 方案等，健壮的系统设计和方案才能为客户的 SLA 提供有效的保证。网关安全产品即服务主要部署逻辑如图 10-8 所示。

4. 安全审计即服务

安全审计（Security Audit）是一个新概念，它指由专业审计人员根据有关法律法规、财产所有者的委托和管理当局的授权，对计算机网络环境下的有关活动或行为进行系统的、独立的检查验证，并做出相应评价。

典型的提供安全审计类的安全服务产品有堡垒机、日志审计、数据库审计等。堡垒机对运维人员的操作进行安全防护，并对其进行记录和审计；日志审计对各种系统日志、操作日志、安全日志进行纪律分析和溯源；数据库审计对各种数据库操作进行审计，防止敏感数据泄露以及非法数据库操作。SASE 的安全审计即服务中的日志审计逻辑如图 10-9 所示。

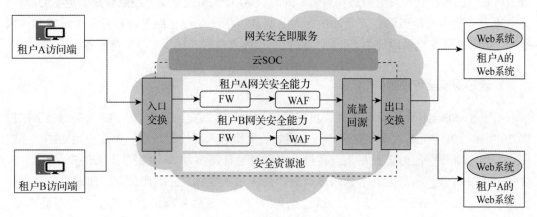

图 10-8　SASE 网关安全即服务

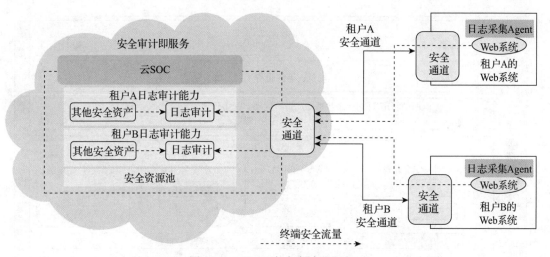

图 10-9　SASE 安全审计即服务

10.2.3　专项安全服务建设

SASE 专项安全服务的目的在于为企业提供更全面、更灵活、更高效的安全保障，帮助企业在数字化转型的过程中有效应对各种特定或者突发的安全威胁和风险。传统的网络安全体系往往需要企业自行部署和管理多种安全产品，而这些产品往往存在兼容性问题，且难以协同工作，导致企业安全保障能力不足。而 SASE 专项安全服务的出现，为企业提供了更为集成化的安全解决方案，通过云化的方式，将网络和安全服务结合起来，为企业提供更全面的安全保障。

SASE 不仅能够提供传统的安全服务，如防火墙、入侵检测等，还能依靠诸多的安全能力，灵活组成多种专项安全服务，以整体打包解决方案的思路，帮助客户应对企业数字化转型后面临的各种新型安全威胁和风险。同时，SASE 专项安全服务还能够根据企业的需求，灵活地为其提供安全咨询、安全评估等专业服务，帮助企业全面了解自身安全现状和风险状况，提升企业安全保障能力。下面举例说明几种典型的 SASE 专项安全服务。

1. 云等保安全专项服务

基于 SASE 架构的云原生特性，可以快速构建云等保安全服务。SASE 云等保服务如图 10-10 所示，将传统的软硬件安全产品，例如防火墙、入侵检测防护、Web 应用防护、主机安全、日志审计等能力云服务化，客户可按需弹性订阅多种 SaaS 服务形态的产品即服务。客户可将公有云、私有云、本地的多点资产快速接入 SASE 云等保服务，使对应资产满足等保合规二级、三级要求，同时，通过配套的安全运营服务帮助客户调整安全产品策略，让客户更快、更高效地获得等保资质。

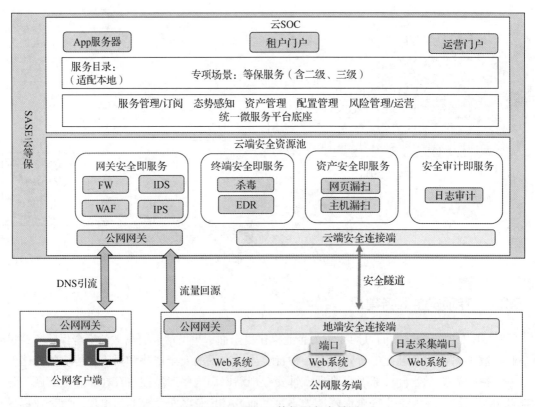

图 10-10　SASE 云等保服务全景图

SASE 云等保服务具有以下核心优势。

❑ **天然适配多云混合和云地混合场景**。SASE 云等保服务架构天然适合帮助客户多云、多地业务满足等保合规，仅需一套产品即服务订阅即可接入多点资产，避免重复安全投资，提升建设性价比。

❑ **可进行便捷统一的集中式安全云端管理**。SASE 云等保服务提供统一云上管理平台，客户只需要在一个管理平台即可完成所有等保安全能力的配置下发，同时提供云端态势感知，方便用户观察全局安全态势。

❑ **提供配套过等保安全运营服务**。SASE 云等保服务安全运营服务帮助客户上线部署多种安全能力，调整安全产品配置，以满足等保合规要求，极大减轻客户过等保负担。

❑ **灵活订阅，弹性可扩展**。SASE 云等保产品即服务可按月按年订阅，客户可根据实际安全需求，灵活订阅服务，安全能力弹性可扩展收缩。

根据实际项目统计，通过 SASE 云等保取代传统的分散多地多云的安全建设方案，平均可为客户降低 40% 的等保投资，同时也可大幅缩短等保评测的时间，平均可缩短 70% 以上等保资质获取周期。此外，利用配套的云端管理中心及安全运营服务，可以降低客户运维运营成本，极大提升企业安全运营效率。

2. 挖矿治理专项服务

随着数字货币价值的不断提升，国内外的"非法挖矿"事件也频繁出现。挖矿中的"矿"指的是某种数字货币，"非法挖矿"是指在未经设备所有者和单位同意或知情的情况下，非法使用其硬件设备（计算机、手机、服务器）用于挖掘数字货币，并以后台隐蔽且不被知晓的方式盗用设备的计算资源。"非法挖矿"通常会导致受害者既定业务和服务的计算资源严重缺乏。

"挖矿"事件在各个行业中频繁出现，引起了国家各个部委的重点关注，国家发展和改革委员会等 11 部门发布《关于整治虚拟货币"挖矿"活动的通知》。具备雄厚计算能力的大型国企、事业单位及科研机构，对于"挖矿"治理的产品和服务的需求迅猛增加。

在"挖矿"事件的检测和处置过程中，关键技术要点是对网络中设备频繁访问"矿池"的域名和 IP 地址的行为进行识别、阻断和溯源。但狡猾的"挖矿"控制端会频繁地更新矿机的域名和 IP 以便达到隐藏控制端的目的，使"挖矿"治理很难根除。

在 SASE 推出的挖矿专项服务中，通过面向全球资产的云端威胁情报能力，能够对"矿池"的域名和 IP 地址集合进行实时更新，保障对"挖矿"行为的准确和高效识别。详细的治理过程包含如下 4 个部分。

❑ **业务取样**。通过在租户企业内部网络部署流量监控探针，将内网资产中与外部通信的域名和 IP 地址，以及交互流量样本上传至 SASE 服务云端。

❑ **云端研判**。云端的运营专家，对通信域名、地址与最新的威胁情报进行匹配，初步筛选出疑似矿机的对象，然后通过交互流量样本识别出交互频率、协议类型和负载特征，最后进行交叉比对，从而最终确认"矿机"身份。

❑ **应急处置**。云端的运营专家，通过云地联动设置租户企业中的安全网关，下发访问域名和 IP 黑名单封禁矿池，使租户企业的其他内网资产阻断与"矿池"的联系，下发资产 IP 黑名单禁止矿机联网，并将矿机迅速在内网中隔离。

❑ **持续治理**。通过对企业内网资产安装终端杀毒软件，并对资产的恶意进程和恶意文件进行识别和查杀，剥离内网资产的"矿机"身份；通过对内网资产进行安全扫描，对其现有漏洞进行封堵和处置，降低内网资产的安全风险。

10.3 SASE 基础设施建设

SASE 业务的基础设施是由全球范围内许多个服务节点（POP 节点）组成的网络，用于就近引流企业用户流量并提供高效的安全服务。这些提供服务的 POP 节点分布在全球主要城市和网络枢纽，并通过专业设备实现节点之间的流量安全传输和调度管理，保护企业业务流量安全和隐私。SASE 基础设施规划需要考虑租户企业的业务需求、网络拓扑、数据中心位置、带宽、用户数量和应用程序等因素，以便设计最佳的基础设施架构。

SASE 基础设施是一个复杂而重要的过程，旨在为 SASE 服务商构建一个安全、可靠、高效的服务基础设施。在进行建设规划时，需要综合考虑 SASE 技术架构、业务地域分布和运营商资源等因素，合理布局和分阶段推进，以逐步实现 SASE 服务的全面部署和运作。SASE 基础设施建设按照分阶段推进业务的思路和建设优先级考虑可划分为三个阶段，分别为单 POP 节点建设、多 POP 节点建设以及运营体系优化建设。

10.3.1 单 POP 节点建设

在 SASE 基础设施建设的前期，建设目标是解决租户企业试用和功能感知的业务需求，快速对市场提供在线订阅的服务是建设的重点。该阶段的建设核心策略是通过高性价比的建设方案，解决基础设施的有无问题。建设 SASE 服务基础设施的逻辑主体通常称为 POP 节点，建设物理实体通常是在 IDC 服务机房，通过租用和采购网络资源和计算资源，搭建组成基础设施并对外提供服务。单个 POP 节点按照建设的先后顺序，可以分 POP 节点机房建设、网络基础设施建设和安全基础设施建设三个建设阶段，依次有序进行建设和部署。

POP 节点建设首先需要对其物理实体 IDC 机房进行建设，由于建设 IDC 机房涉及地产、水电、运维等方面的资金和人力投入，依据该阶段高性价比建设方案的策略，租用已经成熟运营的 IDC 机房是该建设阶段的最佳选择。对于 IDC 机房的租用，也需要综合考虑业务破冰和建设阶段的需求。在地域选择上，优先选择经济发达和业务需求旺盛的地区，以便优先发展和开拓该区域的市场客户；在资质选择上，优先选择运营资质完备的机房，以便服务能够快速通过关键基础设施测评和网络安全等级定级测评等依赖机房资质的测评项；在质量选择上，优先选择行业口碑较好且行业影响力较大的 IDC 机房，以便服务在稳定性、可靠性和运维效率等方面打下坚实的基础。

在完成 IDC 机房的选择后，需要对业务所需的网络基础设施进行建设。网络基础设施的建设应该包含机房能力租用和网络能力部署两个部分。机房能力租用，主要涉及以机房为主体已经具备的公网 IP 地址和上下行带宽；网络能力部署，主要涉及边缘接入的隧道汇聚 CPE 设备、内部组网的二 / 三层交换设备，以及对外服务的 DNS 域名及 CNAME 映射工具等能力。

在实际的建设过程中，按照 SASE 服务的业务需求，将云端服务的网络组件部分在 POP 节点内部进行部署和实施。云端的网络组件根据 SASE 业务服务，按照业务服务逻辑可以分为多地域私网组网基础设施、公网引流回源基础设施和公网远程探测的基础设施。对于多地域私网组网基础设施，云端主要需要隧道接入公网 IP、隧道汇聚的 CPE 设备和上下行的流量带宽，结合隧道的 ID 标识和汇聚 CPE 的租户标识，对接入云端隧道的多租户企业进行私网流量的全局调度；对于公网引流回源基础设施，云端主要通过不同的公网 IP 引流地址、基于域名进行回源代理设备和引流回源的进出带宽流量，对接入云端的多租户企业的公网流量进行引流和回源处理。对于公网远程探测的基础设施，云端主要通过共享的公网 IP 地址和探测响应的带宽流量，对租户企业的公网资产进行公网资产探测、漏洞检测和平稳度监测等服务。

在网络基础设施完成建设之后，就具备了将租户企业的业务和云端的能力进行网络打通和融合的前提。此时就需要在 IDC 机房内对安全基础设施进行建设和落地。通常对租户提供安全服务的基础设施在 IDC 机房内不存在，均需要重新采购硬件、安装软件，并投入部署和上线。云端的安全基础设施根据建设的分层架构，可以分为计算资源层、云原生底座层、安全能力层和服务编排层四个部分。计算资源层根据业务规划的租户规模推导出大致的计算资源类型和容量，主要通过外部购买和租赁硬件服务器的形式进行满足。该服务器硬件资源到达 IDC 机房后，就需要在其上部署云原生底座层，并复用网络技术设施中的内部的路由和交换设备，将多台硬件设备的资源进行互联互通，并通过云原生的操作系统进行一体化的集成，对上形成统一的计算资源层的呈现。安全能力层主要将安全服务所需的安全能力，在云原生底座层进行全生命周期管理。由于安全能力的提供方通常来自多方厂商，故产品的部署形态涉及硬件、虚拟软件和容器镜像，故云原生底座需要将不同的产品形态进行归一化的兼容，对服务编排层提供统一的可使用的安全能力。服务编排层则是将安全能力按照服务的规格、服务链的定义，组合成既定的安全服务，并按照安全能力进行租户独享，租户流量在服务链上进行租户隔离，形成租户企业可以使用的订阅服务。

单个 POP 节点建设和实施过程中，POP 节点建设的产品选型和设计上都应具有一定的超前性，并留有充裕的扩容空间，而且系统实施方案也应具有扩展性和灵活性，以便于单个节点的服务能力类型和服务规格容量是弹性可扩容的。其次，需要将建设资产清单、网络能力部署拓扑、安全能力部署步骤进行标准化的文档记录和管理，以便后续在其他区域的 IDC 机房建设中，进行借鉴和复制，加快建设效率。最后，POP 节点建设需要进行一定程度的自动化处理，比如通过配置的导入导出，快速初始化网络基础设施的拓扑搭建，以及对云原生底座和安全能力的一体化部署通过自动化脚本来实现。

10.3.2　多 POP 节点建设

在 SASE 基础设施建设的中期，租户企业群体从单个区域逐渐扩展到全国甚至全球范围，且建设目标也从解决服务的有无，转变为服务关键质量的持续提升。该阶段的基础设施的建设策略是通过对单个 POP 节点的建设实践和经验总结，进行多地的快速复制和实施，在不同地理位置上建立多个 SASE 基础设施点，通过互联互通的方式为用户提供全国或全球一体化的安全服务。多个 POP 节点的建设，可以分为自建主分中心 POP 节点一体化建设和针对合作 POP 节点的业务融合两个部分。

随着 SASE 业务范围和体量的增长，SASE 服务厂商需要在不同地理位置上建设多个 POP 节点，以便提升服务覆盖的区域和服务规格。由于 SASE 业务架构遵循云端集中进行统一运营和管理、多地域分布式建设服务能力的方式进行架构设计，故 POP 节点也需要按照该设计原则进行建设，即主分中心的 POP 节点分别进行建设策略。主中心的 POP 节点主要承接集中运营管理和统一数据存储的职责，主中心 POP 节点通过 SASE 服务的统一入口接入，涉及面向租户企业的订阅入口、运营专家的处置入口和运维人员的操作入口。主中心 POP 节点要对租户订单、运营工单和运维台账等核心的业务数据进行统一集中化的存储，以便 SASE 业务核心数据集中存储和管控。由于主中心的集中运营和数据存储涉及多个租户企业区分，故在主中心需要建立完整的分权分域的账号管理策略，以便各个租户企业的管理和运营数据的租户隔离。分中心主要承接服务能力的建设工作，此时单个 POP 节点建设除了包括建设网络和安全基础设施（可以参照上节单个 POP 节点建设过程），还包括主分中心的管理互联，以及多个分中心 POP 节点之间业务协同。主分中心的管理互联，首先应该是异地网络的打通，由于管理网络需要重点考虑安全性和稳定性的特点，故采用隧道或者专线的方式进行网络互联，且设置严格的网络安全策略，允许主节点能够主动访问和控制分节点的基础设施的指定 IP 和指定端口，而分中心节点不能反向访问主节点的基础设施。主节点能够往分节点传递配置信息和升级包等文件，但分中心不能反向给主节点传送文件，仅能够向主节点的固定 IP 和端口传送日志信息。

在 SASE 业务的建设过程中，除了自建自营的方式外，还存在一种商业模式，就是通过合作运营的方式进行业务拓展。该合作运营模式会涉及 3 个方面的合作——服务基础设施的共享、运营专家的共享和市场租户订单的共享。在合作运营模式下，不同服务提供商根据自身服务能力的优势进行合作融合，比如国内的 SD-WAN 服务厂商中企通信就和国内安全服务厂商绿盟科技进行战略合作，双方针对各自建立的网络服务 POP 节点和安全服务 POP 节点，进行网络通道的打通，并通过不同的二三层隧道标签的方式，来对接统一租户在业务数据流量的标识对接融合。且在业务处理顺序上，先由网络的 POP 节点将租户企业的业务流量进行汇聚，并通过网络通道的调度，将业务流量编排至安全的 POP 节点进行安全业务处理，再将业务流量回注到网络 POP 节点，完成其整体服务。对于各自服务的运营专家，除了专注各自服务内容的运营，也需要大致了解对方的服务类型和对业务流量的影响，并为双方提供一定的运营平台的访问权限，以便对运营事件的协同处置，并为双方提供各自的运营表格接口，以便各方能够生成完整的运营报告信息。对于市场租户订单的共享，则主要涉及双方对合作模式的收入分成方式，成本分成主要依据合作框架，对租户企业订阅的网络和安全能力进行比例化分层，在技术层面主要涉及订阅能力规格的计费、网络流量的计费和运营专家的工时计费，以及这些计费在各自运营平台上的对接，通过周期性进行双方的收入分配结算，高效持久地推进双方合作。

10.3.3　运营体系优化建设

在 SASE 业务发展进入成熟阶段后，客户群体不管是规模还是数量，都有了较大幅度的提升，这时就需要将服务建设的重心从基础设施完善转换到运营服务效率提升方面。运营服务的全生命周期包含资产录入、平台监控和专家运营三个部分。全生命周期建设的核心还是通过工具和流量，提升人力效率，用"降本增效"的理念持续对运营体系进行优化。

在资产录入阶段，以前都是租户企业 IT 运营人员和 SASE 服务的运营人员通过沟通和讨论，对全局资产数量、资产特性及网络信息进行梳理，再将相关数据导入运营管理平台中。这种做法会耗费较多的沟通成本，极大降低资产录入的效率。而且由于部分租户企业的运营人员变更频繁，会导致网络中存在没有被记录在案的影子资产，进而造成资产完整性的缺失。运营优化措施，主要在租户企业的网络中，通过部署资产探测工具，经过客户授权对其网络资产进行主动探测收集，从而获得全局资产列表。也可以在客户网络出口部署全流量的检测探针，对网络中和外部能够交互的资产进行基于流量的分析收集。再将两者的资产列表进行交叉验证，形成资产列表初稿，并由系统自动录入运营管理平台，再交由租户企业的运营人员进行人工梳理和确认。这种做法可大幅提升资产收集和录入的效率。

在平台监控阶段，主要是对资产业务状态和网络流量状态进行监控。之前的监控手段是人工定期检查资产系统关键参数，持续关注网络拓扑中关键节点的流量趋势，手工测试业务在外部的服务质量。网络和安全的运营过程都需要运营人员的周期性参与，这带来了较大的运营成本。运营优化措施是，在网络资产上部署监控软件、在网络拓扑上部署流量探针、在业务访问的公网不同区域部署业务健康度探测器，并结合业务正常运营的资产、网络和业务的基线，进行实时动态监测，由运营平台主动分析和识别告警事件，并将相关信息主动推送至运营人员的手机 APP，从而实现其全天候、全地域的响应式运营。这种做法可以大幅缓解运营人员的工作强度和压力。

在专家运营阶段，主要由专家对事件进行分析和处置。之前，发生网络事件和安全事件后，由云端运营专家第一时间进行证据收集，制定处理措施，响应流程梳理，再联系租户企业的运营对接人对事件进行说明，达成一致再进行响应处置。这个过程需要云端运营专家和企业运营对接人长时间协作才能完成。运营优化措施是，采用云端配置 SOAR 机制的 Playbook 脚本，自动完成收集、指定和响应等动作，并通过租户 APP 第一时间将相关信息推送至租户企业运营对接人，以便获得其处置授权。另外，还会提供云端处置策略的安全交互大脑（类似 ChatGPT），针对企业运营人员的业务疑问、处置建议提供智能回复，将专家的处置技能工具化，以便将专家从纷繁复杂的处置事件中解放出来，让其可将精力更多用于威胁分析和攻防对抗等核心业务。

10.4　订阅服务上线实施

在完成 SASE 运营企业的基础设施建设之后，SASE 的云端服务就可以正式上线了。租户企业逐渐开始联系 SASE 云端服务的业务人员，订阅 SASE 服务，租户企业 SASE 服务的上线部署实施工作也逐渐开展。

SASE 服务的部署实施主要包括 3 个阶段——计划阶段、执行阶段和验收阶段，如图 10-11 所示。每个阶段都包含必要的活动以及该阶段要达成的目标，最终实现 SASE 服务整体部署实施的目标。

10.4.1　订阅服务上线实施计划

SASE 服务部署实施计划的目的是为客户 SASE 服务订阅、实施和交付制定一个好的计划，计划本身也是部署实施阶段的重要输出物。SASE 服务提供商应与客户及相关关系人达成如下共识；首先是 SASE 服务部署实施的目标，包括客户订阅的服务、实施方案、交付物及验收标准；其次是 SASE 服务部署实施的详细过程、时间及投入；再次是 SASE 服务部署实施的项目管理方式，包括展现形式、汇报频率及验收标准等；最后为 SASE 服务部署实施计划的主要活动，包括计划沟通、计划制定、计划评估与计划修订。鉴于部署实施计划对整个部署实施过程具有重要指导意义，所以这是一个循环反复的过程。

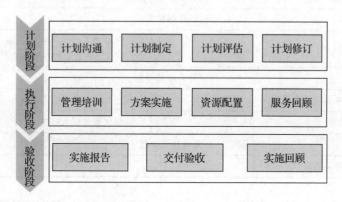

图 10-11 SASE 服务部署实施的 3 个阶段

1. 计划沟通

计划沟通阶段需要与客户进行详细沟通，了解客户的业务场景和需求。计划沟通阶段的调研方式包括实地考察、问卷调研及访谈。问卷调研是一种进行信息收集的有效方式，问卷问题的内容，包括业务系统的部署、关键业务特点、当前业务痛点及期望订阅的 SASE 服务等。以某租户企业计划订阅 Web 应用安全防护服务为例，设计问卷调研表以便全面了解客户的业务场景，从而为其提供满足需求的 SASE 服务。表 10-1 是一个针对客户期望订阅 SASE Web 应用安全防护服务的问卷调研表设计示例。

表 10-1 SASE 服务部署问卷调研表设计示例

公司信息			
公司名称		地址	
公司规模（员工人数）		公司行业	
网络情况			
网络拓扑结构		网络出口带宽	
公网 IP 数量		内网 IP 数量	
是否使用云服务		云服务商名称	
Web 应用情况			
使用的 Web 应用类型（如：电子商务、企业门户、协作平台等）		Web 应用服务器部署位置（本地、云服务商）	
Web 应用服务器数量及各自带宽		Web 应用服务器并发会话数	

（续）

网络安全需求			
目前是否有网络安全防护措施		对 Web 应用安全的主要关注点	
SASE 服务期望			
期望的 Web 应用防护功能		是否希望实现统一的安全策略管理（包括云上和本地网络）	
预算和实施计划			
期望的 SASE 服务周期及费用范围		部署 SASE 服务的计划时间	
是否需要定制化的服务方案		定制化服务需求描述	
其他补充信息			
其他相关信息或特殊需求			

通过收集客户的反馈，可以更好地理解客户的需求，为计划制定提供必要的依据。

2. 计划制定

根据同客户调研沟通的结果，进行详细的实施计划制定，确保计划可执行、可监控，以及服务周期与相应的成本投入的合理性。部署实施计划主要包括如下内容：客户订阅 SASE 服务的方案评估设计、明确部署实施的责任人的角色与职责、明确各责任人的主要工作内容、明确交付物与验收标准。

根据调研表收集的内容，进行客户订阅的 SASE 方案评估设计，评估当前发布的 SASE 服务是否满足客户核心安全业务诉求。以客户期望订阅的 Web 应用防护为例，根据客户业务特点及自身期望，设计云端 SaaS 化 Web 应用防护或云地联动 SSE 防护方案；根据客户防护站点数量及 Web 站点会话数，推荐 SASE 服务订阅规格；针对客户调研内容，有相应定制需求的，同步进行定制需求的设计工作。例如客户期望可以根据客户业务特点，设计动态监控页面的内容，一旦发现页面被篡改可以"一键下线"被篡改的页面或网站，防止事态进一步升级恶化。

下面介绍客户订阅 Web 应用防护的两种方案。

方案 1： DNS 引流方案的 SaaS 化 Web 应用防护方案（见图 10-12）。

租户 A 访问其公有云租户 A 的 Web 系统的流量，经 DNS 流量牵引至云端 SASE 资源池。SASE 安全资源池为租户提供 Web 应用防护（WAF）安全能力，经 WAF 过滤的安全流量送至租户 Web 应用系统。

方案 2： 云地联动的 SSE 防护方案（见图 10-13）。

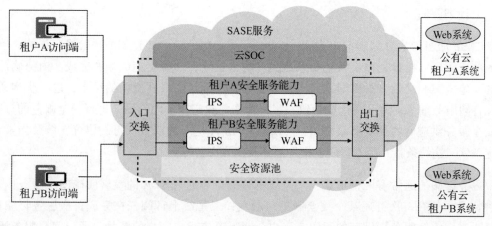

图 10-12　SASE SaaS 化 Web 应用防护方案

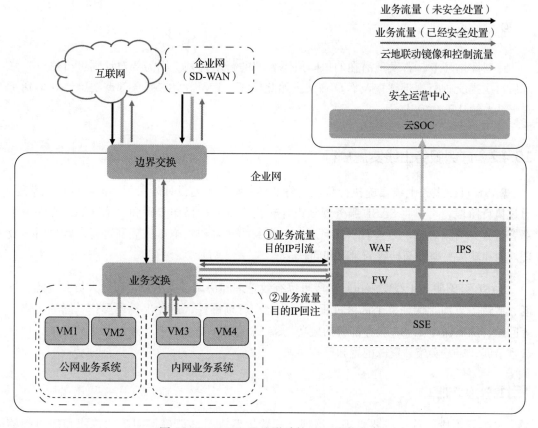

图 10-13　SASE 云地联动的 SSE 防护方案

客户侧部署 SSE 设备，通过 SSE 设备的 WAF 能力保护内网站点安全，并通过云端平台联动来实现整体的安全运营能力。

3.计划评估

SASE 服务部署计划制定完成后，SASE 服务提供商应对此计划的风险进行评估，确保投入的资源可以按计划输出符合要求的交付物，以确保部署实施的顺利完成。内部确认完成的实施方案和计划，需要同客户沟通并获得客户确认。根据确认的结果，进一步沟通方案和订阅服务细节，并最终达成一致。客户选择并确定服务内容后，进行安全服务的订阅，同安全服务供应商签署服务级别协议（SLA）。SLA 是一种双方认可的协议，涉及当事人、协定条款、违约条款、服务费用、报告形式及双方义务等。

服务订阅的通常有两种形式：一是线下订阅，如通过 SLA 的签署明确安全服务内容，这种情况一般在首次开通某个安全服务时触发；二是线上订阅，在完成首次服务订阅后，即成为对应安全服务提供商的租户，租户会获得对应租户门户的账号，通过安全服务运营平台的租户门户进行新服务的订阅。

4.计划修订

计划评估环节，若发现潜在的风险或不合理的行动计划，则需要对计划进行修订，修订后再次提交进行内部评审及客户确认。如此反复，直至 SASE 服务部署实施计划得到所有干系人的认可和确认。

10.4.2　订阅服务上线实施执行

SASE 订阅服务上线实施执行阶段是将 SASE 服务规划设计阶段得到的实施计划落地。通过执行阶段，可以将 SASE 服务规划设计转化为现实的操作步骤和实施计划，确保整个部署过程具有条理性和可控性，保证 SASE 服务的部署和实施工作顺利进行，减少因不合理规划和缺少完整性而导致的风险和问题。

SASE 订阅服务上线实施执行阶段可以有效管理和协调各项工作，包括人员、资源、进度、质量等方面，保证整个部署过程的可控性和可预测性，避免出现误操作、漏项、错项等问题，从而保障 SASE 服务部署的成功。SASE 订阅服务上线执行阶段的主要活动，包括管理培训、方案实施、资源配置和服务回顾。

1.管理培训

在执行阶段，首先需要管理、培训、配置运营人员，以确保团队的技能和能力能够满足项目需求，同时提高团队的整体素质。由于 SASE 服务涉及的服务内容较多，对应技术领域范围较广，前期的技术培训就显得尤为重要。以 Web 威胁相关知识为例，Web应用防护服务对应运维和运营人员需要掌握的相关技术知识包括：跨站脚本攻击（Cross-

Site Scripting，XSS)、SQL 注入攻击（SQL Injection)、跨站请求伪造（Cross-Site Request Forgery，CSRF)、点击劫持（Clickjacking)、服务器端请求伪造（Server-Side Request Forgery，SSRF）等典型 Web 威胁。此外，SASE 运营团队人员，尤其是 Web 应用防护的运营团队人员，还需要熟练掌握下一代防火墙、Web 应用防护设备等典型安全设备的系统配置和策略管理配置。

2. 方案实施

根据在实施计划阶段客户订阅的服务进行对应方案实施。方案实施需按照计划好的过程、方法和标准进行工作，以确保实施过程的条理性和可控性。例如根据计划阶段客户的 Web 应用防护需求，选择实施最终的 SaaS 化 Web 应用防护方案或 SSE 云地联动的 Web 应用防护方案。

3. 资源配置

执行阶段需要对资源进行验证、获取、使用和管理，包括硬件、软件和人力资源等。这些资源的合理配置和使用，有助于提高项目执行效率和质量。

4. 服务回顾

在执行阶段，需要建立 SASE 服务回顾机制，对服务部署和实施过程中出现的问题和挑战进行总结，寻找改进点，确保未来项目能够更好地进行。

在 SASE 订阅服务上线实施执行阶段，可能需要根据实际情况制定特有的流程和专有的规范，以满足服务部署实施的具体需求和特殊情况，确保服务的安全、稳定、高效运行。例如，针对特定的应用场景，可以制定专有的安全策略和配置方案，以保障服务的安全性。

10.4.3　订阅服务上线实施验收

SASE 订阅服务上线实施验收阶段的主要目的是确保已经部署和实施的 SASE 服务符合规划和设计要求，满足客户的业务需求和 SLA 要求，并且达到预期的效果。在这个阶段，客户可以对 SASE 服务的部署实施进行全面评估，检查 SASE 服务是否按照规划和设计进行部署，是否满足技术和业务需求，以及是否具有可操作性和可维护性。如果发现问题或不符合 SLA 要求的地方，将对部署和实施进行调整和改进，确保最终的结果符合预期。

1. 实施报告

以为客户部署 SSE 云地联动 Web 应用防护服务为例（见表 10-2）进行说明。

表 10-2　Web 应用防护服务实施报告样例

Web 应用防护服务实施报告

一、项目概述

本报告旨在描述 SASE Web 安全防护的安全运营服务部署，以确保客户的 Web 应用程序和服务在面对各种安全威胁时能够得到有效保护。该项目的目标是为客户提供满足 SLA 要求的 Web 安全服务，以最大限度地降低安全风险。

二、方案部署

1. 需求收集和分析

完成客户沟通与需求调研，收集业务需求和 Web 应用程序的具体情况。了解客户的关键资产、系统架构、现有安全措施及期望的安全服务内容等信息，以便为其定制最适合的 SASE Web 安全解决方案。

2. 方案设计与部署

基于需求收集和分析的结果，设计了针对客户 Web 应用程序的安全防护方案。通过部署 SSE 云地联动方案提供的 SASE Web 应用防护服务，主要完成方案实施内容包括：

1）SSE 设备部署：在客户网络出口部署 SSE 设备，通过开通订阅 SASE SSE Web 应用防护服务，开启 Web 应用防护能力。

2）接入云端安全管理平台：SSE 设备接入云端安全管理平台，通过云端安全管理平台可实现对 SSE 的安全日志收集及能力管控。

3）Web 应用防护安全运营：通过云端安全运营中心下发 Web 应用防护配置策略，通过回放 Web 攻击报文和恶意程序，验证 SSE 设备 Web 应用防护能力及云端安全运营中心的联动能力。

三、服务上线

1. 培训和文档

在系统上线之前，对客户的相关工作人员进行培训，介绍 Web 安全防护系统的功能、使用方法和注意事项。同时，我们提供了详细的用户文档，以供日后参考。

2. 灰度上线

为了确保安全运营服务对现有 Web 应用程序的影响最小，拟采取灰度上线的方式。在上线初期，只对部分流量进行重定向，监控和检测 Web 应用程序的安全情况。逐步扩大覆盖范围，直至所有流量都由安全防护系统处理。

3. 性能监测和优化

在系统上线后，我们将持续监测 Web 应用程序的性能，确保安全防护系统不会影响应用程序的正常运行。如发现性能问题，我们将及时优化系统配置，以保证系统的高效运行。

4. 24×7 运行与支持

安全运营服务是一个持续运行的过程，我们将为客户提供 24×7 的运行和技术支持。定期对系统进行巡检和维护，确保系统的稳定性和安全性。

四、结论

通过我们的努力，SASE Web 安全防护的安全运营服务已经成功部署并上线。客户的 Web 应用程序现在能够受到全面安全保护，有效预防各类网络攻击和威胁。我们将继续与客户保持紧密合作，定期评估系统效果并根据需要进行优化，以保障客户的持续安全。

2. 交付验收

在交付验收阶段，客户需要进行一系列活动来确保满足服务级别协议（SLA），以下是验收阶段通常会进行的关键验收活动。

❑ **服务功能完备性验证**：客户应该核实订阅的 SASE 服务是否提供了合同中规定的所有功能和特性，比较 SLA 中列出的功能与实际部署的功能，确保没有遗漏或缺失。可以针对安全策略进行验证，确保 SASE 服务中的安全策略和规则符合客户的需求，并且能够准确地检测和阻断安全威胁。对客户的 Web 应用程序进行漏洞扫描和安全评估，以验证 SASE 服务是否能够发现并修复潜在的漏洞和安全风险。同时，确保 SASE 服务提供了有效的监控和报告机制，能够向客户提供实时的安全状态和性能数据。

❑ **非功能性验证**：非功能性验证包括性能容量验证、高可用性验证等内容。在性能容量验证方面，确保 SASE 服务的性能和容量满足 SLA 中约定的指标，例如性能测试，可以比较实际性能与 SLA 中承诺的性能，如带宽、延迟、响应时间等；在高可用性验证方面，需要确保 SASE 服务具备高可用性，能够在故障发生时实现满足 SLA 要求的快速切换和恢复。通过高可用性测试，验证系统在故障时是否能够保持可用状态。

❑ **培训和知识转移**：确保客户的相关人员了解如何正确使用 SASE 服务，例如通过租户门户进行日常的管理和运营操作，通过相应的 APP 管理软件进行日常的远程运营和运维操作等。通过提供培训和知识转移，使客户能够充分利用 SASE 服务的功能和优势。

❑ **SLA 评估和签署**：客户应该仔细评估提供商提供的 SLA，确保其中的条款和指标能够满足需求。如有需要，客户可以与提供商协商并签署定制的 SLA。

通过以上活动，客户可以对订阅的 SASE 的 Web 应用安全防护服务进行全面的验收和评估，确保服务能够满足 SLA 中约定的各项指标和要求。如果客户发现不符合 SLA 的情况，服务提供商应主动与客户进行沟通，帮助其解决问题并确保服务达到预期水平。交付验收阶段，服务提供商应时刻关注客户的满意度和对服务质量的直接感知，这些因素可以直接影响 SASE 服务的长期稳定性和客户的持续合作意愿。

3. 实施回顾

进行实施回顾对于已经完成部署和交付的 SASE 安全服务非常重要，它可以帮助客户和服务提供商一起总结经验教训，评估项目的成功程度，并为未来的类似项目提供宝贵的参考。以下是实施回顾的一些建议和要点。

❑ **回顾目标与结果**：首先应该回顾项目最初设定的目标和预期结果。客户和服务提供商共同评估项目是否成功实现了这些目标，是否达到了预期的效果，包括评估 SLA 的履行情况，对比实际交付的 SASE 安全服务与服务级别协议（SLA）中规定的指标和承诺，检查服务是否满足了 SLA 中的要求，是否存在未达标的情况，并探讨原因和解决方案。

❑ **讨论问题与最佳实践**：客户和服务提供商应该坦诚地讨论在项目过程中遇到的问题和挑战。这些问题可能涉及技术、沟通、资源等方面。通过识别问题，可以寻求改进和优化。分析 SASE 安全服务的数据，包括性能数据、安全事件数据等，评估服务的表现，查看是否有改进的空间。同时也需要总结和确认项目中的成功因素和最佳实践，即哪些做法对于项目的成功起到了关键作用，这些经验可以用于未来类似项目的参考和借鉴。

❑ **用户反馈和培训效果评估**：收集用户对于 SASE 安全服务的反馈和满意度评价。了解用户的真实体验和感受，以便更好地了解服务的优劣势，并进行改进。对于提供的培训，评估培训的效果和对用户的影响。如果有需要，可以提供额外的培训或资源支持。

❑ **合作伙伴评估**：如果 SASE 安全服务涉及多个合作伙伴，应对合作伙伴的表现进行评估。确保合作伙伴的配合和服务质量。

❑ **总结与改进计划**：根据回顾的结果，客户和服务提供商一起总结经验教训，制定改进计划，以提高 SASE 安全服务的质量和效果。通过实施回顾，客户和服务提供商可以共同学习，不断优化 SASE 安全服务，为客户提供更好的安全保护，并增强合作伙伴关系。

在此阶段也存在一些风险和控制点需要注意。首先，SLA 中的验收准则或标准如果不够清晰，可能会导致项目缺乏准确的依据，影响验收结果的准确性和公正性。其次，如果服务验收的准备不充分，例如缺乏必要的测试设备或测试环境，可能会导致验收结果不可靠，影响客户对服务质量的信任和满意度。此外，如果未提供 SASE 服务部署实施报告，可能会导致客户对服务部署实施过程的了解不足，影响其对服务的认可和接受程度。最后，项目文档资料不规范也是一个需要关注的风险因素，例如文档格式不统一、内容不清晰、信息不完整等，可能会导致验收过程中出现不必要的问题和误解。

因此，在 SASE 订阅服务上线实施验收阶段，需要采取相应的控制措施，例如明确验收标准和流程、提前做好服务验收准备、准确完整地提供 SASE 服务部署实施报告、与客户建立良好的沟通渠道、规范项目文档等，以确保验收过程的顺利进行和验收结果的准确性。

第 11 章 *Chapter 11*

SASE 运营服务构建

SASE 运营服务的目的是为企业提供专业的网络运营管理，并实时保护企业业务的网络安全。运营服务内容覆盖事前风险预警、事中威胁监测以及事后响应处置，通过标准化、成熟的运营服务方案与操作流程，体系化地从各个维度保障客户业务的网络安全。运营服务针对互联网访问、内网应用访问、企业等保测评服务等场景，以及客户的资产暴露面管理全过程，提供从基础到高级的灵活的可选安全服务。本章将从运营服务体系构建、运营服务建设内容、运营服务建设模式实践、运营服务持续提升等方面展开探讨。

11.1 SASE 运营服务体系构建

SASE 运营服务体系构建贯穿于服务体系的全生命周期，包括 SASE 运营服务核心目标、SASE 运营服务建设内容、SASE 运营服务建设模式实践，以及 SASE 运营服务持续提升等部分。

1. SASE 运营服务核心目标

通常情况下，安全运营是技术、流程和人员有机结合的复杂系统工程，通过对已有安全产品、工具和服务产生的数据进行有效分析，持续输出价值，应对安全风险，最终实现安全防护的目标。SASE 安全运营的总体目标是通过构建安全运营体系，以安全技术和工具为基础，以安全数据为决策依据，以团队建设、流程和能力为核心，来对不同运营服务模式进行实践，通过这种运营服务模式来发现问题、验证问题、分析问题、响应处置、解决问题并持续迭代优化。整个安全运营过程旨在为租户企业提供持续的安全保障，从发现和分析安全问题到实施相应措施，不断提升安全防护能力，确保租户企业的信息和资产得到有效保护。

SASE 安全运营需要结合业界规则和业务特点，通过缩短平均检测时间（Mean Time To Detect，MTTD）和平均响应时间（Mean Time To Respond，MTTR），最大限度地缓解网络攻击对企业造成的损失，提升安全运营的效率。

在 SASE 安全运营体系中，通过运营专家的网络分析和实时监控，租户企业可以快速发现异常活动，从而缩短检测时间。这意味着团队能够更快速地识别潜在的攻击，并采取相应的措施来遏制威胁，从而减少潜在的影响和损失。同时，SASE 提供了集中式的安全策略管理和自动化响应机制，使团队能够更快速地采取措施来应对威胁。当潜在的攻击被确认后，SASE 可以自动触发适当的响应措施，例如隔离受感染的终端或暂时关闭受攻击的服务，从而减少攻击的扩散和影响。

将 SASE 安全运营体系与 MTTD 和 MTTR 指标结合起来，租户企业能够更好地评估安全运营中心团队的能力和效率。监控这些指标有助于租户企业的安全主管判断企业的安全运营是否达到预期的 KPI 和 SLA 要求。

在运营服务的实践和推广过程中，客户对于运营和运维提出了很多疑问。在进行对比时，运维的对象是具体的设备，主要是针对硬件、软件等基础设施的维护和管理，通常在设备出现故障时被动地进行维护。运维的处置方式往往是静态离散的，即针对单个设备的故障进行解决，目标是恢复设备的正常运行。

而运营则更加关注具体的业务运行，其对象是业务的稳定和优化。运营采用常态化主动巡检和保障，通过对业务的持续监控和预防性维护，确保业务运行的稳定性和高效性。运营的处置方式是动态地全面持续优化，即不仅仅解决问题，还要不断优化整个业务流程，以提高运营效率和效果。

简而言之，运维更注重设备维护和故障处理，是一种被动的、临时性的维护方式；而运营则更注重业务运行和效率优化，是一种主动的、持续性的保障方式。在实际服务中，通过运维和运营的有机结合，帮助客户实现设备和业务的稳定运行，提高服务质量和用户满意度。

2. SASE 运营服务建设内容

安全运营遵循"自动响应闭环，持续安全运营"的建设理念，以云 SOC 为主要技术与工具，结合大数据的分析和挖掘能力进行威胁建模，利用 SOAR 等技术提升自动决策能力。同时，组织运营专家通过规范工作要求，明确工作方式，提升保障能力，保障安全运营工作常态化。

安全运营建设的核心内容主要分为四个部分：技术和工具建设、团队和人员建设、流程和制度建设以及能力和服务建设。

- ❑ **技术和工具建设**。整合和优化运营工作所需的技术工具，包括云 SOC、监控系统、威胁情报分析工具等，以提高运营效率和准确性。有效的技术和工具是安全运营的基石，有助于实现全面的威胁检测、快速响应和精准处置。
- ❑ **团队和人员建设**。建立专业的安全运营团队，并提供持续培训和专业知识更新，以提高运营人员的技能和响应能力。安全运营团队需要具备对新兴威胁和攻击技术的敏感性，并具备快速决策和处置问题的能力。
- ❑ **流程和制度建设**。明确安全运营工作的流程和责任分工，建立高效的运营机制。良好的流程和机制有助于确保安全事件的及时报告、分析和响应，并实现信息的有效传递和协同合作。
- ❑ **能力和服务建设**。持续提升安全运营的能力，包括对新技术、新威胁和安全标准的了解，同时提供高质量的安全服务，满足企业不断变化的安全需求。

这四个核心内容相辅相成，共同构成了一个完整的安全运营建设体系。通过合理规划和实施这些内容，企业能够建立高效、灵活、可持续的安全运营体系，从而更好地保护企业的业务资产和网络安全。

3. SASE 运营服务建设模式实践

经过市场调研和客户探讨，以及对 SASE 运营服务实践的总结，主要有三种 SASE 运营服务建设模式，这三种模式为 SASE 服务的推广和应用提供了不同的途径与策略，SASE 服务运营商可根据自身实力、目标行业特点和客户需求，选择合适的模式达成最终的 SASE 服务运营目标。

- ❑ **自运营服务模式**：这种模式下，SASE 服务提供商在技术栈和服务能力上具备较广泛的覆盖，拥有强大的市场和技术研发能力。服务提供商通过自主研发安全技术栈，并购买成熟的网络基础设施，在全国范围内建设 POP 节点，以统一的 SaaS 化运营平台为核心，由专业团队在运营中心进行集约的安全运营服务。
- ❑ **合作运营服务模式**：SASE 服务通常由网络服务和安全服务组合提供。网络服务运营商在网络领域发展得较为成熟，但在安全领域技术栈可能相对不足。因此，面对客户对安全运营服务的需求，网络服务运营商选择与安全运营厂商进行商务合作和技术融合，以提供更全面的安全运营服务。
- ❑ **行业运营服务模式**：通过总结 SASE 服务实践案例，发现不同行业对服务的订阅目标、关注效果和续订原因存在差异。例如，金融企业更关注数据管辖权、数据安全和隐私保护，而跨国企业更关注多地域网络延时和整体的服务质量。基于这些发现，SASE 技术方案可以根据不同行业要求进行优化和定制，建设标杆案例以推广服务在该行业的应用。

4. SASE 运营服务持续提升

SASE 运营服务的持续演进和提升主要集中在三个方面，包括业务种类增加、基础设施完善，以及增值服务提升，这样可以更好地满足日益增长和变化的租户企业需求。

在业务种类增加方面，SASE 运营服务利用已有的 POP 节点的网络和安全能力，持续根据不同企业客户的网络环境、安全合规要求和演变的安全风险，提供一站式的安全解决方案和闭环服务；在基础设施完善方面，着重改善基础设施的运维能力和性能扩展，通过持续提升设施健康度、应急处置和弹性扩缩容等方面，优化基础设施的运营效率和性能；在增值服务提升方面，专注于对租户企业的安全状态洞察和短期态势的预测能力的提升，提供全面的安全态势感知，及时对安全事件进行分类标识和策略处置，实现"一地处置，多地联动"的效果。同时，主动推送客户威胁和应对服务，是高效的预防治理手段，可以使客户及时了解资产面临的安全威胁，从而采取积极主动的威胁防御和快速响应策略。

通过持续优化和改进上述方面，SASE 运营服务将不断提升其能力，以更好地适应不断增长和变化的租户企业需求，实现更全面、高效和定制化的安全运营服务。

11.2　SASE 运营服务建设内容

SASE 安全运营的目标，是在租户企业的业务和系统日趋复杂的情况下，在资源投入保持恒定的情况下，确保专家运营团队的服务质量保持在稳定有效的区间。安全运营需解决安全服务工程化能力提升的问题。例如资深的安全运营专家能够对一台疑似被攻击的服务器进行排查，通过查看服务器进程并关联操作日志记录，以及进行综合的分析和挖掘，快速对恶意攻击源进行定位。但如何将安全运营专家的自身能力固化成自动化的安全监测能力，并通过安全平台进行快速应急响应处置，让普通安全运营人员也能成功地快速处置安全事件，高效闭环呢？本节针对 SASE 运营服务建设，分别从工具、人员和制度三个方面进行阐述。

11.2.1　运营技术和工具建设

SASE 运营服务通过云端集约化的运营中心对租户提供远程的运营服务。云端的运营中心主要对企业的服务系统和网络设施等业务资产的网络与安全状态进行监控、预警、处置、持续治理。作为一个运营中心，它能够实时收集在组织内部资产（包括服务器、网络以及终端等）中流动的数据信息，并据此来识别网络和安全事件，以及做出行之有效且及时的响应处置。

SASE 运营中心需要包含网络质量监控和改善工具，以及安全服务所需的关键工具。常言道，"工欲善其事，必先利其器"，没有高效和方便的工具，SASE 服务将无法为众多租户企业提供高时效和高性价比的运营服务。下面介绍安全运营使用的主要技术和工具。

1. 网络性能监控

网络性能监控（Network Performance Monitoring，NPM）工具是用于监测网络性能、带宽、延迟、数据包丢失率等指标的软件或硬件工具。其工作原理是通过定期向目标主机发送请求，然后等待主机返回数据包来测量网络性能。具体来说，它会向目标主机发送测试数据包，并记录发送时间和接收时间。然后，它会计算出数据包在传输过程中所花费的时间（延迟）、传输速率（带宽）以及数据包传输成功率（丢包率）等指标。

网络性能监控工具非常重要，它能够帮助网络管理员及时发现网络故障和瓶颈，提高网络的可靠性、稳定性和可用性。通过对网络性能指标进行实时监测和分析，网络管理员可以快速诊断和解决网络问题，提升用户体验，保证业务的正常运行。此外，网络性能监控工具还可以帮助 SASE 客户进行网络优化，提高网络的效率和性价比，降低运营成本。

2. 流量分析

流量分析（Traffic Analysis，TA）工具是对网络流量进行深度分析的工具，其工作原理主要涉及以下方面：

- ❑ 捕获数据包，通过网络上的流量镜像、端口镜像等技术手段，对网络流量进行实时捕获和记录。
- ❑ 解析数据包，对捕获到的数据包进行深度解析，包括解析协议、提取元数据等信息。
- ❑ 分析数据流，对解析后的数据包进行关联和组合，分析出数据流的信息，例如流量来源、目的地、传输协议、数据量等。

SASE 流量分析工具可帮助网络管理员更好地了解网络中的流量情况，及时发现异常和问题，提高网络的安全性和性能。它能够实现对网络应用的监控、识别和分类，及时发现网络中的异常流量和攻击行为，并根据分析结果自动调整网络策略和配置。同时，它还能够帮助企业对网络流量进行优化，提高网络性能和效率，保障业务的稳定运行。

3. 流量控制

流量控制（Traffic Control，TC）工具用于管理和控制网络流量，它通过复用网络流量分析工具，实现对网络流量的分类和策略管理。具体实现方法为对网络流量进行分类，如 Web 流量、视频流量、文件传输流量等，并基于预设的策略进行控制，比如流量限速和访问限制等。

4. 安全信息和事件管理

安全信息和事件管理（Security Information and Event Management，SIEM）的任务是从各种安全应用程序、服务和工具中收集实时安全数据，并为可疑活动生成告警事件，触发运营活动。SIEM 是安全运营中心最重要的工具之一，其通常集成于 SASE 的运营平台之中，因为它充当中央数据收集中心，几乎所有与安全相关的决策都依赖于该中心。SIEM 会自动聚合那些来自租户企业网络的大量安全相关数据，并对其进行分析与关联，将各种安全日志和网络流量日志整合到一个仪表板中，以便各个运营专家能够便捷地使用详细信息。SIEM 通常会带有内置的分析功能，可以让运营专家以数据可视化的方式，识别其发展趋势，并判定出可疑的模式。SIEM 的另一个优势在于，它能够基于合规性的目的自动生成审计报告，展现当前组织内部的风险状况，以协助各个利益相关方（包括不精通网络安全的高管，以及其他决策者）理解组织的安全态势。

5. 威胁情报知识库

威胁情报知识库（Threat Intelligence Knowledge Base，TIKB）可以与 SIEM 集成，提供与警告关联的威胁上下文和当前的热点安全事件。SIEM 能够将各种工具生成的信息汇总起来并通过挖掘将信息背后对应的事件分为不同等级的安全事件。威胁情报知识库则会通过关键技术标识威胁向量维度和热点关联事件。将威胁情报知识库与 SIEM 结合使用的主要优势就在于，安全运营团队能够确定警告的优先级，减少误报的数量，确保自动化的流程更加高效，以及用最短的时间去处置那些真正可疑的异常行为与攻击。

6. 安全自动化、编排和响应

安全编排自动化和响应（Security Orchestration Automation and Response，SOAR）是通过使用一系列集成工具，来实现自动检测和响应警告的平台。SOAR 通常提供如下功能：传统任务的自动化，包括漏洞扫描、日志查询、新用户配置，以及非活动账户配置的冻结等；自动化响应，SOAR 会根据预定义的剧本（playbook），按计划自动响应各种警告。在编排方面，通过集成和关联多个安全工具的输出，来自动分析各类安全事件。可以说，SOAR 不但可以使用自动化的剧本，显著地加快对警告的响应，而且还能够确保安全运营专家不会在重复的手动任务上浪费时间，进而将其现有的分析和对抗技能用于更为复杂的威胁场景。

通过综合利用上述技术和工具，安全服务可以精细化管理网络，同时全面地监测并响应各种安全威胁。

11.2.2　运营团队和人员建设

按照 SASE 运营团队组织架构的划分，不同的团队有不同的工作职责，按照 SASE 运营服务过程中所参与的不同运营活动划分，包括技术支持团队、运营监控团队和应急响应团队，如表 11-1 所示。

表 11-1　运营团队及职责范围

团队名称	团队职责范围	投入运营阶段
技术支持团队	• 资产盘点录入 • 资产与云端订阅能力互连 • 云端订阅能力配置初始化 • 云端订阅能力的故障排查响应 • 云端订阅资产回收及数据销毁 • 租户企业内技术人员培训	• 订阅服务上线 • 订阅服务扩容 • 订阅服务下线
运营监控团队	• 实时运营监控和事件响应 • 定期巡检和报表传递 • 服务持续满意度调查 • 服务改进和创新	• 服务运营监控 • 定期租户沟通
应急响应团队	• 重大事件分析、处置和恢复 • 主动安全巡检 • 定期测评和攻防演练 • 安全事件溯源 • 紧急通知和协调	• 应急事件处理 • 重大风险排查 • 测评及攻防对抗

1.团队职责

下面详细介绍不同团队的职责。

（1）技术支持团队

SASE 运营服务的技术支持团队担负着关键的职责，确保租户企业在使用 SASE 架构下的网络和安全服务时能够得到持续的技术支持和优质的用户体验。以下是技术支持团队的主要职责。

❑　**资产盘点录入**：技术支持团队负责协助租户企业进行资产盘点，将企业内的硬件、软件和其他资产信息录入系统，这有助于准确地管理资产和随后的运营投入工作。

❑ **资产与云端订阅能力互连**：技术支持团队协助确保租户资产与云端订阅能力之间的互连。这有助于实现租户企业的资源与云端能力之间的整合和优化，同时保障了数据的安全。

❑ **云端订阅能力配置初始化**：技术支持团队负责为租户企业配置和初始化云端订阅能力，确保订阅能力按照租户企业的需求进行正确配置，以实现租户企业所需的服务和功能。

❑ **云端订阅能力的故障排查响应**：在云端订阅能力出现故障或问题时，技术支持团队迅速响应，进行故障排查并提供解决方案，快速恢复并确保系统持续稳定运行。

❑ **云端订阅资产回收及数据销毁**：当租户企业需要终止订阅或更新资产时，技术支持团队负责云端能力的资产回收和数据销毁。确保回收资源的安全释放，防止租户数据遗留和泄露。

❑ **租户企业内技术人员培训**：技术支持团队为租户企业的技术人员提供持续的技术支持和培训，负责解答技术问题、提供使用指导，并确保租户企业能够充分利用 SASE 架构的功能和优势。

综上所述，SASE 运营服务的技术支持团队在资产管理、云端订阅能力配置、故障排查响应、资产回收和数据销毁等方面承担重要责任，确保租户企业能够顺利地使用 SASE 服务并获得持续的支持。团队利用专业技术知识和良好的沟通能力，为租户企业提供专业的技术支持，以实现 SASE 架构的最佳效益。同时提供培训和指导，助力租户企业更好地应对安全风险和威胁，从而提升整体业务运营水平。

（2）运营监控团队

SASE 运营服务的运营监控团队负责监测、管理、优化网络和安全服务，以确保系统运行过程中持续的高可用性、稳定的性能和安全性。以下是运营监控团队的主要职责。

❑ **实时运营监控和事件响应**：运营监控团队实时监测网络和安全服务的关键指标，对网络和安全事件进行分级判断。对于低级别事件，团队自行进行处理闭环；对于运营过程中发现的重大事件，团队迅速触发应急响应，通知应急响应团队快速处理。

❑ **定期巡检和报表传递**：团队定期对租户企业的资产状态、订阅服务运营状态和服务续签状态进行巡检，生成定期报表，将运营状况同步给租户，使租户及时了解 SASE 服务的实际运行情况。

❑ **服务持续满意度调查**：运营监控团队对租户企业进行服务持续满意度调查。通过定期调查、收集反馈意见，团队可以了解租户所在团队的期望和需求，不断改进服务，提高用户满意度。

❑ **服务改进和创新**：团队不断监控用户的反馈和需求，基于实际情况提出服务改进的相关建议，以适应不断变化的租户需求和技术发展。

综上所述，SASE 运营服务的运营监控团队通过实时监控、响应触发、服务改进等一系列职责，不仅维护着服务的正常运行，还为租户企业提供持续的技术支持和优质体验。通过不断优化服务，团队助力租户企业在 SASE 架构下实现更高效、更安全的业务运营。

（3）应急响应团队

SASE 运营服务的应急响应团队担负着保障网络正常和业务安全的职责，以确保系统在遭遇紧急情况时能够迅速应对和恢复。以下是应急响应团队的主要职责。

- ❑ **重大事件分析、处置和恢复：**应急响应团队负责重大网络和安全事件的分析、处置和恢复工作，能够迅速响应事件，深入分析攻击或事件，采取适当措施减轻损失，并确保系统尽快恢复正常运行。在事件处置完毕后，进行终结确认，以验证事件的闭环处理。
- ❑ **主动安全巡检：**针对行业爆发的重大安全威胁，应急响应团队会主动进行安全巡检。通过对系统进行全面检查，分析各种类型的网络和安全威胁，及时了解威胁趋势和攻击手法，能够发现潜在漏洞和威胁，并采取措施进行预防，以保护系统免受可能的攻击。
- ❑ **定期测评和攻防演练：**应急响应团队提供完备的技术方案和服务，以支持租户进行安全测评和攻防演练。协助租户识别安全薄弱点，制定演练方案，并提供操作落地的指导和建议，确保租户能够在真实环境中有效地应对安全挑战。
- ❑ **安全事件溯源：**在重大事件发生后，应急响应团队进行安全事件的溯源工作，追踪攻击路径和攻击者的行为。这有助于了解攻击的来源和目的，为进一步的应对提供指导。
- ❑ **紧急通知和协调：**当重大事件发生时，应急响应团队负责及时通知相关人员，并协调各团队之间的合作，确保信息传递畅通，各方能够迅速做出响应和决策。

综上所述，通过重大事件处置、安全巡检、安全测评等一系列动作，SASE 运营服务应急响应团队为租户企业提供了全方位的安全保障，帮助它们应对各类安全威胁和挑战。

2. 团队人员能力要求

下面详细介绍技术支持团队、运营监控团队、应急响应团队的人员能力要求。

（1）技术支持团队的人员能力要求

技术支持团队的主要职责是为租户企业提供服务的上线、扩容、下线等技术指导，确保系统稳定运行和用户满意。团队分为高、中、初级人员，各级人员拥有不同的技能，以应对不同场景的技术问题，能力要求按照等级分类描述如下。

高级技术支持人员：

❑ **深刻理解 SASE 业务**。高级支持人员应具备广泛的 SASE 架构和业务场景相关技术知识，能够提供连接客户端和服务端到云端服务节点的解决方案，通过这些云端节点提供网络和安全服务，以确保客户端与服务端之间的业务流量安全且稳定运行。

❑ **个性化的 SASE 服务订阅支持**。高级支持人员应具备丰富的系统集成和部署经验，能够迅速构建个性化的 SASE 服务订阅方案，能够为 SASE 租户企业提供高质量的技术支持和培训，以满足租户各种不同场景的业务技术需求。

❑ **复杂问题解决能力**。高级支持人员需具备解决复杂的 SASE 网络和安全相关技术问题的能力，能够分析问题的根本原因，并提供快速有效的租户业务构建、部署、恢复等解决方案。

中级技术支持人员：

❑ **一定的技术支持能力**。中级支持人员能够回答常见的订阅、业务上线、扩容和下线相关技术问题，并提供准确的技术指导。

❑ **资产管理和数据销毁**。熟悉资产管理流程和数据销毁方法，有效管理租户企业的资产，确保数据的安全性和合规性。

❑ **数据分析和问题趋势洞察**。中级支持人员应具备数据分析、总结的能力，可以从租户反馈的数据中及时发现通用问题，观察问题发展趋势，并提供可靠的解决措施。

❑ **部署方案支撑**。中级支持人员应具备丰富的部署经验，能够配合实施部署方案，搭建和配置云端订阅能力，提供客户 SASE 服务订阅方案的支持。

初级技术支持人员：

❑ **基础的技术支持能力**。初级支持人员需要具备基本的 SASE 业务常识和相关技术知识，并具备基本的沟通能力，能够解答常规的问题，提供基础的技术支持。

❑ **基础部署经验**。能够对 SASE 服务订阅方案进行基本的部署实施、配置和上线。

❑ **基本问题解决能力**。初级支持人员应能够使用常用工具定位并解决租户网络异常问题，以确保业务能够正常被安全防护和处置。

（2）运营监控团队的人员能力要求

运营监控团队设置了高、中、低级人员，以应对不同层级的网络和安全监控工作。不同级别的人员的能力要求如下。

高级运营监控人员：

❑ **精通网络和安全监控技术**。应该对各种网络设备、协议和安全技术有深刻的理解，能够调试网络和安全能力，保障网络的正常运营，保障 SASE 租户企业重保活动的正常进行。

- ❏ **复杂事件分析**。能够识别复杂的网络和安全事件，识别出潜在的风险和漏洞，将安全风险及时通报给应急响应团队进行处理。
- ❏ **运营监控系统搭建与维护**。有能力搭建和维护大规模的运营监控系统，确保系统的稳定和高效运行。

中级运营监控人员：

- ❏ **云端服务节点管理**。管理和维护云端服务节点，确保其可用性和性能。这包括监控节点的运行状况、升级和补丁管理，以及容量规划，以满足租户的业务需求。
- ❏ **网络流量管理**。监测和管理网络流量，包括客户端和服务端之间的流量。这涉及流量分析、负载均衡、服务质量管理，以确保业务流量的高效传输。
- ❏ **安全策略执行**。制定、实施和监督安全策略，以保护网络和数据资源。这包括访问控制、威胁检测、防御相关策略的制定及实施。

初级运营监控人员：

- ❏ **基本了解网络和安全监控技术**。了解基本的网络和安全监控技术，在 SASE 运营管理端监控设备状态，进行设备管理和安全策略管理，直观地了解设备和业务的安全状况。
- ❏ **用户身份验证与授权**。管理用户身份验证和授权，确保合法用户能够访问所需的资源，同时限制未经授权的访问。这可以通过单点登录（SSO）、多因素身份验证等方式实现。
- ❏ **巡检和报告生成工作**。记录网络和安全事件，以便审计和合规性监督。按照预定流程进行巡检工作，并能够通过运营管理平台的数据创建运营报告，或者根据运营日志、数据分析生成相关的报告。

（3）应急响应团队的人员能力要求

应急响应团队涵盖了高、中和初级人员，每个级别的人员需要具备不同的能力，以便有效地应对各种安全事件和攻击。以下是每个级别的人员的能力要求。

高级应急响应人员：

- ❏ **高级威胁分析**。深入理解复杂的安全事件和攻击，能够分析攻击者使用的高级威胁技术和工具。能够识别新兴威胁、提供威胁情报，以帮助团队更好地理解和应对各种威胁。这包括排查和提取目标系统中攻击者植入的后门程序，如远控木马、

Rootkit 后门、蠕虫病毒、Webshell 脚本等。

❑ **快速响应**。在紧急情况下，能够快速采取必要的措施来限制攻击的影响。需要在高压环境下保持冷静，并根据事件的严重性和特点，制订出有效的应急响应计划。

❑ **攻击还原**。具备攻击还原的能力，可以追踪攻击者的活动并还原攻击事件的全过程。这需要有充足的技术知识储备和较强的分析能力，以更好地理解攻击者的方法和意图。

❑ **紧急处置**。在高压环境下迅速做出决策，执行紧急处置措施，包括隔离受感染系统、切断攻击路径等。行动需要精准，以减少损失。

中级应急响应人员：

❑ **基础威胁分析**。具备基本的威胁分析能力，能够识别、分析常见的安全事件和攻击，能够有效对抗已知威胁。这包括关联分析各类日志文件和安全事件，如 Web 访问日志、应用程序日志、操作系统日志、安全设备日志等。

❑ **应急案例支撑**。能够对常见安全事件和攻击进行追踪分析，了解攻击路径和入侵方式。可以快速识别问题并提供初步的响应支持，协助高级人员分析攻击链，为进一步的响应提供支持。

❑ **响应处置**。具备切断网络连接、阻止攻击流量和隔离感染资产等基本的应急处置能力，执行常见的处置措施以减少威胁。

初级应急响应人员：

❑ **基本安全意识**。具备基本的安全意识，能够捕获常见的安全问题和异常。能够识别潜在的威胁和风险，这包括捕获各类可疑样本文件，并进行动态调试和静态逆向分析。

❑ **处置信息记录**。能够记录应急响应过程中的关键信息和步骤，以便后续的分析和总结，从而提高团队的应对效率。

❑ **应急前状态备份**。对系统进行快照备份，在确保系统未被入侵的前提下，记录系统状态信息，包括进程、账号、服务端口和关键文件签名等。

11.2.3 运营流程和制度建设

1. 运营流程建设

建立 SASE 运营流程可以帮助组织更加有效地管理和运营其 SASE 服务。随着组织对云计算和移动办公的依赖程度越来越高，SASE 作为一种云原生的网络安全架构，可以为组织提供更加灵活、安全、高效的网络连接和访问方式。然而，由于 SASE 服务的复杂性和多样性，运营 SASE 服务需要一套完整的流程来确保服务的可靠性和安全性。建立 SASE 运营流程可以帮助组织规范服务的开通、交付、管理，提高服务的质量和稳定性，降低服务运营的风险和成本。通过建立完善的 SASE 运营流程，可以使服务售前、服务开通、运营交付和服务到期等阶段更加规范化和标准化。

SASE 作为一种全新的网络安全服务模式，需要充分考虑用户体验和满意度。通过建立规范的 SASE 运营流程，可以使服务响应速度更快、服务质量更高，从而优化服务体验和用户满意度，提升用户黏性和忠诚度。

SASE 运营服务流程如图 11-1 所示，可以从服务售前、服务开通、运营交付和服务到期等阶段入手，提高网络安全服务的水平和质量，降低网络安全风险，保护企业业务安全。

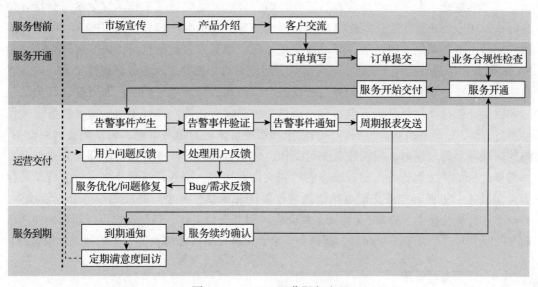

图 11-1　SASE 运营服务流程

（1）服务售前阶段

该阶段的主要活动是与客户进行沟通，了解客户的具体需求，提供相应的解决方案并进行需求确认。在这个阶段，需要运营团队与销售团队合作，确保客户需求的准确传递。此阶段的主要目的是提升自身 SASE 产品的市场认知和影响力，从而推动有效获客，确保 SASE 业务的开展和推进。

服务售前包含的子活动有市场宣传、产品介绍、客户交流等，需要同步推进，多点开花。市场宣传是指在市场上进行品牌推广和宣传，吸引潜在客户。SASE 服务提供商可以通过广告、媒体、社交网络等多种渠道进行宣传，吸引客户的注意力。同时，还可以针对特定行业或客户需求进行针对性宣传，提高品牌知名度和市场占有率。产品介绍是指向潜在客户介绍 SASE 服务的功能、性能、价值等。这个环节需要通过演示、文档、视频等形式，向客户展示 SASE 服务的优势和使用方法。通过对产品的详细介绍，客户可以更加了解 SASE 服务的功能和效果，从而提高对服务的认知和兴趣。客户交流是指与潜在客户进行沟通，了解客户的需求和问题。在这个环节，SASE 服务提供商可以通过电话、邮件、会议等多种方式与客户进行交流，了解客户的需求、疑问和关注点，以便为客户提供更加个性化、专业化的服务。

（2）服务开通阶段

在获得客户渠道和客户资源后，客户会购买相应的 SASE 服务满足其企业网络和安全的需求。服务开通就是将客户需求转化为服务的过程，在该阶段，运营团队需要完成订单填写、订单提交、业务合规性检查、服务开通、服务开始交付等工作。订单填写是指客户在确认购买 SASE 服务后，需要填写相关订单信息，包括客户信息、联系方式、所购买的服务类型、服务期限、数量等。订单提交就是客户填写完订单信息后，需要将订单提交给 SASE 运营团队进行处理。SASE 运营团队收到订单后，需要进行业务合规性检查，确认客户防护的资产是否合规，比如业务是否备案、服务是否跨境等，同时，需要确认订单信息的准确性，如订单信息是否齐全、客户信息是否真实有效等。在订单信息通过业务合规性检查后，SASE 运营团队会按照客户的需求和服务要求进行服务开通，包括配置网络设备、搭建网络环境等。同时，启动服务交付工作，包括告知客户服务开通的时间、方式以及客户需要进行的相关操作等，确保服务的顺利交付和使用。服务开通涉及将客户的订单转化为可用服务，根据客户提交的订单信息进行验证和确认，并进行必要的业务合规性检查。一旦通过合规性检查，SASE 运营团队就会启动服务交付工作，确保客户可以顺利地使用所购买的服务。这个环节要求高效、准确和安全，以确保服务能够及时、正确地交付给客户。

（3）运营交付阶段

在服务开通后，SASE 服务提供商需要与客户保持良好的沟通，将客户的业务系统接入 SASE 服务，包括引流、安全能力创建、策略调整、调优等。此阶段需要及时解决客户在服务使用过程中的问题和需求，以保证服务的高质量交付。具体来说，SASE 服务运营交付阶段在安全运营层面包含告警事件产生、告警事件验证、告警事件通知和周期报表发送等环节。在运维层面包含用户问题反馈、处理用户反馈、Bug/需求反馈、服务优化/问题修复等环节。SASE 服务运营交付阶段通过对服务的全面监控和及时响应，可以帮助客户更好地了解 SASE 服务的性能和价值，提高客户满意度，从而增强客户黏性和持续消费能力。SASE 服务监控网络流量，一旦发现异常流量或者安全事件，就会产生告警事件。当告警事件产生后，需要进行验证，以确定该事件是否属于真正的安全事件，避免误报、误判。验证过程需要根据预先设定的规则和流程进行，可以由安全运营团队负责。如果告警事件属于真正的安全事件，需要及时通知相关人员，包括客户、运营团队、安全团队等，通知方式可以是邮件、短信、电话等。在 SASE 安全运营层面，需要定期生成相关的报表，例如安全事件报表、流量统计报表等，并及时发送给相关人员，以便监控、评估服务的安全性和稳定性。用户问题反馈即通过各种渠道（例如电话、电子邮件、在线聊天等）获取用户提交的问题。处理用户反馈即对用户反馈的问题进行分析和分类，并分配给相应的团队或个人进行处理。除了用户反馈的问题之外，团队还需要进行系统监测和数据分析，及时发现系统的 Bug 和用户需求，通过团队协作来快速解决。最后，根据用户反馈和团队自身的分析，确定系统的优化方案，对系统进行持续优化，以提高用户的满意度和系统的稳定性。

（4）服务到期阶段

在服务到期前，运营团队需要与客户进行续约协商，以保证服务的延续。如果客户不需要续约，运营团队需要对服务进行下线处理。在到期通知环节中，运营团队会提前通知客户服务到期的时间，并向客户提供相关的续约方案和协议，以便客户进行选择。在此过程中，运营团队可以向客户提供一些优惠或其他的激励方案，以吸引客户继续使用服务。在服务续约确认环节中，客户需要对续约方案和协议进行确认，确认后即代表客户同意继续使用服务并承担相应的费用。运营团队需要对客户的续约请求进行审批并对其进行记录和管理，以便后续的服务交付。在定期满意度回访环节中，运营团队会定期对客户进行回访，了解客户对服务的满意度和反馈意见，以便进行服务的优化和改进。在回访过程中，运营团队还可以向客户提供一些优惠或其他的激励方案，以增强客户的满意度和忠诚度。

SASE 服务提供商必须建立一个系统、规范、高效的运营流程，以提供优质的服务，满足客户的需求，实现从销售到服务的全生命周期管理，包括服务的规划、交付、运营和维护等各个环节。SASE 运营流程也需要提高服务水平、优化运营效率、提升客户满意度，从而提高企业的市场竞争力。

2. 制度建设

在完成 SASE 运营流程设计之后，接下来要对 SASE 在运营过程中的制度进行建设，其建设过程主要分为三个部分，包含人员制度建设、运营制度建设和运维制度建设，如图 11-2 所示。SASE 运营制度建设是确保安全服务高效运作的基础，能够帮助 SASE 服务提供商建立规范、高效、稳定的 SASE 安全运营体系，提高 SASE 运营的质量和服务水平，为客户提供更好且持续改进的网络安全保障。

（1）人员制度建设

在岗位职责和角色定义方面，应明确每个岗位人员的职责和角色，确保责任划分清晰；在人员培训和技能提升方面，SASE 服务提供商需要为人员提供相关的培训和技能提升机会，使其掌握 SASE 运营相关专业技术和最佳实践；在人员能力评价与管理方面，建立人员能力模型，对人员能力进行评价与分析，提供人员能力与晋升的信息；在人员绩效管理方面，对各岗位人员绩效考评后的结果采用评价、奖罚、改进等多种方式实现最终的人员能力提升。

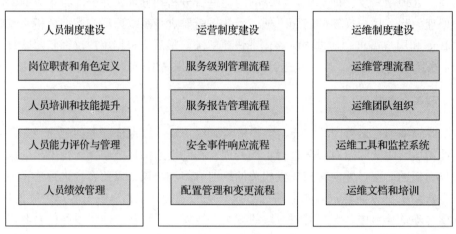

图 11-2　SASE 运营制度建设

（2）运营制度建设

在服务级别管理流程方面，建立 SASE 服务级别管理流程，确保供方通过定义、签订和管理服务级别协议，满足需方对服务质量的要求，包括服务级别的定义、变更和监控服务级别的执行情况；在服务报告管理流程方面，建立服务报告管理流程，确保供方通过及时、准确、可靠的报告与需方建立有效的信息沟通，为双方管理层提供决策支持；在安全事件响应流程方面，建立安全事件响应流程，确保及时发现和应对安全威胁；在配置管理和变更流程方面，建立配置管理和变更流程，确保 SASE 服务的稳定性和安全性。

（3）运维制度建设

在运维管理流程方面，建立规范的 SASE 运维管理流程，包括服务部署、配置管理、更新升级、故障处理等，确保运维工作按照标准化流程进行，提高效率和减少风险；在运维团队组织方面，确定 SASE 运维团队的组织结构、岗位职责和人员配备，明确各个成员的角色，确保团队协同合作、高效运作；在运维工具和监控系统方面，配备适当的运维工具和监控系统，用于设备状态监控、性能评估、安全事件检测等，确保对 SASE 服务运行环境进行实时监控和及时响应；在运维文档和培训方面，编写详细的运维文档，包括操作手册、故障处理指南等，对运维人员进行培训，提高他们的技能和专业知识。

以上是进行 SASE 服务制度建设时需要考虑的一些内容，每个 SASE 服务提供商的实际情况和需求可能有所不同，因此具体的制度建设应根据实际情况进行详细规划设计和实施。

11.2.4　运营能力和服务建设

安全运营是服务运营者需要持续不断地思考、优化的命题与活动，它是一系列规则、技术和应用的集合，用以保障组织核心业务平稳运行。网络安全运营能力建设应坚持"事先防范、事中控制、事后处置"的理念，以安全治理为核心、以风险态势为导向、以安全合规为基础，结合组织的基础安全能力，在人员、技术、过程层面不断完善组织的网络安全体系，以满足安全运营的系统性、动态性和实战性的需求，不断提升组织的安全防御能力。

SASE 运营服务主要包含三个运营场景的服务：零信任内网访问服务、统一公网安全访问服务和等保专项安全服务。本小节除了阐述本书前文重点介绍的 3 个场景的运营能力和服务的建设过程外，还会按照"事先防范、事中控制、事后处置"的理念，针对企业资产暴露面风险治理的场景，阐述在事前分析监测的网站安全监测服务、在事中分析研判的轻量化渗透测试服务、在事后响应处置的紧急漏洞应急响应服务的运营能力及服务的建设。

1. 运营服务建设的重点

（1）零信任内网访问服务

零信任内网访问服务的目标是确保企业内网资源访问的安全性，因此 SASE 运营服务需要提供多种运营能力，包括身份标识、访问授权、访问监管、访问审计等。在身份标识方面，SASE 运营服务需要提供初始身份生成或异构身份导入等运营能力，并分配认证方式所需的密钥，完成企业人员身份的初始化；在访问授权方面，SASE 运营服务需要提供基于策略的授权机制，对不同的用户、应用和设备进行不同的授权策略设置；在访问监管方面，SASE 运营服务需要提供实时监控和告警机制，对访问情况进行实时监管和预警；在访问审计方面，SASE 运营服务需要提供审计日志管理和溯源机制，对访问情况进行记录和溯源，以便后续追责等相应的处理。

要支撑上述运营能力，需要依靠关键运营服务活动事项。首先，制定内网访问安全策略，明确内网访问的安全要求和措施，并对策略进行定期评估和优化；其次，构建可信身份认证和访问授权体系，对不同的用户、应用和设备进行身份认证和访问授权，并确保访问授权的及时更新和撤销；再次，实现内网访问的实时监管和告警机制，对访问情况进行实时监管和预警，并及时采取相应的措施；最后，建立内网访问审计日志管理和溯源机制，对访问情况进行记录和溯源，以便后续追责和应对。以上运营动作的实施可以帮助企业有效提高内网访问的安全性和可靠性，避免内网安全问题带来的损失和风险。

（2）统一公网安全访问服务

统一公网安全访问服务的目标是为企业用户提供安全可靠的公网访问服务。在该服务场景下，SASE 运营服务需要具备以下关键能力：第一，需要有完善的身份认证和访问控制机制，确保用户有权访问公网；第二，要能够识别企业内部访问公网的合法性，杜绝对非法及存在威胁的资源的访问；第三，需要对网络外发的敏感数据进行有效识别和严格管控。

要支撑上述运营能力，需要依靠相应的运营服务活动事项。首先，对于企业内网资产和人员进行身份标识，同时初始化人员访问公网的权限；其次，针对企业所在行业需要遵守的法律法规和安全策略，对企业合法访问公网的资源范围进行梳理，完成公网资源访问白名单的初始化，并通过威胁情报信息进行访问匹配，实现对公网威胁访问的实时识别和阻断；最后，针对企业的敏感数据和文件进行分级分类的标识，并对企业内网外发敏感数据的设备和人员进行实时告警和阻断，杜绝敏感数据的泄露。

（3）等保专项安全服务

等保专项安全服务的目标是协助企业按照等保中的安全技术标准要求，进行安全能力建设，并完成等级保护测评工作。也就是说，对网络、主机、应用、数据等进行全面防御和管控，实现访问控制、数据加密、安全审计等安全防护措施；对企业信息系统进行风险评估，及时发现并处理系统漏洞和安全威胁；持续监测，快速响应各种安全事件，并采取相应的安全措施，确保企业信息安全得到全面保障，同时协助企业通过等保测评。

要支撑上述运营能力，需要依靠相应的运营服务活动事项。首先，需要根据等保的等级划分标准，对企业的等保等级进行确认；其次，针对等保等级中的安全能力，根据企业的具体部署情况制定技术方案、服务推荐项和建设规划表；最后，将安全能力与租户企业业务进行融合上线，并提供专业的安全运营团队进行日常运营和应急处置，在业务和安全能力稳定运行之后，再协助租户企业进行测评申请，并提供完备的测评材料和环境，帮助租户企业按照要求通过等级测评，获取资质。

总体来说，零信任内网访问服务更注重内部网络的安全，统一公网安全访问服务则侧重于外部网络的安全。零信任内网访问服务的运营能力更加灵活，可以根据企业的需求和规模定制，同时可扩展性较强。统一公网安全访问服务更加强调远程办公场景的安全需求，而且需要综合考虑上网行为管理和数据防泄露等方面的安全问题。等保专项安全服务更加注重符合国家等保标准的安全服务，同时需要考虑上级监管和国家重保的要求，因此具备更高的安全性和稳定性。

2. 针对资产暴露面的运营服务建设

随着 SASE 业务的不断发展，市场和租户企业提出更多的业务场景及服务建设的要求，以下就针对 SASE 客户的资产暴露面管理全过程来对建设和设计运营服务进行阐述。

资产暴露面中的资产指的是 SASE 客户业务系统部署环境中可能受到攻击或威胁的各种数字资产，包括服务器、数据库、应用程序、网络设备、网站、云服务等。资产暴露面在网络上可能暴露出漏洞和弱点，为了保障 SASE 客户信息和资产的安全，需要针对资产暴露面进行监测、分析和响应的安全运营活动。监测类的重点能力有网站安全监测能力；分析类的重点能力有轻量化渗透测试能力；响应类的重点能力有紧急漏洞应急响应能力。

（1）网站安全监测服务

SASE 网站安全监测服务致力于保护客户网站免受各种潜在威胁，如信息泄露、木马植入、页面篡改、DNS 劫持、SSL 证书劫持、钓鱼攻击、DDoS 中断等。通过持续提供安全检查、事件监测、实时响应和趋势分析，帮助 SASE 客户及早发现风险漏洞并采取修复措施，降低风险、减少损失。其核心能力包括资产核查、脆弱性监测、完整性监测、可用性监测和认证监测等，保障网站的安全性和可靠性。资产核查能力主要帮助用户识别违规上线的应用，让用户对外网暴露 IP、端口有一个全面的了解；脆弱性监测主要帮助用户监测其网站面临的安全风险，为其提供专业化的安全建议；完整性监测能够为用户识别出其站点页面是否发生了恶意篡改、是否被恶意挂马、是否被嵌入敏感内容等；可用性监测能够帮助用户了解其站点的通断状况、延迟状况；认证监测主要为用户提供钓鱼网站监测的能力。

网站安全监测服务是为运营人员完成相关运营活动提供的服务。为确保客户网站的安全，首先需要进行数据收集，获取网站的基本信息，包括域名、IP 地址等，通过使用 Nessus、OpenVAS 或 Qualys 等漏洞扫描工具，运营人员对网站进行脆弱性扫描，这些工具能够全面监测网站可能存在的漏洞、未修复的软件漏洞等，识别隐藏的安全风险，并将扫描结果生成详细的漏洞报告。其次，运营人员使用 Tripwire 或 AIDE 等文件完整性监测工具比对网站文件的哈希值，以确认文件是否遭到恶意篡改。通过定期对文件状态进行比对，运营人员能够尽早发现潜在的入侵行为，并采取相应的措施来修复被篡改的文件。再次，运营人员使用 Nagios 或 Zabbix 等网络监测工具，实时监测网站的可用性和延迟状况，模拟用户访问网站的行为，确保网站正常响应请求。如果出现异常，运营人员能够及时采取措施，确保网站持续稳定运行，减少潜在的业务中断。最后，运营人员利用网络威胁情报工具和反钓鱼服务，通过分析恶意特征识别不寻常的 URL、弹出窗口和重定向等，及早防范钓鱼攻击。通过以上的运营活动，有据可依地为 SASE 的租户提供安全建议，协助客户修复漏洞，减少潜在威胁。

（2）轻量化渗透测试服务

渗透测试是一种对系统和应用程序的安全性进行评估的方法，旨在模拟潜在攻击者的行为，发现系统中可能存在的漏洞和安全隐患。在新业务系统紧急上线等情况下，渗透测试显得尤为重要。它能够帮助 SASE 的租户及时发现高、中危漏洞问题，防止不法分子利用漏洞造成损失，同时能提前发现问题、修复漏洞，避免因监管通报而引发不良影响。渗透测试是系统安全评估方法，包括主动扫描和被动扫描。主动扫描涵盖任务创建至报告生成的过程，探测漏洞、进行指纹识别等。被动扫描截获通信流量，检测 Web 和主机漏洞。两者相辅相成，全面评估系统安全风险，报告详尽漏洞信息，优化安全策略，保护系统免受攻击威胁。

轻量化渗透测试服务，是运营人员利用上面描述的能力并运用一些工具完成一整套渗透测试活动来提供的渗透测试服务。运营人员运用 Nessus、OpenVAS、Qualys 等漏洞扫描工具来执行相关运营活动，以迅速发现高、中危漏洞，并且提前修复漏洞，降低系统被攻击的风险；运营人员利用自动化工具，对新爆发的通用漏洞（如 log4j2、fastjson、weblogic 等）进行主动扫描，以确保系统的安全性；运营人员利用社会工程学工具、网络扫描工具和域名注册信息检索工具来进行情报搜集，以更好地了解目标系统的运作方式；运营人员利用主动扫描和被动扫描工具探测系统和网络的弱点，通过主动扫描，可以验证漏洞的真实性和严重程度，进行模拟攻击以评估漏洞对系统的威胁程度，被动扫描通过截获系统与其他实体之间的通信流量来检测漏洞和安全问题，不会主动向目标系统发送请求，从而不会影响系统性能。最后，运营人员整理渗透测试结果，生成详细的报告，包括发现的漏洞和建议的修复措施，提供给 SASE 租户的决策者，帮助 SASE 租户企业优化安全策略，修复漏洞，提升系统的安全性。

（3）紧急漏洞应急响应服务

由于网络威胁不断升级，恶意攻击愈演愈烈，因此迅速应对漏洞至关重要。紧急漏洞应急响应服务可帮助企业应对不断变化的网络威胁，降低风险，提升安全防护水平。此服务具备多方面能力，包括：迅速创建、维护紧急事件，记录、管理紧急漏洞及安全事件；提供详尽漏洞信息、修复建议的应急响应报告，帮助客户快速应对威胁，识别攻击趋势和目标，采取防御措施；为修复提供准确指导，加强系统安全。

首先，运营人员会使用一系列网络监控技术或工具，如入侵检测系统（IDS）和入侵防御系统（IPS），来捕获潜在的入侵行为，利用 Wireshark、Tcpdump 监控网络流量，帮助应急响应人员识别异常活动、恶意流量和攻击模式。通过分析网络数据包，应急响应人员可以更好地理解攻击者的行为并采取相应措施。利用 Splunk、ELK Stack 等日志分析工具，应急响应人员可以分析大量的日志数据，以便快速检测异常活动和攻击迹象，通过可视化和报警功能，全面监控系统状态。一旦发现漏洞或攻击行为，运营人员会立即采取行动。他们会使用漏洞扫描工具，如漏洞扫描器和漏洞管理平台，通过扫描找到存在的安全漏洞，快速制订修复计划，并将详尽的漏洞信息、修复建议同步给租户，防止攻击者利用这些漏洞进一步入侵系统。其次，运营人员还需要对恶意代码和恶意软件进行分析。利用动态和静态分析工具，如 IDA Pro、OllyDbg、Cuckoo Sandbox 等，分析恶意代码的功能、行为和传播方式，以便更好地了解攻击者的意图和潜在影响。通过分析恶意软件，可以为应急响应人员提供有关如何清除恶意代码、修复受影响系统以及加强防御措施的建议。运营人员还需要在应急事件发生时迅速开展取证工作。应急响应人员会使用数字取证工具来捕获和保护现场数据以便后续的调查和分析，使用漏洞利用工具（如 Metasploit）来模拟攻击，验证漏洞的严重程度，并测试可能的入侵路径。最后，运营人员在应急响应期间还需要使用协作工具和通信平台，与其他团队成员、领导层以及可能受影响的部门保持实时的沟通。有效的沟通可以确保应急响应团队的行动协调一致，以快速解决问题，减少漏洞带来的损害。在面对勒索事件等安全威胁时，需要迅速响应并进行处置。通过在 SASE 地端部署网络流量探针，识别异常外联和恶意文件传输的安全日志信息，并上传至云端的安全管理平台。应急响应团队进行安全事件分析和研判，并在租户网络中部署安全网关类设备进行恶意外联的阻断和感染主机的隔离等，从而为租户企业提供全面的安全闭环服务。

总之，紧急漏洞应急响应运营人员是网络安全团队中不可或缺的一部分。他们通过使用各种工具，从监控到分析、取证和沟通，有效地应对漏洞和安全威胁，保护租户企业的敏感数据和资产不受损害。在不断演变的威胁环境中，应急响应运营工作至关重要。

11.3　SASE 运营服务建设模式实践

SASE 安全运营服务通常需要综合考虑业务发展目标、商业模式演进和服务能力构建等方面，采用不同的思路和路径进行分阶段的持续建设。目前，众多不同的 SASE 服务提供商逐渐形成了三种主流的建设模式：自运营服务模式、合作运营服务模式以及行业运营服务模式。

11.3.1　自运营服务模式

自运营服务模式，是指 SASE 服务提供商自建服务的基础设施，通过云端的 SaaS 化能力和运营专家，为分布在全球各地的租户企业提供订阅式的服务。该建设模式的国内外实践代表分别为 Fortinet 和绿盟科技。

在业务发展目标方面，这两家公司的核心思路是利用自身的市场份额和业务影响力，不再仅以中大型企业为主要市场目标，而是逐步覆盖小微型企业市场，从而拓宽业务对象类型，获得更多的业务客户，实现企业业务的持续高速增长。

随着云计算技术在国内外的广泛应用，这两家公司从传统的卖硬件产品和提供驻场安全服务的商业模式，转向采用更便捷的云端 SaaS 化方式为云计算场景的企业安全用户提供服务，实现了从"硬件设备厂商"到"在线服务厂商"的商业模式演进。

在服务能力构建方面，Fortinet 和绿盟科技都是领先的安全企业，具备强大的安全自研团队、全场景的多种能力集成和实际运营能力，同时在业界享有良好的业务口碑。为了提供全栈的 SASE 服务，它们需要快速采购网络服务，将网络服务作为安全服务的补充，以"安全服务为基石，网络服务为补充"的整体策略来构建服务能力。

总之，自运营服务模式建设的核心策略，首先是深入分析 SASE 业务的发展目标，考虑中大型企业和小微型企业的不同特点，通过拓展推广和销售模式，适应海量增加的小微型企业客户数量和销售人员面临的压力挑战。在商业模式演进方面，采用云原生的理念进行架构设计和演进，实现云端侧订阅弹性能力，将现场工程驻场转换为云端专家运营。在服务能力构建方面，根据云化场景自主进行架构设计和服务演进，满足 SASE 服务对安全服务和网络服务的能力要求，并通过第三方采购的方式快速搭建网络服务基础设施，实现 SASE 服务的快速上线和多区域节点部署。

11.3.2　合作运营服务模式

合作运营服务模式是 SASE 服务厂商在已拥有稳定市场份额、优势业务研发实力和完善服务体系的基础上，为实现持续业务拓展和增量营收需求，与其他运营厂商合作的战略模式。在合作中，不同运营厂商共享客户、技术和服务，以实现"强强联合，优势互补"的目标。在国内外实践中，Zscaler 和中企通信是采用合作运营服务模式构建 SASE 服务的代表性企业。

在业务发展目标方面，合作运营服务厂商通过充分利用自身成熟的市场份额和客户群体，在原有业务领域之外提供新的业务服务。这是一种高效且可行的业务增长策略，因为开拓全新业务和技术领域需要较高的成本和较长的时间，合作运营战略成为实现高性价比业务增长的选择。

从商业模式角度来看，合作的服务厂商通常是不同业务领域中的头部企业，拥有稳定的市场份额和固定的业务客户。合作后，双方将品牌效应和行业口碑融合，可以实现"1+1>2"的行业地位提升效应，并持续提升在原有行业中的市场竞争力。双方共享各自的市场和业务客户，从而扩大了市场份额，为后续的业务增长打下坚实基础。

在服务能力构建方面，合作厂商在各自业务领域中掌握着自主研发的先进技术、产品和解决方案。在合作运营中，双方可以在为企业客户提供的服务的目录上增加新业务场景下合作厂商的服务能力，并通过各自的服务平台订阅各自的服务能力，为客户提供一体化的服务体验。

总之合作运营服务模式建设的核心策略是，双方厂商首先深入探讨业务发展目标，签订战略合作协议，明确合作的市场领域、客户群体、业务范围和服务融合方式，并约束利润分配、资源投入和法律责任。在商业模式实践中，双方分享各自的服务类型、市场占有率和行业优势，并对服务目录进行优化，通过销售体系进行推广，以提升竞争力。在服务能力构建实践中，通过整体架构设计，实现业务流量在不同基础设施上的调度和应用，为企业客户提供一体化的服务体验。

11.3.3　行业运营服务模式

行业运营服务模式是指在某个特定行业，在具备完善的市场渠道、深刻的业务理解，并受到监管机构和指导部门引导、符合相关规范的情况下，采购完备的 SASE 服务运营基础设施，以提供针对该行业的业务运营服务。在国内外实践中，该模式的代表主要是各行业运营中心，这些中心按照行业运营服务的模式进行 SASE 服务的构建。

该模式下的业务发展目标主要由行业的监管机构和指导部门来决定。这些机构着重引导行业持续、健康发展，推动运营体系标准化和规范的演进，而非盲目扩张和追逐利润。业务的合理盈利和自身的造血能力是这些机构的次要目标，所以这些机构更加注重行业的整体发展。

从商业模式演进的角度来看，行业的监管机构和指导部门在行业内拥有高认可度和影响力，对行业特性和业务需求有深入的了解。它们只需采购定制化的 SASE 服务基础设施，就能快速提供 SASE 服务，实现从"头部监管和指导"到"牵引行业建设标杆"的战略转型。

在服务能力构建方面，行业的监管机构和指导部门通过申请行业和部门预算，采购第三方提供的 SASE 运营基础设施。它们结合每个行业的业务特点来确定具体需求，并对通用的 SASE 基础设施的技术、产品和解决方案进行裁剪、改造和完善，以提供与该行业业务场景、技术规范和实施方案高度契合的 SASE 服务，满足该行业不同企业的需求，推动行业的标准化和高效发展。

下面以媒体和教育行业为例，阐述行业运营服务模式的建设实践。在媒体行业，安全需求主要集中在业务访问控制、存储数据安全性和发布数据的可靠传输与完整性方面。因此，在 SASE 基础设施的改造过程中，应重点设计网络暴露面的收敛、数据的动态授权访问控制和发布数据的防篡改规范等服务。而在教育行业，重点需求则是提高在线访问质量，杜绝访问非法网站，监控发布非法言论，因此，在 SASE 基础设施的改造过程中，应聚焦网络线路加速、上网行为管控和网络舆情监测等需求，强化 SASE 的网络访问控制服务。

11.4 SASE 运营服务持续提升

随着 SASE 运营服务的逐步实践落地，需要采取一系列措施来持续拓展和优化服务，以满足不断涌现的业务场景和安全需求。首先，针对市场的业务拓展，服务提供商应不断增加新型的服务类型，推出解决方案并持续扩展和迭代运营服务。这样可以确保 SASE 服务始终与市场需求高度匹配。

其次，对基础设施的资源预估、运营状态、应急处置和弹性扩展等能力进行持续优化。随着业务规模和需求的变化，服务提供商需要灵活地调整基础设施资源，确保服务的稳定性和高效性。同时，建立健全应急响应机制，以应对潜在的安全风险和突发事件。

此外，为租户企业提供全局态势感知、全局通告和预防治理的增值服务。这些增值服务可以帮助企业更好地了解网络安全态势，及时发现潜在威胁，并采取相应的预防和治理措施，从而增强整体的安全防御能力。

11.4.1 业务种类持续增加

SASE 业务种类持续增加，本质上是为了针对不同租户的具体业务场景和安全需求，提供完备的解决方案和运营服务。在原先的 SASE 服务架构基础上，增加了产品即服务、运营即服务和专项安全服务等多个服务种类。

产品即服务着重于增强网络和安全的能力。这包括对新兴安全技术和产品的能力扩充，例如攻击诱捕领域的蜜罐技术和数据安全领域的隐私计算等。持续增加产品即服务的功能和特性，可以为租户提供更强大、更全面的安全保障。

运营即服务主要根据租户企业对安全风险和威胁的关注度，进行服务范围的扩展。这可能包括资产管理领域的互联网资产核查服务和脆弱性管理的轻量化渗透测试等。运营即服务的持续扩充将帮助企业更好地了解和管理自身的安全状况，及时发现和解决潜在的安全风险。

专项安全服务则主要针对国家和行业的安全合规性政策的更新和推出，为企业提供快速理解政策并进行应对的服务。例如，根据漏洞管理条例的更新，推出紧急漏洞应急响应服务，以满足专项安全服务的持续演进需求。通过这些服务，企业能够更好地应对合规性要求，降低安全合规性风险。

11.4.2　基础设施持续完善

健康完善的基础设施持续运维是确保高效运营服务体验的关键所在。基础设施运维主要包括基础设施资源的全局负载管控、基础设施运行过程中的健康监测和运行时的故障应急处置。

基础设施资源的全局负载管控是指在某服务区域建设基础设施时，根据节点上的租户企业数量和订阅服务体量，按照业务稳定和短暂峰值规格需求，规划网络资源和计算资源的稳态分配和应急分配。对在线服务负载的网络资源状态和计算资源状态进行实时监控，可以在网络流量或业务负载突变时，自动导入预先设置的文件对部署的网络资源和计算资源进行初始化和配置，以应对业务短暂峰值的资源需求，而在网络流量或业务负载下降至平稳状态时，实时显示和监控基础设施的负载的相关统计信息，并对临时初始化和占用的资源进行释放，以便更好地进行负载的监控、调整、恢复和释放的闭环操作。

在基础设施运行过程中的健康监测方面，SASE 运营服务基础设施的正常运行依赖于多种不同的硬件和软件，并且是一个复杂的众多组件交互频繁的系统，因此对运行状态进行健康监测尤为重要。及时监测并记录问题，对于问题的发现和分析有很大帮助。健康监测可分为基础设施系统监控和业务监控，系统监控是对运营系统和核心组件进行架构分层显示和运营状态监控，主要通过全局的组件逻辑视图，对每个组件自身的进程运行状态、与其他组件的信息交互接口状态，以及计算资源的使用范围进行判断，并进行展示和告警。业务监控，主要是针对 SASE 提供服务的区域，部署模拟订阅客户端的探针，对业务平稳度、业务访问延时和业务访问链路质量等指标进行监控和处置。

运行时的故障应急处置涉及多方面的策略和措施。首先，建立健全监控系统是关键，通过实时监测网络流量、性能指标和安全事件，能够迅速检测异常情况，从而及早采取应对措施，降低潜在风险。其次，自动化响应机制是不可或缺的一环，通过配置自动化脚本和规则，可以在故障发生时自动触发一系列操作，从而加快响应速度并减少人工干预。最后，基础设施的冗余和备份策略也至关重要，采用冗余设备、备份数据和配置文件，可以在主设备或数据中心发生故障时迅速切换到备用设备或数据源，保证业务的持续性。

11.4.3　增值服务持续提升

增值服务持续提升指在已有的建设内容和服务基础上，基于租户的态势进行归并和提炼，形成基于行业或者基于领域的全局态势，并针对全行业或者全领域的全局通告，主动推送预防治理的建议和措施，从全局的视角提升对安全威胁的发现和识别、理解和分析、响应和处置能力，旨在让客户拥有更安全的环境，获得更放心和更满意的安全防护体验。增值服务持续提升主要包含以下几方面内容。

1. 全局态势

在全面的安全态势感知分析中，每个租户被授权对其业务场景中的安全事件日志进行脱敏和汇总，这是构建安全态势感知的基础。安全事件日志包括告警日志和处置日志，其内容需要细化到具体的攻防事件粒度。流量探针和安全能力部署在网络链路上，其日志也被集中收集，并按照统一的日志范式进行格式化，从不同维度对日志进行归一化，从而构建一个多源行为日志库，为全面的安全态势感知提供基础素材。

在态势分析能力方面，强调准确性，通过对海量行为日志进行大数据挖掘，在业务行为中准确地识别安全态势数据；实时分析能力则强调时效性，对时间和数量无限分布的动态日志进行流式计算，实现秒级响应，及时识别潜在的安全事件；而告警归并侧重于告警的价值性，通过从不同维度对大量告警日志进行聚合和统计，并设置相应的穿透规则，将真正有价值的告警信息从噪声中过滤出来。

基于云 SOC 提供的租户行为日志库，可以通过对指定时间段内租户的分布和脱敏攻击事件进行统计分析与趋势预测，自动生成安全事件分布态势图；基于云 SOC 提供的业务动态监测，可以对安全策略变更、设备、网络、应用等防护对象的业务健康度和平稳度等指标进行统计分析与趋势预测，结合安全事件分布态势图，自动生成安全事件变迁态势图；基于云 SOC，可以对安全事件对应的网络暴露面、资产漏洞和配置不合理等风险进行评估，并从不同位置、不同时间、不同类别、不同级别等进行统计分析与趋势预测，自动生成安全风险态势图。三大安全态势围绕数据，从分布、流动、风险 3 个维度为运营人员构建了清晰的宏观视图。

2. 全局通告

在定期构建了三大安全态势图后，针对不同需求的客户进行通告和预警，主要分为以下 3 个目标群体。

❑ **针对已遭受攻击的租户企业**：对于已遭受攻击的租户企业，通告将帮助企业判断是否仍存在未发现的安全风险，并评估企业在行业中的安全状态水平。这些信息对安全责任人的规划和决策至关重要。通过通告，企业安全责任人可以全面了解当前的安全态势，包括攻击类型、攻击手法和攻击影响，从而采取更加有效的安全措施。

❑ **针对未遭受攻击的租户企业**：对于未遭受攻击的租户企业，通告将主动告知当前存在的攻击事件、安全风险和整体态势。这有助于安全责任人及时警示和提前预防，避免安全事件在企业责任范围内发生。通过通告，未受攻击的企业可以了解潜在的安全威胁和行业整体态势，从而采取预防措施，提高自身的安全防护能力。

❑ **针对行业监管机构**：针对行业监管机构，通告将根据行业安全态势，集中发布监管规范和要求，并拟定相关技术标准进行安全加固和防范。通过通告，行业监管机构可以了解行业中的安全风险和挑战，从而制定相应的政策和规范，促进整个行业的安全水平提升。

通告和预警的内容将依据事件触发和定期推送的态势感知报告进行全行业和全国范围的发布。这种做法可以使整个行业和全国范围的企业都受益于及时的安全信息通告和预警，增强整体的网络安全防护能力。同时，及时、精准的通告和预警将帮助各个企业和机构快速做出安全决策与采取响应措施，最大限度地减少安全风险对业务的影响。

3. 预防治理

对于安全威胁的预防治理，可以采用以下方法。

❑ **威胁情报通告**：提供准确全面的威胁情报，帮助防守方了解攻击者的背景、思维方式、能力、动机、使用的攻击工具、手法和模式等。通过了解攻击者，客户可以更好地识别威胁，以便快速采取响应和防御措施。威胁情报的内容包括失陷检测情报（关于 APT 事件、木马后门、僵尸网络、黑客工具等）、文件信誉（对文件的恶意判定信息）和 IP 信誉（已知恶意 IP、IP 白名单等）。客户可以将这些情报应用于订阅的 SASE 服务的安全能力中，对业务的潜在风险进行闭环处置。

❑ **专项安全治理服务**：专项安全治理服务可以通过安全防护进行持续优化和扩展，比如：访问控制通过基于身份验证的技术，对用户、应用程序和设备进行身份验证和授权，实现网络访问的精细化控制；数据保护采用数据加密、分类、备份等技术，对企业敏感数据进行全方位的保护，避免数据泄露和丢失；安全审计对企业网络和应用程序的访问进行全面审计，发现和记录安全事件，帮助企业及时发现和处理安全问题；安全管理通过综合性的平台，对企业网络、应用程序、终端设备等进行统一管理，提高安全性和效率。

展望篇

SASE 的发展与演进

SASE 架构体系自提出以来，得到了国内外 SASE 服务提供商的积极关注，它们致力于 SASE 基础设施的建设，并与租户企业合作，通过标准案例的实践来不断完善这一服务。本章旨在从场景拓展、服务增值和技术创新等 3 个方面来对 SASE 的发展和演进进行阐述。其中，场景拓展主要针对企业的业务发展趋势，探讨 SASE 多云场景拓展的思路；服务增值主要聚焦已经部署的 SASE 基础设施如何提供更多增值安全服务；技术创新描述如何通过创新架构和新技术引入，持续提升 SASE 服务的技术竞争力。

12.1　SASE 多云安全场景拓展

随着云计算技术的广泛应用，将业务系统迁移到云端为企业带来了诸多便利。然而，在这个过程中，越来越多的企业开始避免"所有鸡蛋都放在一个篮子里"，尝试根据不同业务系统的特性，依据其对网络带宽质量的要求、数据的敏感性以及政策合规等多个因素，选择采用多云或混合云模式来部署各自的业务系统。

多云安全是一种上云企业为确保多云环境下的安全性而采取的统一战略和解决方案。在多云环境下，最大的挑战之一是如何有效管理和保护来自不同云供应商的资产以及整个云环境的安全性。不同云供应商提供的云服务功能和安全规则多样，这就使得云安全任务变得更加复杂，其中包括确保一致的安全控制、建立可靠的访问管理机制、及时识别和应对漏洞，以及实现安全的统一运营等。

多云安全需要解决跨多个云提供商的安全管理问题，确保各个云环境都能够得到适当的保护，同时保持一致的安全标准和策略。这都需要企业实施全面的安全控制措施，确保数据隐私、合规性和业务的持续稳定运行。

12.1.1　多云业务场景由来

随着企业 IT 架构的日益复杂化，多云战略已成为大多数上云企业的首选。多云是指企业在将业务部署到公有云时，将不同业务部署在不同公有云厂商的服务器上。例如，OA 系统部署在阿里云，CRM 系统部署在腾讯云，合作伙伴系统部署在华为云等。这种多云部署的好处在于，企业不会受到单一云厂商的限制，可以随时根据业务需要进行相应变更，避免了单点故障对整体业务的影响。

为了满足不同业务需求的多样性，多云架构衍生出了混合云（见图 12-1）架构。混合云是指企业将一部分业务部署在自己的私有云中，将另一部分业务部署在公有云中。通常情况下，对于像财务数据这样重要性较高且需要更严格安全控制的业务，企业会选择将其部署在私有云中。而对于其他业务数据，由于安全性要求相对较低，可以部署在公有云中。这种混合云部署方式可以节省企业自行扩建机房所需的成本，仅需在业务增长时购买公有云服务器即可。

图 12-1　多云和混合云

根据 2023 年 1 月 30 日 MarketsandMarkets 发布的报告，全球多云安全市场预计将在 2022 年的 44 亿美元的基础上增长到 2027 年的 105 亿美元，预计复合年增长率为 18.7%。影响这一增长趋势的关键因素包括多云部署所面临的不断增加的网络攻击威胁，以及政府对多云使用的推动和倡议。

近年来，在云计算和网络安全领域蓬勃发展的背景下，我国的云安全行业市场也呈现出迅猛增长的态势。据计世资讯的统计数据显示，2017—2022 年，我国的云安全市场保持了超过 40% 的增速。

这些趋势表明，企业对多云安全的需求不断增加，云安全市场持续蓬勃发展，同时中国的云安全行业也逐步占据了网络安全市场的重要份额，市场规模逐年攀升（见图 12-2）。

图 12-2 中国云安全市场规模及增长率

根据中国混合云用户调查报告，混合云模式已成为企业广泛采用的云部署模式。国内每个企业平均使用了 4.3 个云，其中选择多个公有云或多个私有云的企业占比高达 86.7%。在金融、互联网等行业，云使用数量较其他行业更为高，大型企业的平均云使用数量远多于中小型企业。在混合云场景中，用户主要关注"成本、效率、安全"等因素。

基于企业的 IT 架构变革和实际业务需求，多云融合部署正处于不断演进之中，即在跨足本地和公有云的多个云环境下进行统一管理。根据 IDC 的预测，到 2024 年，全球 1000强组织中将有 90% 采用多云管理战略，并采用能够实现跨公私有云的统一管理工具进行管理。

尽管多云模式可以提升工作效率、实现灵活的工作负载管理，但同时也带来了一些挑战，如异构资源管理成本高、难以控制安全风险等。由于企业不断地拥抱多云模式，多云安全成为一个重要的需求，需要得到有效满足。

12.1.2 SASE 和多云架构融合

SASE 架构的基础设计是将网络和安全功能从传统的本地数据中心转移到云上，以提供更灵活、智能和安全的网络访问。以多云为基础搭建多个 POP 节点，可以进一步增强架构的性能、可靠性和安全性。

在多云环境下搭建多个 POP 节点意味着企业可以选择多个不同的云服务提供商，从而获得更大的灵活性和选择性。每个云服务提供商承载一个或多个 POP 节点，这些节点在全球各地分布，以确保覆盖不同地理区域，从而降低延迟并提高用户体验。

每个 POP 节点都被配置为一个综合性的网络和安全服务中心，集成了各种 SASE 功能，如防火墙、安全网关、威胁检测、访问控制等。这些节点之间通过高速、可靠的互联网络连接，以实现流量的快速传输和智能路由。企业可以根据不同的业务需求，将流量引导到合适的 POP 节点，从而实现优化的性能。

多个 POP 节点之间的联动也带来了高可用性。如果某个节点发生故障或拥塞，流量可以无缝切换到其他可用节点，确保服务的连续性和稳定性。这种负载均衡和故障转移的机制为企业提供了强大的网络韧性。

将 SASE 架构与多云环境相结合，并在不同的云服务提供商间搭建多个 POP 节点，可以为企业提供更强大、灵活和安全的网络架构。这种设计不仅可以提高网络性能和用户体验，还可以增强网络的可靠性和安全性，为企业在不断变化的数字化环境中提供了可持续发展的基础。

12.1.3　SASE 安全赋能多云安全

多云架构带来了灵活性和业务上的优势，但同时也引入了一系列安全风险。这些风险包括数据泄露、访问控制和身份验证、配置难统一、威胁侦测困难等。而 SASE 作为一种综合性的安全架构，可以赋能多云安全，从而有效应对这些风险。

- ❏ **数据泄露和隐私问题**：在多云环境中，数据可能在不同的云提供商之间流动，增加了数据泄露的风险。SASE 通过数据加密、访问控制和数据分类等方法，确保数据在传输和存储过程中保持机密性，即使在多个云之间也能保护数据的隐私。
- ❏ **访问控制和身份验证挑战**：多云环境中，用户和设备可能需要访问不同的云资源。SASE 通过零信任模型，确保每个用户和设备都需要进行身份验证和授权，不论其在什么位置。这样可以防止未经授权的访问，减少了被入侵的风险。
- ❏ **威胁侦测和响应难题**：在多云环境中，威胁可能从一个云传播到另一个云，增加了威胁侦测和响应的复杂性。SASE 提供集中的威胁监控和分析，可以跨多个云提供商实时监测异常活动，并采取适当的措施，更好地应对跨云的威胁。
- ❏ **合规性和政策一致性**：多个云提供商可能在合规性和安全政策方面存在差异，导致难以保持一致性。SASE 可以提供统一的安全策略和访问控制，确保多个云环境中的安全性和合规性一致，减少可能因合规性问题导致的风险。
- ❏ **管理复杂性**：多个云提供商的引入意味着需要管理不同的安全服务和控制平面，增加了管理复杂性。SASE 可以集成多云环境中的安全服务，提供统一的管理界面，简化安全策略的配置和监控复杂度。
- ❏ **网络性能和延迟问题**：在多云架构中，数据可能需要跨不同的地理位置传输，导致网络性能和延迟问题。SASE 可以提供智能路由和负载均衡，优化数据传输路径，提高网络性能和响应速度。

综上可以看出，SASE 安全架构通过其综合性的特点，可以赋能多云安全，从而有效应对多云架构所带来的各种安全风险。通过统一的访问控制、数据保护、威胁检测和管理，SASE 可以在多云环境中提供更高的安全性、合规性和可靠性，帮助企业更好地管理和保护其多云资产和数据。

12.2　SASE 增值服务演进发展

SASE 增值服务的演进发展是一个持续的过程。SASE 增值服务演进的目的是适应不断变化的网络状况、安全威胁和用户需求。随着技术的不断进步和用户对安全和性能的要求日益提升，SASE 增值服务需要不断进行创新和升级，以提供更全面、高效和智能的安全解决方案。

12.2.1　在线业务改造服务

随着我国的 IT 技术、应用场景和在线业务的快速发展，人们对业务的技术更新和安全能力提出了全新的需求。在这个背景下，大中型企业在信息化和网络安全方面通常能够有计划地投入预算，并且拥有专业的 IT 和安全运维团队，可以分阶段采购最新的 IT 服务器、软件以及安全设备，以实现技术的更新和能力的提升。与此相反，小微型企业则面临预算有限和缺乏专业 IT 安全运维人员的困境，因此迫切需要一种"高性价比"的在线业务改造服务，通过较小的投入，在满足国家标准和行业要求的前提下，实现业务平稳切换。

小微型企业在线业务的技术改造可能涉及以下几个方面的内容。

❑ **升级在线业务以支持 IPv6 协议栈。**随着我国对 IPv6 规模部署和应用工作的不断推进，SASE 架构中对相关业务的支持也逐渐从以 IPv4 为主过渡到以 IPv6 为主，并最终过渡到纯 IPv6 阶段。由于 IPv4 向 IPv6 过渡是一个长期的过程，因此在 IPv6 过渡阶段，利用 SASE 架构中的网络即服务提供的 IPv6 与 IPv4 的协议转换能力，企业无须大规模改造现有网络，就可实现对在线业务的 IPv6 支持。

❑ **在线业务升级 TLS 协议以提高传输安全性。**SASE 的安全即服务允许企业通过 TLS 加密来实现对应用层业务的安全性保护，比如将 HTTP 业务流量转换为 HTTPS 流量来提高传输安全性。通过 TLS 代理能力可确保数据在传输过程中得到加密，这为业务数据传输提供了额外的保护层。

❑ **通过多因子认证来提高认证强度。**在 SASE 的安全即服务中，可以整合多种因子认证方式，例如短信验证、一次性密码（OTP）、UKey 等。这些方式可以在 SASE 云端登录界面中应用，从而增强用户认证的安全性。SASE 在线业务技术改造的核心技术方案示例如图 12-3 所示。

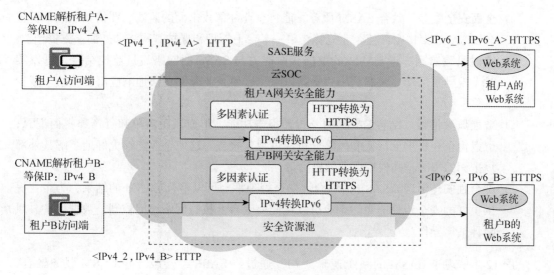

图 12-3　SASE 在线业务技术改造核心技术方案

小微企业在线业务改造服务的核心技术方案是将业务流量引导至 SASE 云端，由 SASE 云端提供满足改造技术需求的服务，然后将处理后的流量重新导回到原始的在线服务端，实现业务改造。通过这种方式，小微型企业可以实现在线业务的升级，克服预算有限和专业人员匮乏的问题，以满足业务发展及相关标准和规范的要求。

12.2.2　外部攻击面管理服务

2018 年，Gartner 敦促安全领导者开始减小、监控和管理他们的攻击面，并将这部分内容作为整体网络安全风险管理计划的一部分。2021 年发布的 *Hyper Cycle for Security Operations* 将攻击面管理（Attack Surface Management，ASM）相关技术定义为新兴技术，这被业界公认为"攻击面管理"这个名词的起源。

攻击面是指组织中容易受到攻击和利用的系统元素集合，包括软件、硬件、组网、人员等。它是攻击者对系统发起攻击的所有可利用的入口点的总和。外部攻击面则是指企业在互联网上可被攻击者利用的所有点、入口和漏洞，包括公开的服务器、域名、应用程序等。外部攻击面管理服务（External Attack Surface Management，EASM）是一种网络安全服务，可以帮助企业识别、分析和管理其面向公共互联网的外部攻击面，以减少潜在的网络威胁和安全漏洞。

SASE 运营服务与外部攻击面管理服务融合，可以为企业提供更全面的安全保护和风险管理。这种融合结合了 SASE 的网络安全架构和 EASM 的能力，实现了更强大的安全性和敏捷性。

❏ **全面安全覆盖**。融合 EASM 服务，能将企业外部攻击面的监测、评估和风险分析整合到 SASE 架构中，使企业能够在单一平台上管理和保护其网络和外部暴露资产。

❏ **实时风险监测**。将 EASM 的数据获取能力与 SASE 的网络流量监控结合，可以实时发现异常活动、漏洞利用和暴露风险。这使企业能够更快地响应潜在威胁，减少风险。

❏ **智能风险汇报**。结合 SASE 的分析和报告功能，形成风险清单和资产暴露面汇总，可以为企业提供更深入的风险分析和可视化报告。这使企业能够更好地了解其外部攻击面的情况，并根据数据做出决策。

❏ **综合性安全治理**。SASE 的综合性安全管理平台可以整合 EASM 的结果，为企业提供更好的安全治理能力。企业可以在同一平台上执行网络访问控制、数据保护、风险评估等操作。

图 12-4 呈现了 EASM 的系统逻辑架构，通过将 SASE 运营服务与 EASM 服务融合，企业可以更有效地保护其网络和资产，降低潜在风险，并在面对不断变化的安全威胁时保持敏捷性。这种融合可以为企业提供更全面、一体化的安全解决方案。

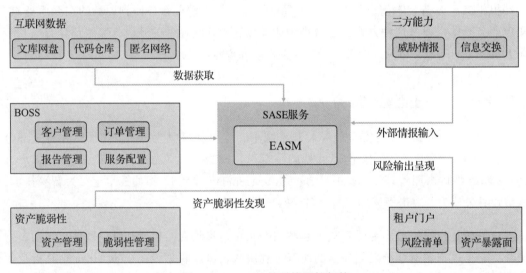

图 12-4　EASM 的系统逻辑架构

12.2.3　数据治理和数据安全服务

数据治理和数据安全在近年来得到了越来越多的关注和重视，尤其是在数字化时代，数据已成为企业和个人不可或缺的资产。数据治理旨在建立一套规范和流程，确保数据的合法性、准确性、可靠性和安全性，以支持业务决策和创新。同时，数据安全是数据治理的核心组成部分，旨在保护数据不受未经授权的访问、泄露、篡改或破坏。

我国近年出台的法律法规对数据治理和数据安全产生了深远影响，其中包括《中华人民共和国个人信息保护法》《中华人民共和国数据安全法》等。这些法律法规强调了对个人信息和重要数据的保护，规定了数据收集、存储、处理和传输的要求，以及违规行为的处罚措施。这促使企业必须在数据治理方面加强自身的合规性和安全性。

数据治理和数据安全的发展也在一定程度上驱动了技术创新，例如隐私保护技术、数据加密技术、安全认证技术等。企业越来越需要在数据存储和处理过程中使用先进的技术来确保数据的安全性和隐私性。

从发展趋势来看，数据治理和数据安全将继续受到广泛关注。随着云计算、大数据和人工智能的迅猛发展，数据的产生和流动越来越快，数据治理和数据安全的挑战也越来越复杂。因此，企业需要制定全面的数据治理策略，包括数据分类、数据存储、访问控制、风险评估等，以确保数据的合规性和安全性。同时，企业还需持续关注法律法规的变化，及时更新和优化数据治理和数据安全的措施，以适应不断变化的数据环境。

SASE 安全架构依据其灵活、弹性、高效的特性，通过集成边缘节点和全球化安全服务，可以有效提供数据治理和数据安全方面的运营服务，为企业提供综合的数据管理和保护。以下是 SASE 安全在融合数据治理和数据安全方面的一些建议。

❑ **综合数据可见性与控制**。SASE 安全架构通过在边缘 POP 节点部署全球范围的安全功能，使得数据可以在接近用户和应用的地方进行安全管理。这意味着数据可以在数据生命周期的各个阶段受到保护，从而为数据治理提供基础。企业可以借助 SASE 的精细化访问控制、身份认证和授权机制，实现对数据的细粒度访问控制，确保只有经过授权的用户和设备才能够访问敏感数据。

❑ **安全数据传输与存储**。SASE 安全架构为数据的传输和存储提供了高级的保护措施。通过使用加密技术和隧道机制，SASE 可以保证数据在传输过程中的机密性，防止数据在网络传输时被窃取或篡改。此外，SASE 架构也能够确保数据在存储时得到保护，防止未经授权的访问和数据泄露。

❑ **威胁监测与响应**。SASE 安全架构在边缘节点部署了入侵检测与防御系统（IDS/IPS），可以实时监测网络流量，识别潜在的威胁和攻击。这为数据安全提供了强大的保障，同时也有助于数据治理的实施。当发现异常活动时，SASE 可以自动触发响应措施，从而降低潜在威胁造成的风险。

❑ **合规性与审计**。结合 SASE 安全架构，企业能够更好地满足合规性要求，尤其是涉及数据隐私和敏感性的法规要求。SASE 提供了审计日志、事件记录等功能，帮助企业实现对数据流动的可追溯性，以便进行合规性审计和报告。

将 SASE 安全与数据治理和数据安全融合，不仅可以实现综合性的数据保护，确保数据在流动、存储和访问过程中的安全性和隐私，同时也有助于满足日益严格的合规性要求，降低数据违规风险。这种融合不仅为企业创造了更安全、高效的数据操作环境，还促进了创新能力的提升，从而帮助客户在数据驱动的竞争中获得更大的优势。

12.3　SASE 服务向无服务架构演进

无服务架构（Serverless）是一种新型的架构理念，其核心思想是将提供服务资源的基础设施抽象成各种服务，并以 API 的方式向用户提供，从而实现弹性伸缩和按需计费。这使得开发者能够专注于高价值的业务逻辑开发，而不必考虑底层的技术组件、服务器管理和运维，从而大大提高生产效率。据 Gartner 的报告预测，到 2025 年，全球一半的企业将采用无服务架构的部署方式。这表明无服务架构正在逐步从概念演化为大规模实际应用。

无服务架构的引入旨在应对传统架构模式所面临的诸多限制，这些限制同样存在于 SASE 架构中。例如，在服务器管理和扩展方面，传统架构必须管理硬件和软件环境，包括选型、购买、部署和维护，而无服务架构将这些烦琐的任务转移到云提供商，免除了对服务器的繁重管理，并实现根据负载自动扩展；在系统资源利用率方面，传统架构下，每台服务器独立部署应用，导致资源分配不均衡，而无服务架构根据请求自动分配资源，提高了资源利用率；在代码维护和部署方面，传统架构中的手动部署容易出错且耗时，而无服务架构中，代码的部署和更新变得更加简便，使开发人员能够更快地交付代码。

总之，无服务架构通过优化传统架构模式下的扩展性、资源利用率、部署和维护成本等，使得开发者能够专注于核心业务逻辑的开发，同时也为 SASE 架构提供了更高效、弹性和高成本效益的解决方案。

12.3.1　无服务架构理念简介

无服务架构（见图 12-5）是一种新型的应用程序开发和部署范式，它赋予开发者在不需要关心服务器和操作系统管理的情况下构建和运行应用程序的能力。在这种架构中，云服务提供商负责基础设施的管理，开发者只需编写应用程序代码，并借助云服务商提供的 API 和工具进行部署和运行。

无服务计算是无服务架构的核心概念，它以事件为驱动的计算模式，允许开发者无须预配置或管理计算资源。开发者只要编写应用程序代码，上传至云服务提供商的平台上运行即可。平台会根据事件的发生自动分配和管理计算资源，同时后端的数据存储、身份验证等功能由后端即服务（BaaS）平台提供。

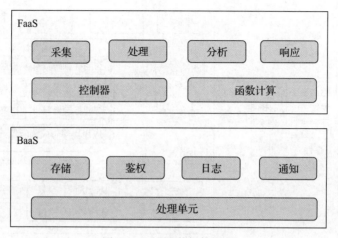

图 12-5　无服务架构视图

SASE 服务可以借助无服务架构提供更灵活、高效和安全的服务。在无服务架构下，服务的部署、扩展和运维都由云平台自动管理，开发者只需专注于业务逻辑，大大减轻了运维负担。在 SASE 服务中，无服务架构的核心体现在函数即服务（FaaS）和后端即服务（BaaS）上，它们提供了 SASE 服务所需的网络和安全功能。

❑ **函数即服务（FaaS）**：FaaS 是无服务计算模型的一部分，开发人员只需上传函数代码，无须关心底层的计算资源和运行时的环境。函数在这里是应用程序的基本单位，具有独立的状态和数据，并根据事件动态触发控制器调用函数计算单元完成采集、处理、分析、响应。这种模型具有高度的可扩展性和弹性，且只在函数被调用时付费。

❑ **后端即服务（BaaS）**：BaaS 是另一种无服务计算模型，云提供商提供 API 和工具，使开发人员能够构建和部署应用程序的后端，无须自己建设和维护基础设施。BaaS 提供了存储、鉴权等后端服务，处理单元对前端用户无感知，并能根据使用量进行计费。

无服务架构的应用产品有很多，比如腾讯云的无服务计算、阿里云的无服务计算、亚马逊的 AWS Lambda、微软的 Azure Functions 等。

12.3.2　SASE 采用无服务架构

SASE 服务的无服务架构设计必须全面考虑事件源、事件触发、事件处理、数据存储与管理、自动化和编排等要素，以确保服务具备高可用性、安全性、可扩展性和成本效益。图 12-6 是一个承载 SASE 业务处理的无服务架构示意图。

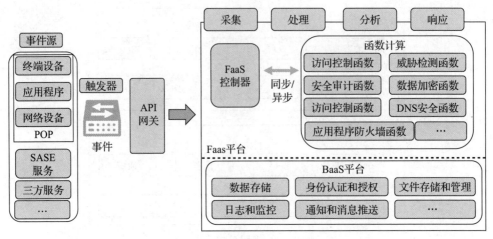

图 12-6 承载 SASE 业务处理的无服务架构示意图

由图 12-6 中可以看出，SASE 架构中的无服务实践涵盖了多个关键组件，其中包括事件源、触发器、API 网关、FaaS 平台、BaaS 平台等。

- **事件源**：事件源可以分为多种类型，例如用户请求、网络流量、日志等。这些事件源会产生需要被处理和分析的事件。SASE 服务需要有效地捕获和收集这些事件，以便进行后续的处理和分析。通常，这个收集过程由专门的数据采集器或代理完成。

- **触发器**：一旦事件被捕获和收集，它们就需要经过处理和分析。这个过程旨在从事件数据中提取有价值的信息和相关的业务逻辑。

- **API 网关**：在无服务实践中，API 网关充当了非常有用的组件，它简化了应用程序的开发和部署过程。作为服务的入口，API 网关的作用是将外部请求转发到后端的函数或应用程序中，并同时提供一系列的附加功能，例如身份验证、授权、限流、监控和日志记录等。通过 API 网关，将事件数据更容易地分发到后端的 FaaS 或 BaaS 平台进行处理。

- **FaaS 平台**：在 SASE 的无服务实践中，FaaS 涵盖了多个功能函数，如访问控制、安全审计、威胁检测、数据加密、应用程序防火墙、DNS 安全、流量分析、用户行为分析、安全域隔离以及服务可用性监控等。

- **BaaS 平台**：BaaS 平台包括数据存储、身份认证和授权、文件存储和管理、通知和消息推送、日志和监控、人工智能和机器学习，以及云函数和 API 集成等功能。这些功能函数可用于实现各种业务需求，例如数据的存储、用户身份验证、文件管理、消息通知、应用程序性能监控、人工智能等。

通过监控来自不同事件源的数据，SASE 能够快速检测和响应安全事件，从而提高企业的安全性和可靠性。这些事件需要经过准确识别和分发，然后传递给后端的功能函数和应用程序进行处理。在这个整体架构中，无服务架构的设计允许 SASE 服务更好地应对事件处理的复杂性，提供了高效、弹性和安全的解决方案。因此，在架构的设计和实现中，需要明确定义各个组件的功能和交互方式，以确保事件能够顺利地流转、安全地处理和及时地响应。

12.3.3　SASE 采用无服务架构的优劣势

无服务架构是一种云原生架构，给 SASE 应用程序带来了众多优势，但同样也存在一些劣势。以下将详细阐述 SASE 基于无服务架构实践的优势和劣势，供读者参考。

无服务架构对 SASE 应用程序的优势如下。

- ❑ **弹性和可扩展性**：无服务架构能够根据实际负载自动扩展，确保 SASE 应用能够在高负载情况下保持高可用性。每个请求都会触发一个独立的函数实例，实现精细级别的扩展，从而更好地应对流量波动。
- ❑ **成本效益**：无服务架构按实际使用计费，无须支付闲置资源造成的额外成本。SASE 应用只为实际执行的代码和资源消耗付费，避免了传统基础设施的固定费用。
- ❑ **简化部署与维护**：无服务架构将基础设施管理的负担减至最低，开发者只需关注业务逻辑的开发，无须担心服务器管理和维护。部署变得更加简化，开发者可以专注于创新而非烦琐的运维任务。
- ❑ **灵活适应不同工作负载**：无服务架构使得 SASE 应用能够根据不同的工作负载选择最适合的服务类型，从而实现更高的效率和性能。

无服务架构对 SASE 应用程序的劣势如下。

- ❑ **安全性**：开发人员需要更加关注应用程序的安全性，包括数据隐私和代码安全。在公共云环境中，如何保护敏感数据和代码免受攻击是一个重要挑战。
- ❑ **网络延迟**：无服务架构中，函数的冷启动时间和事件驱动设计可能导致一些网络延迟。对于某些实时性要求较高的应用，可能会影响用户体验。
- ❑ **复杂的集成**：在无服务架构需要与多个云服务提供商的 API 进行集成，这可能导致开发人员需要掌握多个服务的接口和工具，增加了系统集成的复杂性。
- ❑ **限制和约束**：无服务环境下，函数运行时间、资源限制和依赖管理等都受到一定的限制。对于某些长时间运行的任务或者需要大量资源的任务，可能需要额外考虑。

12.4　SASE 架构向 SRv6 演进

随着 IPv6 技术的普及和推广，SASE 架构也将逐渐从 IPv4 向 IPv6 转变，并最终实现基于 IPv6 协议栈的技术方案。在这个过程中，SRv6（Segment Routing over IPv6）技术作为近年来 IPv6 领域的热点，具有重要的作用。SRv6 利用源端的可编程可控制能力，特别适用于面向云和网络融合的业务场景，它可以显著提升编排的智能化和自动化水平。因此，在 SASE 业务编排的场景下，SRv6 技术具有很大的应用潜力。

12.4.1　SRv6 技术简介

SRv6 是一种建立在 IPv6 基础上的源路由技术。源路由的概念最早由 Carl A. Sunshine 在 1977 年的论文 "Source routing in computer networks" 中提出。它与传统网络转发方式不同，源路由让数据包的发送者决定数据包在网络中的传输路径，而不是由中间网络节点选择最短路径。然而，早期的源路由技术需要对数据包进行多次处理，导致数据包格式复杂且开销增加，在当时网络带宽资源有限的情况下，没有得到广泛应用。

2013 年，段路由（SR，Segment Routing）协议出现，它在一定程度上借鉴了源路由的思想。Segment Routing 的核心思想是将数据包的转发路径划分为不同的分段，然后在路径起始节点插入分段信息。中间网络节点只需按照数据包中携带的分段信息进行转发。这些路径分段被称为 "Segment"，并通过段标识符（SID，Segment Identifier）进行标识。

值得注意的是，早在 2013 年，Segment Routing 的架构文档中就提及了 SRv6。到了 2017 年 3 月，SRv6 Network Programming（SRv6 网络编程）的草案提交给了 IETF（Internet Engineering Task Force 国际互联网工程任务组），将原有的 SRv6 升级为 SRv6 Network Programming，从而开启了新的发展阶段。SRv6 Network Programming 通过将长度为 128 比特的 SRv6 SID 分为 Locator 和 Function、Arguments，实现了将路由和处理行为融合在一起。这样的设计不仅让 Locator 具备了路由能力，还让 Function 成为处理行为的代表，同时也能标识不同的业务。这种独特的设计将路由和 MPLS 的特性融合在了一起，极大增强了 SRv6 的网络编程能力，使其能更好地满足新业务的需求。

12.4.2　SASE 与 SRv6 架构融合

SRv6 的技术价值体现在多个方面，包括简化网络协议、兼容存量网络以及促进云网融合等。在 SASE 场景中，SRv6 的特性也有助于实现一些关键技术，主要体现在以下两个方面：

❑ **基于 SRv6 实现 SD-WAN 的 SLA 智能选路**。在 SASE 架构中，通过引入 SRv6 控制器组件来管理和控制网络，结合已部署的 SD-WAN 控制器（SD-WAN AC），可以实现更智能的 SLA 智能选路。SRv6 的源路由特性允许网络管理员根据不同的 SLA 要求在数据包头部插入不同的 SRv6 分段标识（SID），从而将流量引导到特定的网络路径。这种灵活性使得网络能够根据实时需求进行智能路由选择，以满足不同应用对网络性能和可靠性的需求。

- **基于 SRv6 实现 SASE 安全资源池的流量编排和调度。** 在 SASE 技术架构中，引入了 SRv6 控制器和安全资源池控制器，这些控制器与 SASE 运营平台和 SD-WAN 控制器协同工作。利用 SRv6 的源路由和网络编程特性，可以对安全资源池中的流量进行精细化的编排和调度，这被称为 SRv6 服务功能链（Service Function Chaining，SFC）。通过在数据包头部插入不同的 SRv6 SID，可以将流量引导到不同的安全功能，如防火墙、入侵检测系统等。这种灵活的流量编排和调度机制可以根据实际情况动态地应用不同的安全策略，从而提高 SASE 的整体安全性和性能。

在 SASE 技术架构下，引入了 SRv6 控制器，将其与 SD-WAN 控制器和安全资源池控制器协同工作，可以实现基于 SRv6 的智能路由和流量编排，从而为 SASE 提供更高效、安全的网络服务。SASE 和 SRv6 架构融合如图 12-7 所示。

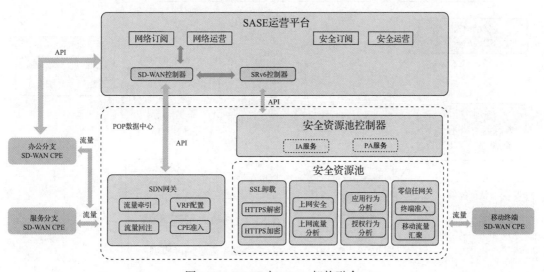

图 12-7　SASE 与 SRv6 架构融合

12.4.3　SASE 运用 SRv6 服务流量调度模型

在 SASE 架构中运用 SRv6 的服务流量调度模型，可以实现更精细化、动态化的网络服务提供。我们可以通过图 12-8 来详细了解 SASE 如何利用 SRv6 来实现服务流量调度。

在 SRv6 SD-WAN 场景下，大致业务流程如下。首先，边缘 CPE 设备向 SD-WAN 控制器请求满足特定 SLA 要求的路径。其次，SD-WAN 控制器通过与 SRv6 控制器的交互，获得路径信息，并将 SRv6 策略下发给边缘 CPE。最后，根据 SRv6 策略，数据包在网络中转发至目的地 POP 节点。网络即服务是 SASE 的一部分，这意味着基于 SD-WAN 的网络即服务可以被独立地编排。以下是控制面流程示例，使用 SRv6 TE Policy 来实现网络即服务的编排。在实际部署中，可以根据网络规模选择适当的 SRv6 Policy 算路方式。对于小型规模的网络，可以静态指定路径。对于中型规模且无须跨域的网络，可以使用头结点算路。而对于大型规模、需要跨域的网络，可以使用 BGP-LS 控制器进行集中算路。在数据方面，需要实现对 SRv6 策略的引流操作，这可以通过基于 Binding SID 的引流方式来实现。需要注意，在 SASE 场景中，为了确保接入数据的安全性，通常会采用隧道来保护数据。因此，在 SRv6 的编排中，需要合理地设置隧道封装和解封装操作指令。

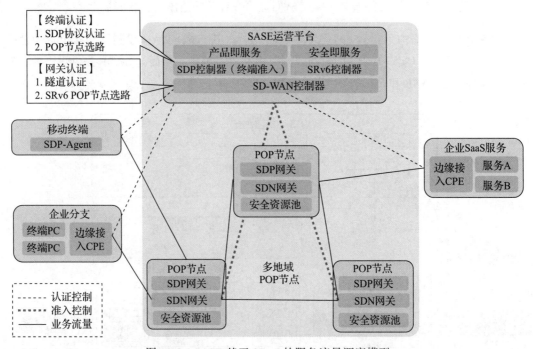

图 12-8　SASE 基于 SRv6 的服务流量调度模型

在 SRv6 安全资源池场景中，首先根据租户的需求订阅特定的服务编排 SRv6 SFC。然后 SRv6 控制器向安全资源池下发 SRv6 SFC 策略。最后在安全资源池内，根据 SFC 策略完成业务流量的调度。

在 SASE 架构中，使用 SRv6 可以方便地实现服务链（SFC）的操作，而 SFC 可以进一步细分为 SRv6-Aware SFC 和 SRv6-Unaware SFC 两种模式。

SRv6-Aware SFC 是指安全设备具备 SRv6 处理能力，可以直接处理收到的 SRv6 报文，从而对 SRv6 内层的业务报文进行检测或防护。这种模式的优势在于安全设备只需作为 SRv6 节点接入网络，部署相对简单。然而，它也有一些劣势，如依赖安全设备的 SRv6 处理能力，缺少主动性和灵活性，负载均衡、高可用性等能力完全依赖于 SRv6 转发路径的控制和编排。

在 SRv6-Unaware SFC 模式下，安全设备本身不支持 SRv6 报文处理能力，而是通过 SRv6 代理（Proxy）的方式，将 SRv6 报文解封装成原始报文后再送给安全设备进行检测和防护。随后，原始报文回注到 SRv6 代理，再重新打上 SRv6 封装，继续后续的 SRv6 路径转发。这种模式的优势在于安全设备不需要直接支持 SRv6 能力，而是通过 Proxy 实现灵活的负载均衡、高可用性等功能。然而，劣势在于 SRv6 代理需要维护每条服务的动态缓存，对资源和性能要求较高，实现相对复杂。

对于 SASE 资源池场景的 SRv6 支持，可以首先采用 SRv6-Unware SFC 方案，即通过 SRv6 代理实现，不直接依赖于安全产品的 SRv6 能力，从而完成 SRv6 服务链的编排。随着产品 SRv6 能力的支持和完善，可以再按需接入 SRv6-Aware SFC 方案。

SASE 的演进规划涵盖了 SD-WAN、安全资源池和安全运营中心三个方面。在 SD-WAN 方面，可以通过 SRv6 控制器的组件化提供更多能力 API，进一步增强整网的 SLA 探测能力，并完善 SRv6 TE Policy 的 VPN 场景能力。在安全资源池方面，通过将 SRv6 代理组件化发布，使得更多产品能够支持 SRv6 编排。此外，还需要对资源池的多场景适配和云原生化进行持续工作。在安全运营中心方面，可以更灵活地集成组件化的 SD-WAN 和 SRv6 控制器，降低系统耦合性，还包括运营平台的接口化以及 IPv6 组网下的业务全局可视化等内容。

12.5　SASE 服务引入人工智能

人工智能（AI）的迅速发展是当今科技领域的一项重要趋势。从机器学习和深度学习技术的涌现，再到自然语言处理、计算机视觉和自主驾驶等领域的应用，AI 正深刻地改变着我们的生活和工作方式。随着大数据、计算能力和算法的不断进步，AI 已经从科幻理念演变成了现实，并成为各个行业创新和竞争的关键驱动力。其广泛应用正在重新定义人类与技术的互动方式，促使社会、产业和政策层面都必须应对技术的革命性影响。

在人工智能领域，生成式人工智能（AIGC）近年来备受瞩目。AIGC 强调的是机器能够生成各种类型的内容，如文本、图像、音频等，而不仅仅是基于现有数据的模式识别。这种方法在创造性内容的生成、艺术创作和自动化流程中具有巨大潜力。随着深度学习技术的进步，AIGC 正在扩展着创新和创造的边界，为艺术、媒体、设计等领域带来全新的可能性。其在内容生成、创意产业和科研领域的应用正逐步扩大，预示着未来人工智能的创造性和创新性将有新的发展方向。

人工智能在 SASE 服务领域的应用具有重要意义，它能够协助开发更智能化和高效的 SASE 解决方案，优化网络和安全服务的交付，提升客户体验。通过 AI 驱动的智能分析和决策，SASE 服务能够更好地适应动态的网络环境，自动检测和应对潜在威胁，同时提供个性化的客户支持，使企业能够更灵活、安全、高效地管理其网络和安全需求。

12.5.1　人工智能助力 SASE 服务开发

人工智能可以介入 SASE 开发的整个周期，多维度提供输入并提升效率，涵盖了服务开发、持续集成 / 持续交付（CI/CD）、服务上线和服务测试验证等多个方面，为 SASE 带来显著的增益。

- ❑ **服务开发**：人工智能在 SASE 服务开发过程中可以加速创新和功能扩展。通过自动化的代码生成和模型训练，AI 可以辅助开发人员快速构建和集成新功能，减少烦琐的手动编码工作。例如，基于自然语言处理（NLP）的 AI 可以帮助开发人员更快地理解用户需求并生成相应的代码框架。
- ❑ **CI/CD**：AI 可以优化 CI/CD 流程，加速代码测试、集成和交付。AI 可以自动执行代码质量检查、自动化测试和性能分析，从而确保高质量的代码提交到生产环境。AI 还可以在不同阶段识别潜在的问题并给出建议的修复方案，提高代码交付的效率和可靠性。
- ❑ **服务上线**：AI 可以辅助决策哪些功能应该上线以及何时上线。通过分析用户行为数据、市场趋势和反馈信息，AI 可以提供预测性分析，帮助团队做出更明智的上线决策，从而提高上线成功率和用户满意度。
- ❑ **服务测试验证**：AI 在服务测试验证中的应用尤为显著。AI 可以通过自动生成测试用例、模拟攻击场景和检测潜在漏洞，提高测试的全面性和准确性。这有助于降低潜在风险，确保 SASE 服务在上线前具备高质量和高安全性。

人工智能在 SASE 开发维度中的应用能够极大地提升开发效率、代码质量和服务性能。通过自动化、预测性分析和优化，AI 使 SASE 能够更快地响应市场需求，提供更高质量的服务，并减少风险。

12.5.2　人工智能协助 SASE 运营服务

随着人工智能技术的不断进步，SASE 运营服务可以借助机器学习、自然语言处理和数据分析等技术，实现更精细化的运营管理。机器学习可以自动分析大量的运营数据，识别异常和趋势，从而帮助运营团队更早地发现问题并采取措施。自然语言处理技术可以解析用户反馈和运营报告，快速提取关键信息，帮助决策者做出更明智的决策。此外，AI 还可以实现自动化运维，通过智能分析预测性维护需求，减少服务中断和故障。

在 SASE 运营中，人工智能可以与现有的运营管理系统和工具融合，实现更智能化的运营流程。AI 可以自动监控网络性能、安全事件和用户行为，识别异常情况并生成预警，帮助运营团队更快地做出反应。AI 还可以与自动化工具集成，自动执行例行操作、故障排查等，从而减少人工干预，提高运营效率。

引入人工智能来助力 SASE 运营需要一系列的实施策略。首先，建立合适的数据基础，确保收集和存储足够的运营数据，以供 AI 分析。其次，选择适合的人工智能技术和工具，可能需要合作或采购专门的 AI 解决方案。接下来，进行技术集成，确保 AI 系统能够无缝融合到现有的运营环境中。同时，进行员工培训，确保团队能够熟练使用 AI 工具和数据分析结果。最后，持续监测和优化，根据实际运营情况不断调整 AI 模型和算法，以保持其高效和准确性。

可以看出，人工智能在 SASE 运营服务中的应用，通过技术演进、方案融合和实施建议，可以显著提升运营效率和效果。自动化的运维、智能化的分析和预测，将使 SASE 运营能够更加高效地应对挑战，提供更优质的服务。

12.5.3　人工智能提升 SASE 客户服务体验

人工智能可以同时提升 SASE 客户的服务体验，带来更个性化和更便捷的服务，以下针对部分可提升方向给出参考。

- ❑ **智能自助服务**：AI 可以在 SASE 平台上集成智能自助服务，为客户提供快速解决问题的途径。通过自然语言处理和机器学习，AI 能够理解客户的问题并提供即时的答案、解决方案或操作指导。这减少了客户等待人工支持的时间，提高了问题解决速度。
- ❑ **虚拟助手和聊天机器人**：在 SASE 客户服务中，AI 驱动的虚拟助手和聊天机器人可以实时与客户交互，回答常见问题、提供技术支持和故障排查。这种实时的、自然的对话方式使客户能够随时获得帮助，增强了交互体验。
- ❑ **个性化支持**：基于客户的使用行为和历史记录，AI 能够分析客户的需求，为每个客户提供个性化的建议和支持。例如，根据对客户的网络行为分析，AI 可以推荐更适合的安全策略或优化网络连接，提升客户的体验。
- ❑ **智能故障排查**：AI 能够分析网络设备和连接的数据，快速识别潜在问题的根本原因。当客户报告问题时，AI 可以帮助运营团队更迅速地定位问题并提供解决方案，减少故障排查的时间和客户的不便。
- ❑ **情感分析**：通过情感分析技术，AI 可以识别客户在交流中的情绪和情感，从而更好地理解客户的需求和态度。这使得客服人员能够更加敏感地回应客户的情感，提供更加人性化的服务。

❑ **预测性维护**：AI 可以分析设备和网络的数据，预测潜在的故障或问题，并提前采取措施进行维护。这可以减少突发故障对客户的影响，保障服务的稳定性。

SASE 服务在利用人工智能提升用户体验的同时，必须高度重视客户隐私的保护。为确保客户的个人数据得到适当的保护，SASE 提供商应采取严格的数据加密和隐私保护措施，最小化数据收集，并提供透明的隐私政策。用户应该拥有对其数据的控制权，并遵循适用的数据隐私法规和合规要求。

推荐阅读

Kali Linux高级渗透测试（原书第3版）

作者: [印度] 维杰·库马尔·维卢 等 ISBN: 978-7-111-65947-1 定价: 99.00元

Kali Linux渗透测试经典之作全新升级，全面、系统阐释Kali Linux网络渗透测试工具、方法和实践。

从攻击者的角度来审视网络框架，详细介绍攻击者"杀链"采取的具体步骤，包含大量实例，并提供源码。

物联网安全（原书第2版）

作者: [美] 布莱恩·罗素 等 ISBN: 978-7-111-64785-0 定价: 79.00元

从物联网安全建设的角度全面阐释物联网面临的安全挑战并提供有效解决方案。

数据安全架构设计与实战

作者: 郑云文 编著 ISBN: 978-7-111-63787-5 定价: 119.00元

资深数据安全专家十年磨一剑的成果，多位专家联袂推荐。

本书以数据安全为线索，透视整个安全体系，将安全架构理念融入产品开发、安全体系建设中。

区块链安全入门与实战

作者: 刘林炫 等编著 ISBN: 978-7-111-67151-0 定价: 99.00元

本书由一线技术团队倾力打造，多位信息安全专家联袂推荐。

全面系统地总结了区块链领域相关的安全问题，包括整套安全防御措施与案例分析。

推 荐 阅 读

网络安全与攻防策略：现代威胁应对之道（原书第2版）

作者：[美] 尤里·迪奥赫内斯 [阿联酋] 埃达尔·奥兹卡 ISBN：978-7-111-67925-7 定价：139.00元

Azure安全中心高级项目经理 & 2019年网络安全影响力人物荣誉获得者联袂撰写，美亚畅销书全新升级

为保持应对外部威胁的安全态势并设计强大的网络安全计划，组织需要了解网络安全的基本知识。本书将带你进入威胁行为者的思维模式，帮助你更好地理解攻击者执行实际攻击的动机和步骤，即网络安全杀伤链。你将获得在侦察和追踪用户身份方面使用新技术实施网络安全策略的实践经验，这能帮助你发现系统是如何受到危害的，并识别、利用你自己系统中的漏洞。

ATT&CK与威胁猎杀实战

作者：[西] 瓦伦蒂娜·科斯塔-加斯孔 ISBN：978-7-111-70306-8 定价：99.00元

资深威胁情报分析师匠心之作，360天枢智库团队领衔翻译，重量级实战专家倾情推荐；基于ATT&CK框架与开源工具，威胁情报和安全数据驱动，让高级持续性威胁无处藏身。

本书立足情报分析和猎杀实践，深入阐述ATT&CK框架及相关开源工具机理与实战应用。第1部分为基础知识，帮助读者了解如何收集数据以及如何通过开发数据模型来理解数据，以及一些基本的网络和操作系统概念，并介绍一些主要的TH数据源。第2部分介绍如何使用开源工具构建实验室环境，以及如何通过实际例子计划猎杀。结尾讨论如何评估数据质量，记录、定义和选择跟踪指标等方面的内容。